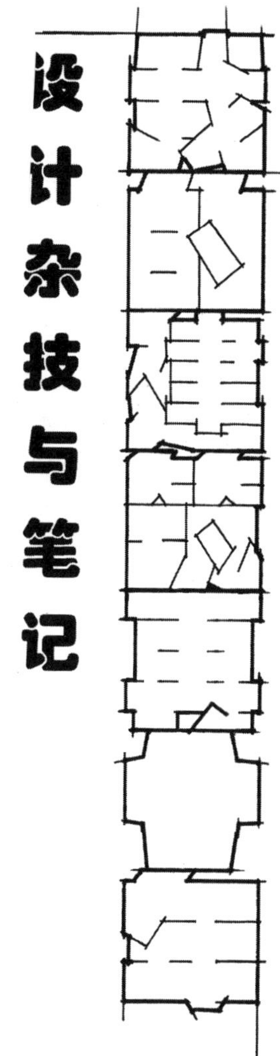

设计杂技与笔记

王珣 著

中国建筑工业出版社

图书在版编目（CIP）数据

我的建筑再十年：设计杂技与笔记 / 王珣著 . —
北京：中国建筑工业出版社，2021.8
ISBN 978-7-112-26216-8

Ⅰ.①我… Ⅱ.①王… Ⅲ.①建筑设计—文集 Ⅳ.
① TU2-53

中国版本图书馆 CIP 数据核字（2021）第 106408 号

本书记录了作者 2011—2020 年从事建筑设计的第二个十年中的设计感悟和设计杂谈，以轻松、趣味的文字，记录了作为一名建筑师第二个成长阶梯中应具备的思维模式和建筑技艺，并且揭示了随着科技的创新发展，当代建筑师所应面临的设计难题和社会责任。最后，通过十年间对经典建筑的游记随笔，回归到理论的层面以及对经典的回首和二次分析，不忘初心，经典永恒。该书不同于同类图书的晦涩难懂，作者将建筑设计工作中的所感所想，通过饶有趣味的文字，以第一人称、第三人称穿插的叙述方式，并结合实际发生的相关案例，将建筑设计中的一些重要节点和必须掌握的技能，进行简短而概括的总结和引导。同时，也将自己从事建筑设计又一个十年间的思考和技艺探索进行了归纳和总结。既是一本建筑师的修炼手册，也是建筑师思维拓展的点拨。

本书适用于建筑学专业的初学者、建筑设计的从业者以及相关专业爱好者阅读参考。

责任编辑：唐　旭　张　华
责任校对：赵　菲

我的建筑再十年　设计杂技与笔记
王　珣　著
*
中国建筑工业出版社出版、发行（北京海淀三里河路 9 号）
各地新华书店、建筑书店经销
北京雅盈中佳图文设计公司制版
天津翔远印刷有限公司印刷
*
开本：787 毫米 × 1092 毫米　1/16　印张：16　字数：375 千字
2021 年 8 月第一版　2021 年 8 月第一次印刷
定价：**78.00** 元
ISBN 978-7-112-26216-8
（37797）

序　一

认识王珣实属偶然，是一位朋友听说我们业务发展需要既能方案创作又能带施工图设计的建筑师，向我推荐。当时很快就来院工作了，但也没太多交集。以后就陆陆续续听到业主说我们的团队好，我详细一问，原来是王珣负责的项目，就开始关注他。王珣的形象温文尔雅，但接触时间长一点，你还是能从他温和的外表下感受到建筑师的些许不羁。这可以说是我对他的初步认识。

这次他请我给他的书写序，我有点诚惶诚恐，因为我是结构专业，虽然也合作过很多优秀的建筑师，但在建筑专业的书上指点江山，还是有些心虚。于是我拿着他的《我的建筑十年　设计感悟与思考》和这本《我的建筑再十年　设计杂技与笔记》认真学习，两本书一起看，算是对王珣有了更深入的了解。

这两本书有一个共同的特点，就是视角独特，除了讲项目、讲作品以外，更多的是做项目过程中的体会，项目不论是否做成，体会总是收获。从这里面可以看出他是一个爱思考的人，总是能从工作中找到各种启示。

第一本书《我的建筑十年　设计感悟与思考》记录了一个青年建筑师成长的历程，非常适合年轻的设计师来读，尤其是那些想从普通设计师成长为一个合格的项目负责人的年轻人，从中除了收获建筑知识以外，还能体验到青年王珣在项目过程中的喜怒哀乐。

现在拿到的这本《我的建筑再十年　设计杂技与笔记》，可以明显感到王珣作为项目负责人的成长。第一部分还是从感悟谈起，但这十年，因为岗位的不同，站在更高的层级上去看项目，当然感悟就更透彻，体会也更深刻；因为经历了更多，处理各种棘手的问题也就更游刃有余。读者可以从中得到很多启发，很多内容也让你会心一笑。第二部分是很专业化的内容，针对设计过程中非常重要的问题进行综合分析，只有在一线摸爬滚打很多年才能这么透彻地解释清楚。第三部分的随笔（作者分成了两部分），让我们轻松愉快地了解了一个建筑师在设计中的思考，包括王珣本人的创作过程，也包括他通过游记展现出来的大师们的作品，对于开阔视野很有益处。

我很羡慕建筑师，因为他们是在设计我们的未来，设计住宅就设计了我们日常居家生活的方式；设计办公建筑就设计了我们工作的状态；而设计商业建筑就设计了我们购物的体验。所以建筑师的生活是丰富多彩的，能体验各种人生。在这一点上，建筑师像是一个演员，演员需要把自己变为角色，从角色的角度去思考，而建筑师则要站在业主的角度去设计，理解业主的真实需求，为业主创造价值。建筑师比演员幸运的是，绝大部分的建筑设计都是喜剧，都是要设计美好的未来，不像有些高水平的演员，在饰演了悲剧人物后一直无法解脱。

建筑师要经历无数磨难，方案的不断琢磨、业主的多变、专业的配合，以及没日没夜加班后的漫长等待，不断地从头再来。只有那些真正热爱这一工作的人才能坚持下来，并始终保持着热情；也只有那些始终坚持初心的人，才能设计出一个个建筑精品。

真心希望更多的青年建筑师从这本书中找到做好设计的知识与技巧，也找到坚持下去的勇气与乐趣。衷心希望看到王珣在他建筑生涯的第三个十年中，能创作更多的优秀建筑作品，期待他在建研院完成他的第三本“十年”。

全国工程勘察设计大师
中国建筑科学研究院
建筑设计院院长　肖从真
2021年青年节　于北京

序　二

与珣总认识时间不算太长，但一起做了几个项目，喝了若干顿酒，侃了无数次大山，每每都有“斗酒百篇”与“相见恨晚”的感觉。

作为长我几岁的同时代建筑师，从他身上仿佛看到了我自己。作为七零后（珣总勉强算得七零后），我们幸运地赶上了国家的建设大潮，怀着兴奋的心情，满怀斗志的劈波斩浪。一晃二十多年过去了，我们每个人都需要放缓脚步，总结过去，面向未来。

此刻，珣总的第二本“建筑十年”又要出版了。

建筑界有个说法：建筑师是个老年行业，实际上是说建筑设计需要实践的积累和经验的总结，而其中最有效的总结方式就是文字和图纸。

珣总很勤奋，日常的设计工作已经非常繁忙，还要经常出差，但是珣总依然坚持记录工作的点滴感想和经验教训，笔耕不辍，令人钦佩。

抛去建筑创作艺术不谈，建筑技术是有章可循的，而恰恰年轻人最容易忽略的就是建筑技术的积累。传统设计院讲究师傅带徒弟，但随着老同志一代代的退休，这种传统有弱化的迹象。想当年，我就是跟着师傅从楼梯、坡道学起，一点点地积累经验，一点点地进步，逐步成长为一名合格建筑师和项目负责人。所以，我们这代建筑师不敢说建筑创作艺术上有多高的造诣，但是普遍基本功比较扎实，实施和落地能力较强，更关键的是我们掌握了正确的学习和思考的方法，这才是受益终身的财富。

社会在进步，建筑设计行业也进入一个崭新的时代，建筑艺术和建筑技术不断在推陈出新，但是，不变的依然是艰苦奋斗的精神和正确的思维方式。年轻建筑师们赶上了更好的时代，在五彩缤纷的舞台上有了展现自己的机会，但是也要时刻居安思危，要不断地总结和思考，学到真本事，才能在工作和生活当中立于不败之地。

珣总身上，体现了建筑师的勤奋和好学，同时，更为宝贵的财富是正确的思维方式和学习方法，这才是年轻建筑师们更应该汲取的营养。当然，作为承上启下的我们，也要肩负起育人的责任，在工作和生活当中起到催化剂的作用，让我们的身边沸腾起来，带领更多的年轻建筑师共同成长。

我的内心深处有种深深的紧迫感，一方面，时代给予我们这个年代的建筑师更多的展现机会；另一方面，我们的整体能力距行业的要求还有很大的差距。

希望年轻的建筑师们尽快成长，有更多的珣总出现。

中国建筑科学研究院
建筑设计院副总建筑师
副院长　王军
2021年儿童节　于北京

序　三

王珣的《我的建筑再十年》又付梓了。这是他的第二本“建筑十年”，距离上一本感觉才过去不久，似乎一晃的时间，就又一个decade了。看来人生的日子，还真经不起恣意的挥霍。

坦率说，我们这一代六零后、七零后，的确是赶上了国家最好的发展时代。改革开放几十年，恰好是我们从少年、青年到中年的人生经历。而作为最热门的建筑师行业，又正好见证和参与了国家从无到有、开始繁荣昌盛的全过程。可以说，我们这一代，是国家经济腾飞历程的直接受益者。

作为王珣的兄长，我是眼见着、亲历着他从一个不谙世事的中学生到一名事业有成的建筑专家的成长。记得他高中时期，我每每假期带回家的花花绿绿的建筑书籍，惹得这个生活枯燥的中学生大为惊叹而艳羡不已，才知道大学的生活还有那么多的五彩斑斓。于是发誓也要选择这个专业，这让我们医学世家的父母多少有些失望和惋惜。最终，我们这一对从小就喜欢画画的哥俩儿，共同选择了建筑学专业并将此作为终生事业，投身其中乐此不疲。记得曾经有人说过，“如果一个人的谋生职业和兴趣爱好恰好是同一个专业，那将是这个人一生的幸运”。我们兄弟二人深感如此。

从2000年至2020年的二十年间，正好是各种建筑大干快上的高速建设阶段，于是王珣经历了几乎所有的建筑类型……大型商业、高级办公、住区规划、博物馆、大剧院……不一而足，为此积累了丰富成熟的设计经验，拥有阅历丰富的建筑师生涯，这不得不说是时代给予他的幸运机遇。

在生产一线长期从事设计工作的同时，王珣还坚持随时随地记录他工作中的心得体会。于是，一篇又一篇的随笔文字跃然纸上，集腋成裘。读过王珣文章的人都有体会，他对规范做法的质疑，对建筑合理性的探讨，对设计技巧的尝试，对房地产产品的感知，都经过他自己的仔细揣摩而图文并茂地落笔于每一篇文章中。许多身边的同行朋友反映，阅读完珣总的文字，能马上直接有效地应用到自己的设计中去。这种严谨求实的工作态度，深受寿震华老先生潜移默化的影响，因为王珣作为寿总的爱徒多有受教。

几年前，王珣创立了自己的微信公众号《设计背后》，将这些思考和领悟陆陆续续推送于这个公众号中，这也让他收获了大量的读者和粉丝。伴随着日积月累的十年时间，经过筛选整理，便成就了现在这本十年系列之二。

在当今各行各业变化如此之快，各种诱惑跌宕起伏的日新月异的年代，一个人能够踏踏实实笔耕不辍，潜心地笔记和写字，着实不是一件容易的事情。这个时代的节奏已经越来越快餐化、越来越浮躁化，所以这本《我的建筑再十年　设计杂技与笔记》的出版，确实是王珣多年来耐得住寂寞的用心之作，于兄长的我是非常的感动和自豪。我坚信，他还会继续地写下去，又十年，二十年……因为他的落笔已不是为了外界的功名利禄，它是王珣内心对建筑的痴爱和自我世界的充实。

期待你的下一个精彩十年！

最后，悄悄得意的说，你今天的学业有成，有我直接的影响哦。

同为建筑师的兄长

王泉

前　言

“自研究生毕业后，在设计单位从事一线建筑设计工作已经整整十年，经历了由而立到不惑的历程。十年时间转瞬即逝……”这是《我的建筑十年　设计感悟与思考》的开篇语。

“时光荏苒，岁月如梭”，又一个十年转瞬已逝，不知不觉中，不惑之年远去，步入知天命的年纪。

“十年磨一刃，廿载锻双剑”。

继《我的建筑十年　设计感悟与思考》出版十年后，《我的建筑再十年　设计杂技与笔记》再度面世。书中记录了工作过程中的点点滴滴，现将其中的酸甜苦辣、坎坷不平与读者朋友分享。

《我的建筑十年》记录的是2001~2010十年间的设计感悟和思考，现在翻看，虽然感到很多观点稍显稚嫩，但限于当时的气盛、年轻，仍不失对工作历程的一段记载。

《我的建筑再十年》则记录了2011~2020十年间，源于具备一些初步设计经验后的分析和总结。“板凳需坐十年冷，文章不写半句空”，《再十年》力求将建筑设计中复杂的问题简单化，以供后来者少走弯路。

失败是成功之母，然而在二十余年的设计工作中，多见失败，少见成功。虽然两本“建筑十年”均为“雕虫小技”，难登“大雅之堂”，但如果能成为读者朋友们成功道路上的一小步台阶，也算是一大幸事。

工作之余，与同事调侃。

同事：我们是把设计当作职业，你是把设计当作事业。

我：错！你们是把设计当作工作，我是把设计当作生活，而且仅仅是生活中的一部分。

喜欢设计，又能从事设计，不能不说是一种幸运。之所以不愿把设计当作事业，是不想承受来自各方面的巨大压力，而把设计当作生活，从中寻找乐趣，则变相提高了生活的品质，衣、食、住、行毕竟不是生活的全部。

维特鲁威认为：“只有兼备实践知识和理论知识的人才能成为称职的建筑师。”

马修·弗莱德里克认为：“大多数建筑师都是直到50岁左右的时候，才开始他们建筑设计的真正路程。”

虽然对维特鲁威提出的丰富“实践知识”和“理论知识”，深感自己准备不足，也还不称职，但是，却已经到了马修·弗莱德里克提出的“50岁年龄”，时不我待，所以也只能仓促中，提枪上马，奔赴疆场，再战下一个十年……

2021年1月20日于北京

【本书导读】

本书分为四个章节，分别是：

十年杂谈：记录了十年来对建筑设计中所遇问题的处理方式，虽然算不上最佳的答案，却也不失为解决的方法之一。

十年技艺：汇总了十年来在《建筑技艺》杂志上刊登的文章，虽然算不上创新性理论，却也可提供一些技术性思路。

十年拙笔：选取了十年来主持的一部分设计项目的思考过程，虽然充满了遗憾与无奈，却也能获取片刻自恋和欢愉。

十年游记：精简了十年来游学欧美大师作品时所做过的笔记，由于个人能力悟性有限，权当在精品面前以管窥天吧！

注：

1. 本书除加★号的图片来自网络或朋友馈赠，其余图片、插图、插画均为自绘与自拍。

2. 本书部分文章，曾在个人微信公众号【设计背后】中推送，扫码关注可获取更多“随笔”。

目　录

十年杂谈

十年技艺

十年拙笔

十年游记

十年杂谈

诗外篇

小技篇

贵族职业

——建筑师孤芳自赏与自我解嘲

2016年前后，许多才华横溢的青年建筑师纷纷脱离建筑设计一线，或进入房地产企业，或彻底与建筑行业脱钩。一种秋风瑟瑟的寒意油然而生，不得不对“建筑师是一个贵族职业”这句恩师的教诲产生质疑。

大学第一课，班主任详尽介绍“建筑学”专业的特点和未来，而其中一句“建筑师是一个贵族职业”至今记忆犹新。当年不解所言，以为家境殷实的同学，也许会学得更好一些。例如，家庭富裕的同学可以买得起“红环”“施德楼”绘图工具，而名牌绘图工具的确对作图质量帮助很大。后来感觉此话意指诸如梁思成、贝聿铭等出身名门望族的建筑师，从小因对文学艺术耳濡目染、熏陶成性而奠定坚实的基础，才能成为行业翘楚。

转眼入行已三十余年，对“建筑师是一个贵族职业”有了新的感悟。

“贵族，原指古代封建社会中，个人、家族和团队为国立功，或在某个领域作出重大贡献而得到国家相应奖励的一种称号，代表了高尚的精神荣誉。”广义的贵族代表着一种精神，一种自律，而非代表富贵和血统。

从历史角度看，建筑设计作为一个古老、传统、作坊式的行业，几千年来服务于人们的“衣、食、住、行”四大基本需求之一，建筑师应当属于基础服务性职业。现代社会，提供“定制服务”的建筑师，不会像其他职业那样，通过产品的批量化生产，获得巨大的经济效益和财富收入。

网文介绍：雷姆·库哈斯在完成莫斯科车库博物馆项目后，接受“腾讯文化”的采访。当记者问道：“你有没有为自己设计房子？如果有，它是什么样的？”库哈斯回答：“没有，我从来没有足够的资金来为自己盖房子，我住在鹿特丹一栋1924年建的公寓内。”

虽然上述访谈无从考证，但是从亲眼所见的2017年普利兹克奖得主——RCR建筑师事务所的极简且“略显寒酸”的办公室，可以看出当今世界顶级的建筑师，在经济上也并非人们想象的那么富有，他们三十多年如一日的坚持，更多专注的是自己热爱的设计事业。建筑设计是一个要求知识面广泛的行业，短期内掌握所有知识，几乎不可能。如果希望在这个行业中能有所造诣，只能经受长时间磨炼，并耐得住寂寞。

扎哈·哈迪德一度被认为是“纸上建筑师”，直到43岁才建成第一件作品，并一战成名。路易斯·康47岁才成立个人事务所，更是在50岁后，才开始崭露头角，“大器晚成”。被称为“解构主义”建筑大师的丹尼尔·里伯斯金为了柏林犹太人博物馆的设计，历经十年坚持，方得成功。他这样解析着自己的人生：你必须谦逊，你必须有耐心。正如跑马拉松比赛一样，你不能在跑到1000米时就贪图速胜，这需要花费很长时间。

马修·弗莱德里克对建筑师职业有一个经典的论述：

“大多数建筑师，都是直到50岁左右的时候，才开始他们事业的辉煌路程！作为一名建筑师，必须具备各个领域的相关知识，包括历史、艺术、社会学、物理学、心理学、材料学、政治发展等，而设计出来的建筑作品，要符合法律规范，适应当地气候条件，具备良好的抗震性，装配水、暖、电等设备系统，同时还要满足复杂的功能要求以及情感要求。学习如何去整合如此大量的知识，并将它们凝聚在一个建筑中，这需要长时间努力，而且在这个过程中还会遇到很多考验和失败。如果你想在建筑这个领域有所作为，就要做好长期奋斗的准备。不过这非常值得！”

在一个不能迅速致富，且需要大量时间磨砺也不一定能取得成功的职业面前，很多青年设计师放弃了自己的梦想。付出与收入不成正比，成为很多年轻人离开设计一线的重要原因之一。“建筑师是一个贵族职业”，也许是一种不受众多外界因素影响，长期专注于自己喜爱的事业，并作出重大贡献的职业含义吧。

【题外】

人到中年，环顾周边合作过设计的朋友与同事，惊奇地发现：在充满物欲诱惑的环境中，仍能坚持静心钻研业务的设计师，很多是来自生活压力不太大的家庭。换言之，可能因为那些家境小康的设计师没有后顾之忧，没有急于赚钱改善生活品质的负担，于是能够安心专注自己的事业。对于生活压力较大的设计师来说，为增加收入以改善家人生活质量，而选择离开一线设计工作，无可厚非。

人生漫长，仿佛一次长跑，不是看谁跑得快，而是看谁跑得远。三百六十行，行行都能出状元，坚持与恒心是基础。相信那些喜爱设计的青年建筑师能够坚持下去，梦想一定能够成真。

必须向那些虽然家境“贫寒”，但依然执着于自己设计梦想，并坚守在建筑设计一线的青年才俊致敬！因为，他们身上才真正具备“贵族精神”！

（2017年04月24日星期一）

甲方逻辑

——所有甲方，都是阶段性角色

许多项目设计因为无法明确建筑立面风格，而被甲方要求尝试几乎所有可能性。效果图画了几十张也无法确定，最后因时间原因，而匆匆选定一个实施。在“北京王府井海港城”商业街设计过程中，针对甲乙双方“角色互换”的逻辑分析，成为快速确定建筑立面设计方向的关键。

图 1-1　曼莎屋顶形式的法式古典建筑

甲方董事长由于业务关系经常前往欧美，所以对欧美的古典建筑异常偏爱，尤其是对巴黎香榭丽舍大街两侧，曼莎屋顶形式的法式古典建筑情有独钟（图1-1），所以强烈希望将本项目的立面风格设计成法国古典形式。针对这种设计背景，如何确定设计方向，成为海港城立面设计的重中之重。

某次向董事长（以下简称董）的方案汇报中，立面设计内容的讨论和问答曲折而又高效。

董：“立面设计的思路介绍一下吧。”

我：“这次立面设计，我们提供了两种立面风格的概念设计。一种是欧洲古典形式，一种是新中式古典风格，但这都不是我们所喜欢的风格。”

董：“那你们喜欢什么风格？”

我：“在学校学习的是现代建筑，所以更喜欢用现代建筑材料，如钢材、玻璃、混凝土以及新型装饰材料等，来体现建筑个性的现代风格。”

董：“那你们为何设计两种不喜欢的古典风格给我们？”

我：“因为我们是乙方。”

董（笑）：“开始介绍吧。”

我：“第一种风格是您喜欢的欧洲古典建筑风格（图1-2），第二种风格则采用提炼后的中国古典风格（图1-3）。”

董：“提供第一种风格的设计，我理解。但是第二种风格，你们自己都不喜欢，为何也要提供？”

我：“在详细介绍方案之前，我想先分析一个逻辑关系的问题。首先您是甲方，我们是乙方，所以我们喜欢什么不重要，关键是您喜欢什么，所以有了方案一。

图 1-2　欧式古典风格商业街概念设计

图 1-3　新中式古典风格商业街概念设计

项目目前处于设计阶段，您是甲方。随着项目的土建施工、装修施工、各方验收后，项目将进入运营阶段。一旦项目开业，进入商业运营阶段，我们的乙方角色将随之结束。

而此时，您的角色也将发生转变，这时您将由甲方角色转变为乙方角色，而前来消费购物的顾客将成为甲方，所以这个时候，您喜欢什么也不重要了，关键是来商业街的消费者要喜欢，所以有了方案二。"

董："有道理。但是你怎么能知道这些消费者喜欢方案二的立面形式？"

我："最初，我也不知道消费者喜欢什么样的立面风格，所以我每周去一次王府井大街进行现场调研，分别选择不同的时间段，或白天或晚上，或周末或工作日。顾客都在逛商铺、看商品，而我在观察顾客的注意力和关注点，并通过分析得出顾客喜欢方案二的结论。"

董："有分析和论证的过程吗？"

我："有。

每天来王府井大街的消费者大约60万人，消费者来自世界各地。王府井商业步行街本身，已经不只是具备购物这样一个单纯的商业功能，而是其历史和名气使之还拥有旅游观光的含义，这从许多消费者频频在步行街上拍照留念就可以看出，而普通的商业街是不具备这个功能的。

既然具备旅游观光的功能，那么项目的立面应该具备老北京的特色，否则就失去了观光的意义。如果在王府井大街上建一座法式建筑，就与在巴黎香榭丽舍大街上，建一座老北京四合院的效果是一样的。试想如果在香榭丽舍大街上建一座老北京四合院，消费者愿意去拍照留念吗？给人的印象必然是照猫画虎的"假古董"，带来的结果就是不愿意去消费一次作为纪念。

您，作为乙方角色的商业业主，想让作为甲方的顾客自愿掏钱来消费，不能不考虑甲方的心理感受吧。所以，这也是我们主推新中式风格方案二的主要原因，尽管我们可能不喜欢，但这并不重要，重要的是掏钱的消费者是否喜欢。"

董（拍案）："非常有道理，就按你说的新中式古典风格的设计方向，抓紧深化细节设计吧，一定要老北京的地域化味道满满的。"

……

商业建筑的立面形象与风格，往往会对商业建筑的后期运营效益产生重要影响，因而需要考虑消费者的心理感受，而非建设方的感受，更非建筑师的自我感受。及时转变角色和位置，分析角色之间的逻辑关系，才有可能做出真正的精品商业建筑。

当然，前提是甲方能够“讲道理”，而且是能够听得进去道理的、非自负武断的甲方。

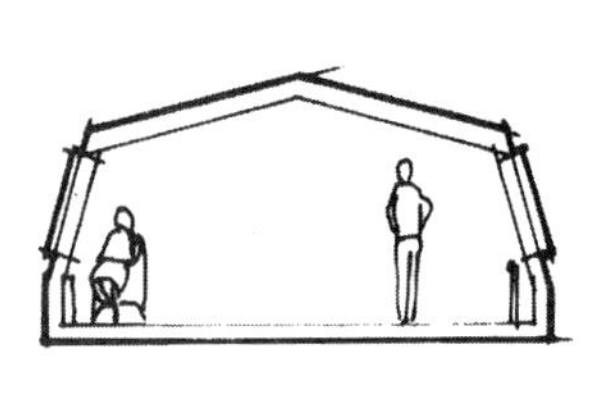

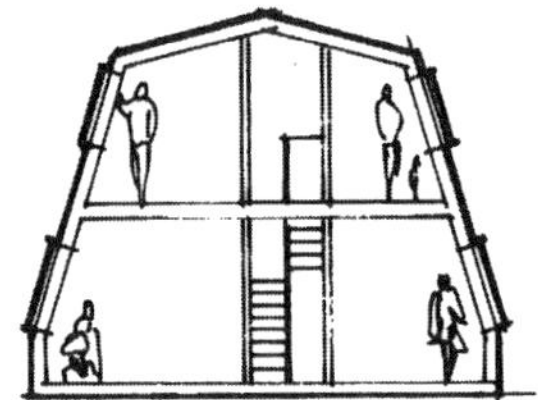

图 1–4　折线型坡屋顶

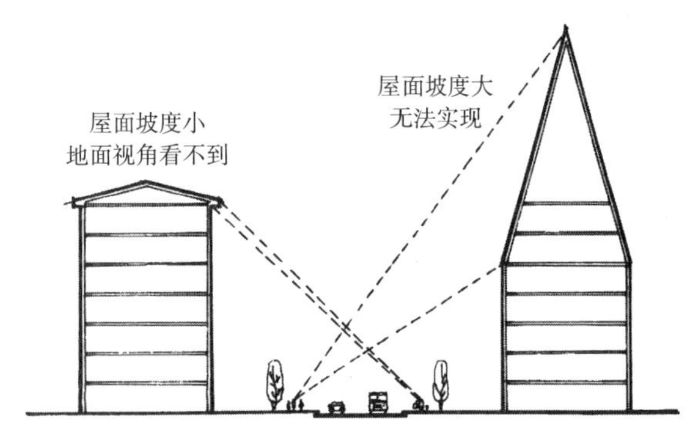

图 1–5　非折线坡屋顶无法满足街道视角效果

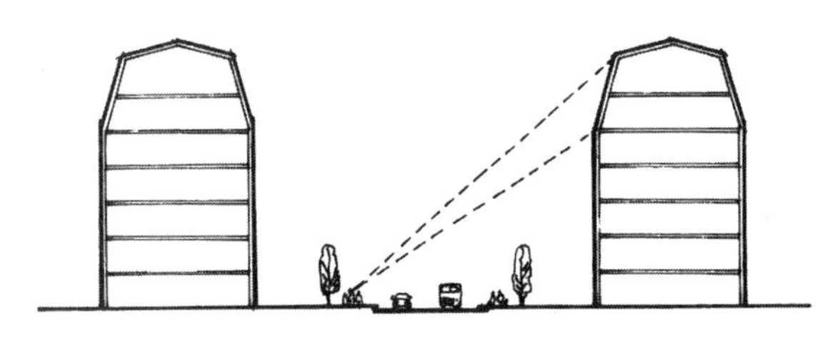

图 1–6　曼莎屋顶满足城市街道视角要求

【题外】

曼莎屋顶：是折线或复折线屋顶的总称。屋面通过折线被分成上下两个表面，上屋面坡度小，下屋面坡度大（图1–4）。（以上解释来自百度百科）

因为巴黎城市规划对建筑高度的限制要求，使大部分建筑层数都在5~7层。而古典建筑要求的三段式的上部，常常采用坡屋顶的形式来表现。由于街道宽度往往采用人的尺度（而非车的尺度），所以较为狭窄，使得人们在街道上观看建筑时，受到局限。如果屋面坡度小，则看不到坡屋面；屋面坡度大，则屋脊线太高，性价比过低（图1–5）。而折线形的曼莎屋顶形式，巧妙地解决了这个矛盾（图1–6）。

（2017年02月25日星期六）

奢侈品位
——不是靠金钱能够轻松拥有的

每次做商业建筑项目设计时，总能发现一个规律，即在与甲方沟通的时候，都能深感业主对项目未来的商业繁荣满怀憧憬。甲方常常将商业的兴旺寄托在建筑师手下的设计图中，甚至期待像一些大牌奢侈品店一样，门口挤满排队的消费人群，熙熙攘攘，门庭若市。暂时放下设计不谈，先来分析一下奢侈品店排队的深层问题。

很多消费者或见过或听过，大牌奢侈品店店内顾客不多，而服务人员却让消费者门口排队，等候进入的场景使消费者常常抱怨一些奢侈品专卖店“店大欺客”，其实不然。诸如路易·威登、爱马仕、香奈儿等大牌奢侈品，提供的是一种尊贵享受和个性身份，却被一些个别消费者作为炫富的手段。

由于某些消费者缺乏涵养，反而影响奢侈品消费氛围。奢侈品店的导购员数量有限，如果服务人员允许大量消费者同时进入店内，常常会出现下列场景：导购员正在向消费者A详细介绍某款上市新品的特征，消费者B却打断两人的谈话，询问价格和款式等问题。导购员如果停下对A的介绍去回答B的问题，则对消费者A不礼貌；而如果不回答，则对消费者B不礼貌，因而导购员进退维谷，难以体现奢侈品无孔不入的尊贵气息。所以，只有通过店外排队的方式，才能保证店内消费者，慢慢体会导购员提供的“一对一”、无微不至的详细介绍和品位享受，而非简单的“店大欺客”。

因此，在别人交流的时候，不要轻易打断别人的谈话。而如果不小心打断了别人的谈话，那么应当及时地补充：不好意思，打断您的说话了。以便让对方感受到被尊重。奢侈品牌与奢侈品位是两个不同的概念。奢侈品牌可以通过金钱获得，而奢侈品位则不是靠金钱能够拥有的，奢侈品位在某种意义上体现着贵族的气质和修养。

真正拥有“奢侈品位”的高端消费者，常常关注和追逐某个单一品牌，其深层原因是喜爱此品牌的历史、文化、发展和变迁，而其文化特征又通过设计和款式直接反映出来。一言以蔽之，即每一款产品都由其诞生的原因、发展的历史、演变的过程，组成一个完整的“故事”，奢侈品成为高端消费者思想交流中的一个载体。消费者们通过品牌而相互认知，并在对“故事”进行的沟通过程中，形成具有文化认同感的小圈子，进而取得思想与意识上的共鸣。而不是简单地背上一个带有大大Logo的包包，就拥有了“奢侈品位”。

（2016年07月06日星期三）

汇报心得

——建筑师过关斩将的必备技能

【题外】

从某种意义上讲，方案汇报人犹如演员，或者说更像是一个“话剧演员”，而听讲人则如观众，如何抓住观众的心，是一个话剧演员所应该考虑，也必须考虑的问题。而不像影视演员那样，只要真实表达自己对剧本角色的理解和感受即可。

人们常说，电影是导演的艺术，电视剧是编剧的艺术，而话剧才是演员的艺术。同样，方案汇报人现场的表达能力，能否赢得听者的认可，不仅仅靠台下认真设计的成果，还应在台上掌控汇报时的节奏和氛围。

再如，一些相声演员，抖完包袱后，发现掌声不停时，则不急于开始下一个段子，直到笑声渐落，方才开始。而有些不能掌控现场的相声演员，则不顾观众的感受，即使掌声不停，也只顾自己的表演，继续下一段表演，忽视观众的反映，因而前者与后者的表演水平，高下立判。

所以，方案汇报的主体是听者，而非说者。明确主体，围绕主体展开汇报，才有可能将方案设计的理念表达顺畅。

汇报方案对于建筑师，特别是方案主创建筑师而言，是一项不容被忽视的能力。如果不能灵活掌握这项技能，往往会使团队精心设计的成果，犹如“茶壶里的饺子”，不能充分展示给业主，从而造成极大遗憾。根据多年汇报方案的碰壁经历，总结心得，与大家分享：

第一，汇报方案时，声音洪亮、语速缓慢、语调顿挫是成功的前提。如果声音过小，常常给人“不自信”的感觉。听讲人只有高度集中注意力，才能理解其设计意图。这种传达信息的方式异常被动，因而声音洪亮是汇报方案第一要素。如果语速过快，容易让听讲人来不及思考，使之真正接受的信息量受到限制。同样，语速过快，也是一种“不从容”的表现。因而适当放慢语速，力争使每个字准确无误地传递到听讲人的耳中，是汇报方案的第二要素。语调的轻重缓急，直接影响听讲人的注意力，因为听讲人不可能长时间地保持精力集中，对于方案设计的精彩之处，需要加重语气，以引起听讲者的注意，从而唤起其对设计方案的思考，达到信息互动的效果，此为汇报方案的第三要素。例如，汇报人讲解到重点内容时，听讲人却在翻看图册，汇报人可以用激光笔指向屏幕，并强调说：请大家注意一下这里……此类强调语，必然提升听讲人的关注度。上述三点是方案汇报成功的前提条件。

第二，方案汇报时，应时刻注意观察现场气氛。有些建筑师在下面的工作准备得非常充分，汇报方案时却看着讲稿，唯恐遗漏，或者目不转睛地盯着演示屏幕，希望尽其所能将信息完整、全部地传递给业主，而对听者的现场反应却置之不理，结果适得其反。

汇报的主体是听讲者，而不是汇报人自己。方案汇报时，应随时随刻观察业主的眼神和表情，不必将所有内容一字不漏地表达出来。当看到业主对某一方面问题毫无兴趣时，即使在这方面的工作准备得再多，也要言简意赅，或果断放弃（更不要为自己在下面花费巨大精力，而感到惋惜）；而当看到业主对某个问题的提出，表现出眼前一亮，或提出建议，或非常关心时，应当临时决定就这个问题展开论述，配合业主将此问题进行深度讨论和沟通，这样往往能赢得业主首肯。

第三，现场听讲人数不论多少，其中一人必定是最终的决策者（大boss），所以当大boss在打电话，或与旁人沟通时，汇报人应停下汇报，以示对听讲者的尊重。否则，精彩之处被大boss错过，必然事倍功半。

第四，汇报的PPT文件，不应直接采用文本图册。因为图册文件的制作，往往追求构图精美、信息量大、图示语言丰富、文字数量众多。汇报文件如果信息量过大，势必造成听讲人去阅读屏幕文字和图示，而不注意汇报人讲述。汇报文件应单独制作，并且每页的文字和图片数量不宜过多，并根据汇报人的逻辑进行整理。大量信息应当通过汇报人的语言表达出来，而不是让听讲人自己去阅读文件。

上述汇报方案心得，为管见所及，仅供读者朋友参考。

汇报方案能力，需要长期进行磨炼，才能运用自如。衷心希望每一位建筑师，都能通过灵活地沟通和表达，将自己的设计理念顺畅地传递给业主，既能满足业主的要求，又能实现自己的设计梦想……

（2011年11月08日星期二）

三堂会审
——建筑师舌战群儒的必备技巧

《三堂会审》是京剧《玉堂春》中一段著名的折子戏，讲述苏三蒙受不白之冤，被押解太原接受三堂会审后，平反昭雪的故事。由此可见，古时对于非常重要的事件，需要三个不同部门的官员进行公正判决。然而，当代社会为了“公正”，参与判决的部门却远不止“三个”。

上篇【汇报心得】分享了建筑师如何向甲方业主汇报设计方案的心得，由于有些项目较为重要，建筑师需要与甲方一起向行业专家或相关部门进行汇报，获得专家和相关部门评审认可后，方可进行下一步工作。

一次，受某地规划局邀请前往参加项目评审会。进入会场后发现除了七位专家的位置外，还有许多政府部门代表的席位，具体如下：区政府、消防局、人防局、园林局、国土局、教育局、国安局、交通局、环保局、住建局、城管局、审批局以及主持会议的规划局，共计13个部门（其中还不包括应该出席的发改委、财政局、文物局、供电局、水务局、燃气公司、电信局等相关部门代表）。坐在汇报席上的建筑师，除需要将自己的汇报内容准备充分外，还将“随机应变”地回答来自13个部门代表提出的问题，“十三堂会审”已经远远超出苏三接受“三堂会审”的规模。

看着对面的建筑师即将“舌战群儒”，心中感慨油然而生，其答辩能力又是来自多少次失败后的磨砺……建筑师不仅仅需要学习自己的专业知识，还要学习大量跨界的相关专业知识。没有十多年以上的实战锤炼，面对如此“盛会”必将不知所措。

在项目评审会中，汇报建筑师若想赢得专家的认可，必须“换位思考”专家对项目的评论和意见。很多汇报人认为专家的意见“不准确”，而进行深度辩解，有时会使专家显得很“不专业”，其结果必然因为没有“换位思考”而“不理想”。在许多情况下，专家们进入评审会场才能看到方案图册，匆匆浏览后便需要提出意见。这些意见的提出，主要是根据专家们自己多年的经验，而对项目潜在的问题和实际现状可能并不了解。然而作为被邀请的专家，对项目设计的优劣，是不能不作评论的，况且很多专家只是在某一方面造诣较深，在如此短的时间内，无法通盘考虑项目各种条件之间的相互制约，所以对项目了如指掌的汇报人，应当理解对项目并不熟悉的专家提出一些“不准确”评论的原因。

如何应答专家提出的意见，将成为项目评审顺利通过的关键。下面提供几种参加评审时汇报人的应对方法：

方法一：对于专家提出的所有意见均点头认可，并对每个问题用笔认真记录。除非专家提出的问题需要答复，其余问题均不必做过多解释。毕竟熟悉项目的设计人与刚刚了解项目的专家相比，对于很多问题的理解并不在一条起跑线上。（必须清楚的是，这是项目评审会，而不是项目讨论会）

方法二：尽可能提前几天将方案文本提供给专家，给专家充足的熟悉和审阅时间，使专家们的宝贵经验助力方案，为项目的完善提出合理化建议，必定对项目的建设带来更开阔的思路。（给专家预留的时间越多，获得的建议与方法也越有效）

方法三：如果不能像方法二那样提前使专家了解方案，则应在会议开始时表露自己的思想，使专家提前关注方案的特点。例如对于多个方案中主打的一个，正式汇报前可以附带一句：相对于其他方案，董事长更满意这个方案。（尽管此种方法有些违规，但设计意图已经提前透露给专家，专家一般不会过于刁难。）

方法四：提前与专家评审组组长沟通，听取其意见，获得专家组组长的认可。如果其在众专家开始评审前，能用一两句概述进行定性，项目通过已成功一半。（这需要会下工作的提前准备）

希望上述方法能帮助汇报人“旗开得胜，马到成功”。

【题外】

对于专家的项目评审工作，需要多方面理解。

在大部分情况下，专家进入会场后才了解项目的情况。专家也非圣贤，在如此短的时间内提出自己的意见，只能依靠多年的实践经验，而无法全面考虑项目的隐藏条件。但是，每个项目都有其特殊的条件，所以即使专家的意见不太合适，也不必过于计较，或简单地认为专家水平过低。

大部分专家需要在短时间内提出自己对项目设计的看法和意见，已实属不易，而能提出解决问题的方法，则更是难上加难。所以，那些不但能指出方案存在的问题，而且能瞬间提出解决方法的专家，才能算得上专家中的专家。当然，这也与具体项目的特点有关。

如果碰到那些不管项目的现状条件如何，只会否定一切，或自己掏出画笔，勾勒几张草图，强迫设计人按其草图深化设计的“专家”，那么设计人只能自认倒霉了……

（2018年09月02日星期日）

与时俱进
——建筑设计必须紧随时代脚步

建筑设计常常被认为是一门艺术或是一门技术，或者说是艺术和技术相结合的一门学科，然而建筑设计如果想摆脱“纸面设计”的困境，必须掌握或至少要了解更多的跨行业知识。

在【贵族职业】一篇中，曾经提到马修·弗莱德里克的观点：作为一名建筑师，必须具备各个领域的相关知识，包括历史、艺术、社会学、物理学、心理学、材料学、政治发展……因而在实战过程中，建筑设计也必须关心时事发展，做到“与时俱进”。

某项目设计负责人曾讲述一个与时俱进的设计实战案例：

其接手某产业园研发办公项目，甲方希望将每栋办公楼规模控制在300平方米左右，以便于出租和销售。方案设计初步完成后，得到甲方认可。后来，甲方带着方案前往当地规划局与局长沟通，得到的回复是方案设计没有特色，园区没有集中绿地，形不成优质的办公环境。甲方非常担心，埋怨该负责人的设计没有得到政府领导的认可。

此时，该负责人主动向甲方提出，希望能亲自前往，并与政府领导面对面沟通。方案设计的原创理念是将集中绿地放弃，把绿地面积分配到每个小型办公楼的周边，提高每个办公楼的品质，毕竟此类项目的中心绿地，除了高大上的整体形象外，使用效率极低。

再次汇报时，除了规划局长外，参会者还有局长的领导——区长。

汇报过程中，项目负责人并没有将主要内容放在方案设计的功能、空间、形象上，而是将内容主要放在当时上级政府的主导政策发展方向上。针对当时的形势，强化“互联网+”“大众创业，万众创新”等政策对设计指导的理念，同时提出上级部门签署《关于积极推进“互联网+”行动的指导意见》的文件方向，是大力发展小微企业，特别是微型企业。

而设计方案的确在控制每个企业办公的使用面积，满足小微企业的需求，同时将集中绿地化整为零，优化个体办公环境，符合上级部门的指导意见。汇报结束后，区长对设计方案给予高度评价，并高度赞扬设计方的技术水准。同时，指示附近相近用地的项目应参考该方案进行设计。

方案沟通顺利通过，并开始下一步深化工作，甲方露出满意的表情。

汇报结束后，随同设计人员问：为何同样的东西，不同人汇报有不同的结果。

项目负责人解释道：方案汇报紧跟上级部门的政策，如果方案通不过，将不是方案设计本身的问题，而是上级的方针政策出现了问题，下级部门领导不应该认为上级部门的工作有失误吧。所以，做建筑设计同样需要紧跟政策的要求和方向，“与时俱进”。

【题外】

建筑设计是否需要与时俱进?

建筑设计除了与艺术、技术联系密切外，与经济、政治、宗教、文化皆有关系。特别是在中国，近几十年来发展迅速，在很多行业已经追赶上甚至超越许多发达国家，必然是国家的政策方针有先进之处。建筑设计工作也应与之看齐和学习。

前段时间，网络上很多言论认为：印度发展很快，不久的将来，有超越中国的可能。

几年前，曾去印度游学近半个月，感觉如果还是那时的政治环境，印度想超越中国，永远没戏。特别是去年发生的洞朗事件，很多国人观点激进。其实大可不必，因为他们的政策与中国相比，仍有巨大差距。

建筑设计自古以来脱离不开时事元素。在古代有很多国家，宗教被作为政治的统治工具时，建筑设计同样离不开宗教元素。

因此，建筑设计需要，也应当与时俱进，才能得以发展……

（2015年09月13日星期二）

和气生财
——换位思考才可求大同存小异

多年以前，做某外地开发项目。甲方设计部经理W是一位事无巨细、精益求精的主儿。大老远地来到北京，起早贪黑地在我们办公室盯着画图，然后不停地修改、修改、修改、修改、修改、修改……半个多月后的中秋节前一天找我。

W："明天上午咱们碰一下图纸，然后我中午的火车回家，晚上陪老婆孩子过个节，后天晚上返回，你们接着弄图，等我回来再进行讨论。"

我："别介，别回去了，一块儿商量着画，效率高。"

W："你们虽然天天加班，但是可以天天回家，我都二十多天没回去了，中秋节再不回去，老婆要有意见了。"

我："每逢佳节倍思亲，如果中秋节还不回家，你老婆对你肯定有意见，但是如果中秋节，你还在这里陪我们加班，你老板对你可能会——'更有意见'——的。"

W："这……好，不回去了。"

我："嗯，明天中秋节，接着盯我们画图吧。"

W："算了，最近弟兄们太辛苦了，明天让大家歇一天吧。"

我："那我自己陪陪你吧。"

W："不用，你也陪家人过个节吧。我来北京这么久了，没白没黑地、天天跟着你们加班，哪里都没去过，明天我自己去故宫逛逛。后天一早，咱们接着干活儿。"

我："好吧。"

据说，W回去后，因为节日仍坚守在工作第一线，而受到单位表彰。

又据说，W回去后没多久，从甲方几个项目的设计部经理中，被选拔出来派往美国调研半个月。

后来又听说，我们的设计图纸，在甲方几个项目的设计单位中获得评价最好，同时得到施工单位的赞扬。

……皆大欢喜……

一年半后，项目竣工，我方各专业负责人前往项目所在地进行验收工作。验收过程一切顺利，董事长Z与设计部经理W设晚宴庆功。酒过三巡，Z与W前来敬酒。

Z："非常感谢你们辛苦的工作，听W说，你们的团队相当敬业，工作相当认真，非常感谢啊！来，走一杯。"

我："谢谢Z总，我们是很辛苦，但这是应该做的。不过平时很少有机会见到您，今天借着酒胆想向您'投诉'一下，行吗？"

Z："哈哈，当然可以。"

我："W总太没人情味儿了，简直就是法西斯。他让我们设计团队加班加点，不停地改图。他自己不休息，也不让我们休息。要时间，W总不给，要加班费，W总不给，图纸稍微有一点偏差，就大发雷霆。这让我们想起了'半夜鸡叫'……"

Z："哈哈哈哈"。

W也在旁边尴尬地笑。

宴席散后，W私下拍着我的肩膀："谢谢老弟啊！"

后来据说，别的项目都欠设计费，唯独我们项目的设计费付款及时。

再后来，W被提拔为公司副总了。

……和气生财……

【题外】

工作需要磨合，角色需要理解。

"一将功成万骨枯"，那指的是战争年代；和平年代，还得走"一带一路"、共同发展、和气生财的正道。

（2017年04月24日星期一）

巅峰对决
——高手过招只可意会不可言传

【一】

某设计公司首席建筑师C，率领自己的设计团队，为某超级地产大佬A精心设计项目。项目进行到某个阶段，得到A的赞赏。后某策划公司的策划师B介入该项目，并对设计方案提出意见。

某日，三方首次共同开会，对方案进行讨论。A因临时变故，需要晚到30分钟，会议先由C对策划公司团队进行简单的方案介绍，然后，策划公司开始对方案提出意见。

此时，策划公司首席B趾高气扬，认为方案瑕疵很多，为在A的高管面前显摆自己团队策划的专业水平，对C的精心设计方案工作进行贬低，以换取自己谈判桌前的筹码。

然而，C面对这一切，一言不发，只是微微点头，以示礼貌。临近30分钟，C借故暂离会场。

等A进入会场刚刚坐下，C开门对A说："A总，您出来一下，有点事儿，我需要单独和您说几句。" A："好"，起身离开会场。

在会场外，C对A简单说了一些不痛不痒，又不得不说的无足轻重之事，两人即刻返回会场。（其实C与A除了工作之外，没有更多的私人交情）

当B看到C与A窃窃私语地共同进入会场后，脸色立即由傲慢转变为献媚。B的发言也改弦易辙，原本认为含有缺陷的方案，也变得优点多多，为了这些优点的存在，很多小问题是可以允许存在的。

C仍然惜言如金，对B的建议依然不予回答，只是微微点头。

双方气场强弱，旋即逆转。

最终结果：方案只进行微调，策划公司根据微调后的图纸，开展市场宣传和招商。

【二】

某颇具才华的建筑师C，任职于某著名大型国企设计单位。因国企的层层等级制度与官本位思想，平时常常受到国企董事长B的"威慑"，而不得不"屈膝"。

一次偶然的项目，C的设计作品一战成名，受到某政府超级大Boss——A的欣赏，而B对C的交流语气却并未因此而改变。

B要求C将自己引荐给A。

借助某个设计项目的机会，C与B及相关设计人前往A办公室，A每次就方案提出要求并注视C时，C都不回答，而扭头看B，三番五次后，A已经心知肚明。

讨论结束后，A说：“今天就到这儿吧，你们先出去，C留一下。”

B及相关人员离开A的办公室，前往电梯厅等候。而A并没有与C交流，自己在办公桌前处理事务。半小时后，不赞一词的A对独自坐在会议桌前的C说：“你走吧。”

C来到电梯厅后，B问C：“A都有什么交代？”

C：“A一句话没说。”

B：“半个多小时，A一句话都没说？谁信？”

C：“真的一句话没说。”

自此以后，B对C的交流语气大逆转。

【题外】

上述两个建筑师C的桥段，分别来自两位才华横溢的前辈，情商之高，令人佩服。高手之间的过招，无须激烈争论和辩解，一句话或一个眼神，足以将对手击溃于无形之中。

（2017年04月29日星期六）

但是可是

——为了落地实施必须无私奉献

建筑设计的理想与现实往往存在很多差异。即使一个思路缜密、考虑周全的建筑设计方案，在实施过程中，也常常会遇到各种各样的阻力。为了使方案能顺利推进，建筑师需要耐心、耐心、耐心……甚至有时需要采用一些“被逼无奈”的策略，才能完成任务。

某次参与一所小学项目的建筑设计工作。方案设计将学校的门卫传达室设置于“校园大门入口”处。然而，项目所在地的教委主任却异常强势，执意要求将门卫室设置于“教学楼入口”处。为了项目未来的使用更加合理、管理更加方便，只能采用特殊的沟通方法，使项目能够按照“原创”进行下去。对教委主任表述方案设计的观点如下：

一般类型的建筑，常将传达、门卫设置于“建筑主入口”两侧，便于安保人员能够时时监控进进出出的外来人员。这种设置方法与在“园区入口处”单独设置门卫传达室相比，其优点是：有利于节约用地（不需要单独建设一栋门卫室）、节能环保（不需要单独为门卫室安装空调和采暖系统）、降低造价（不需要四面围护结构及保温措施、不需要单独设置卫生间等）。

但是，校园不像其他类型建筑的园区。为了安全起见，未经允许，任何人不得进入校园。如果将门卫传达室设置于教学楼主入口处，可以设想，假如学生家长需要到学校内办理事情，学校保安先要从门卫室走到校园大门与家长沟通；然后返回门卫室用电话与班主任确认；获得许可后，再次返回校门处为家长放行；最后回到门卫室。如果将门卫传达室设置于校门口处，既节省保安在传达室与校门口之间的往返，同时又节省学生家长的等候时间。更重要的是在严寒的冬季和酷热的夏季，减少两人在恶劣天气下的室外停留时间。特别是快递的物品越来越多，更需要校门口设置临时储存空间。因而，门卫传达室位于校门口处，更便于建成后的使用与管理工作。

可是，第二种设计方案从节能、节地、投资造价等多个方面则明显不如第一种方案。由此可以看出，两种设置方式，均有利弊，各有所长，设计方也很难抉择，所以还是请使用方和领导来选择最后的门卫室设置方案。

上述观点表达完成后，强势的教委主任主动放弃自己坚持第一方案的观点，最终选择了第二种设计方案。

表述内容分别被“但是”与“可是”划分为三个部分。

“但是”之前是第一部分，主要内容是为领导主张的观点寻找优点，其目的是为后面否定领导的观点，为领导提前准备可以下的台阶。

“但是”之后、“可是”之前是第二部分，主要内容是表述设计的正确方向，从项目未来使用的角度，阐述其应该是正确的选择方案。

“可是”之后是第三部分，主要内容是寻找第二方案的缺陷，再次为领导准备台阶，同时摆明两个方案的优缺点，将选择正确结果的“权利”交还给领导。

建筑师为了使项目设计的更为合理，避免将来受到使用方的诟病，在劝说领导改变观点的时候，可谓用心良苦。既要引导领导朝向正确的方向思考，又要避免直接否认领导的错误观点。为了让领导能自我否定，必须把选择正确设计方向的“权利”和“功劳”交予领导，也必须把设计出彩的功劳交于领导……

“建筑师终身负责制”要求建筑师对其设计的建筑终身负责，然而责任与权利却不成正比。建筑师常常没有选择方案结果的权利，却要对方案选择的结果负责，或者说对非自己选择的坏结果也要负责，甚至有些甲方认为项目未来的问题也应由建筑师承担，而毫无顾忌地要求建筑师必须听取自己的观点。也许这就是国内建筑师的职业无奈。

近来，从建筑设计行业中离开、改行的设计精英越来越多，很多设计师都是因为忍受不了这种权、责、利不公的现状。设计好难，有时不仅仅是设计工作本身，因为还要将设计成果“想方设法”实施下去。工作不易，理解万岁……

更请理解：那些放弃许多权利却承担更多责任的，在一线执着、坚持的建筑师。

（2017年04月22日星期六）

现学现卖

——建筑师频繁改图的原因之一

几年前的某天中午，在前往餐厅的路上收到紧急通知，要求立即赶到WD总部开会。尽管不知道会议的主题、内容以及参会人员，但是作为商业地产大鳄的设计“供货方”，必须放下一切正在进行的工作与事务，全力以赴满足其提出的任何要求。

由于单位距离WD总部需要跨越大半个京城，所以顾不上用餐，便与另外两名同事仓促驱车前往。要求参会的三人中，两人工龄为20年，一人工龄为25年。从被通知人员的工龄和会议的紧迫度上看，此次会议的“重量级别”应该不轻。匆忙赶到WD总部后，被前台工作人员领进一间没有窗户的小会议室中，静静等候会议的开始。饥肠辘辘等待半小时后，两位年轻的项目设计管控人员闲庭信步般地走进会议室，并随手将门紧闭。

双方人员简单沟通交流后，我方人员才知道此次“重要”会议的内容竟然是：对两位年轻人员各自管控的“某某WD广场”的商业综合体项目进行答疑。换作白话就是：两人不懂图纸设计内容的好坏，需要我方给他们讲解和分析。估计对方两位年轻（毕业不过二、三年）的管控人员，是刚刚应聘到岗的员工。从交流中可以看出二位甲方“领导”的稚嫩，以及对商业综合体项目设计的一窍不通。当我们明白此次会议目的时，倍感设计服务行业的地位如此之低。为了给甲方两个识图都略显困难的年轻人培训，三位中年“专家”放下手头工作，空腹跨越大半个京城前来配合。年龄、经验、知识……在甲乙双方关系面前显得一文不值。更为不可思议的是，对方二位年轻的“领导”竟然带着“盛气凌人”的语气对我们说，他们也在设计院工作过3年，也不是一点经验没有。天下居然有向别人请教问题，却带着居高临下姿态的人存在。即使封建时代的帝王将相，也大部分尊师重教。然而，在当代，迫于甲乙双方之间的不平等关系，使得三位乙方“专家”对两位甲方“领导”的答疑过程和氛围，更像是“学生”在给“老师”辅导设计知识和要点……

两周后，作为专家再一次前往WD参加项目设计评审会。休会间隙途径某个会议室时，发现两周前的两个年轻人之一，正在会议室里对着项目的设计人员们大放厥词，用我方两周前提供的意见，指责方案的不是和弊端。略微细听，那些断章取义、穿凿附会的观点，令设计单位无所适从，但也只能点头称是……

也难怪现在很多的设计单位都不停地修改图纸。面对这样匆促上岗、毫无经验的甲方项目管控人员，不知道要加多少班，熬多少夜，做多少无用功，走多少弯路，培训多少这样年轻的管控“领导”，才能完成最后的设计工作。

【题外】

年轻人勤奋好学、现学现卖值得称赞，但是依靠背后平台的强大，迫使别人传授知识且毫不虚心，这就不妥了。

在众多开发商追逐财富的过程中，不知道有多少设计单位的设计精英，被这种“小鲜肉”逼得走投无路而跳槽或改行。长此以往，为此类财大气粗而又机构臃肿的开发商做设计的，能有多少是真正的技术精英?

建筑师与医生一样，本身是一个老年人的职业，经验是项目顺利进行的保障之一。用经验缺乏的年轻人指挥经验丰富的设计人，无休止的修改设计成为不可避免的现实。

当然，开发商本意是用最少的薪水雇佣管控人员，然而一些工程隐形的浪费和试错，却成为培养管控人员经验的学费。“捡了芝麻，丢了西瓜”的本末倒置做法，使很多开发商不得不咽下自酿的苦酒。

事实是：很多设计单位在万般无奈的情况下，也只能用薪水低、经验少的设计人员来应付经验少的甲方。图纸改来改去，致使整个设计行业水平和口碑下降，甲方与乙方互怼，形成恶性循环……

（2017年06月12日星期一）

设计规范
——建筑师们的最后一道遮羞布

建筑师们常常感叹：在建筑设计过程中的话语权越来越少，甚至有些建筑师感觉自己已沦落为甲方的“绘图工具”。此种现状与建筑设计的社会分工越来越细密不可分，同时也与建筑师个人对“设计规范”的重视程度和态度息息相关。

不论是东方还是西方，古代的建筑师都是全才。相对于现代建筑师而言，古代建筑师除了是一个思考文化与艺术、设计空间与功能的建筑师，更是一个需要考虑和决定建筑结构形式的工程师，甚至有些建筑师还必须是一个机械设计工程师，通过对施工机械的设计、制造和运用，实现自己的设计理想。

例如，意大利建筑师伯鲁乃列斯基，除了方案和施工图设计外，还设计了施工用的起重升降机，将建筑材料提升至历史上前所未有的建筑高度，为意大利文艺复兴的第一座建筑——佛罗伦萨圣母百花大教堂穹顶的建成奠定了基础，成为世界建筑历史的里程碑（图1-7），伯鲁乃列斯基也因此名留青史。从历史的长河中看，大教堂穹顶的“艺术成就”大于其“技术成就”，然而从当时那个年代来看，其“技术成就”则远远大于其“艺术成就”，没有技术的支撑，一切理想都是海市蜃楼……那个时代的建筑师，在自然、艺术、文学、工程、造价等方面样样精通，而那个时代的建筑也经得起上百年风霜雨雪的考验。相比之下，当今许多建筑师技

图 1-7　佛罗伦萨圣母百花大教堂

能略显单一，无法掌控建筑设计这一需要综合技能的工作，也使当代很多建筑相比过去显得浮躁与肤浅。

随着建筑功能的多样性和复杂性不断增加，建筑师工作的社会分工不断扩大和细化。而“钢筋混凝土”等现代建筑材料和建筑力学的诞生，使得结构工程师从建筑师队伍中分化出来。建筑声、光、热等物理性能因素的必然选择，使设备和机电专业设计师又从建筑师队伍中分化出来，建筑师的工作范围在不断缩小。时代进步的同时，产生了大量的专业化建筑顾问，如幕墙顾问、电梯顾问、灯光顾问、商业顾问、销售顾问、造价顾问……大量建筑顾问的产生，使建筑师的工作空间和话语权进一步被压缩。更有甚者，原本一些确定城市总体控制的规划师，通过“城市设计”也开始对建筑师进行“指导性”工作。据说某个项目的年轻责任规划师在不了解建筑设计思想的前提下，居然在某知名建筑大师的立面方案图上，徒手勾画建筑的开窗形式和柱式图样，其不伦不类的比例和线脚，令人啼笑皆非。难怪很多建筑大师为了不受城市规划师的束缚，也跨界进入城市规划领域，最“大牌”的就是完成“昌迪加尔”城市规划的勒·柯布西耶了。

设计前期的策划阶段本属于建筑师的研究工作范畴，但是被“顾问”们拿走了，建筑师只能随着“顾问”对项目方向的不断调整而不断修改图纸。设计后期的施工阶段本属于建筑师的指导工作范畴，但是由于原本需要绘制的设计详图和工程做法，被各种各样的标准图集的引用所取代，建筑师对于一些标准图集绘制的原因也一知半解，如此一来，把指导工作的话语权也拱手让出了。不但设计前期和设计后期的话语权没有了，而且设计阶段的工作也被各种各样的顾问所干扰，唯一能让顾问们退却的只剩下了“设计规范”。当建筑师提出“设计规范不允许”时，任何顾问只能放弃不切实际的修改设计想法。

因为不管是甲方还是顾问，都不涉足设计规范，他们认为设计规范是建筑师必修的科目，因而设计规范成了除建筑师以外，无人问津的地带。因此，“设计规范”成了建筑师拥有话语权的最后一根稻草，也成了维护建筑师地位和尊严的最后一道底线。而有些建筑师却严重忽略“设计规范”这一有力的工具，如同律师不能熟记法律条文一样，在说服对方及辩论的时候，缺乏有力的依据和后盾。所以，当失去最后的遮羞布时，想获得话语权又谈何容易。

很多青年建筑师胸怀“大师”的梦想，认为“设计规范”只是施工图设计阶段所需要的知识，这等于将自己说服业主的“利器”抛弃，何尝不是自废武功？其实很多大师都能熟记“设计规范”，而且其背后团队的技术支持，也是对“设计规范”运用的游刃有余。如果忽视“设计规范”，即使非常出色的方案设计，其落地性也会大打折扣。

建筑设计中需要解决的问题很多、很多……其中大部分问题是属于“好与坏”的问题，这些问题的话语权往往并不在建筑师手中，而是在甲方手中。其中小部分问题是属于“对与错”的问题，而这些问题的话语权则存在于“设计规范”之中。“设计规范”=“法律”，掌握了“设计规范”等同于掌握了设计的话语权，否则，建筑师将会失去最后一道“防线”，变成甲方真正的绘图工具了。

【题外1】

牢记规范并不等于思想僵化，只有理解规范条文编制的原因，才能灵活运用规范，为业主提供最优质的设计。“不死不活；先死后活；越死越活”是刚刚入行设计一线做学徒时，师傅送的口诀。意思是：不死学规范就不会活用规范；要先死记硬背，而后才能活用自如；对设计规范掌握得越牢靠，记忆越死，才越能活用设计规范。不要再抱怨建筑师的话语权越来越少了，“设计规范”可以帮助你重拾属于自己的话语权。

【题外2】

原本希望通过小文的观点，力求寻找一些帮助建筑师挽回话语权的“梦想”。然而最近网红的“广州某足球场”定案，却将“梦想”击得粉碎。

“Gensler”——一家顶级的美国建筑设计公司，在世界各国留下无数精品建筑的设计公司。在2006年的“上海中心”设计竞赛中披荆斩棘，脱颖而出，硬是将SOM事务所、KPF事务所、福斯特事务所等一批世界顶级设计公司斩于马下。（图1-8）

图 1-8　上海外滩，陆家嘴

今天看来，作为上海滩最高的建筑，上海中心的“龙形”方案依然是一件不可多得精品。当然，优秀作品的实施和落成，同样离不开“上海中心”项目甲方决策层的慧眼识珠。（图1-9）

然而、然而、然而……当某足球场的方案一经宣布，“Gensler”在笔者心中的形象顿时被颠覆，甚至对其团队的设计能力产生了质疑（图1-10）。

看了许多公众号文章，才知“Gensler”也成了甲方的绘图工具。

细思量……

一个建筑作品的水平高低，主要取决于甲方的审美取向。甲方的审美水准，是建筑师创作的天花板。

在真金白银面前，话语权又算得了什么，还是“摧眉折腰事权贵”，方显“识时务者为俊杰”。毕竟，将国民审美素质引入歧途，并非“Gensler”直接所为。

图 1-9　上海中心

图 1-10　广州某足球场 *

如果说卓尔不群的建筑师是千里马，那么慧眼识才的甲方则是伯乐。“千里马常有，而伯乐不常有”说明了伯乐比千里马更稀有、更珍贵。

有些甲方明明可以成为更尊贵的伯乐，却偏偏去干那些千里马的脏活儿、累活儿。不知是为了什么？

当代社会，“久病成医”的医生，医术会更高超吗？

（2020年01月28日星期二）

公摊面积
——国民审美素质提高的大障碍

公摊面积是指由整栋楼的产权人共同分摊整栋楼所有的公用部分的建筑面积。包括：电梯井、管道井、楼梯间、垃圾道、变配电室、设备间、公共门厅、过道、地下室、值班警卫室等，以及为整栋楼服务的公共用房和管理用房的建筑面积。

公摊面积、使用系数等原本是建筑师用以调整建筑设计的经济技术指标，然而现在的“公摊面积”却已经成为甲、乙、丙、丁……方心中永远的痛。购房者或租房者常常将使用系数和公摊面积作为购房或租房判断的标准，这也使得建设方要求建筑师在设计时严控公摊面积，而建筑师则在不违反国家设计规范的前提下，将所有的公用部分设计成最小尺寸。

由于极限是固定的，所以经过成千上万的建筑师们不断“研发”，将公用部分特别是包含楼、电梯的核心筒部分减小到极致，使得960万平方公里土地上的新建住宅几乎千篇一律。其带来的影响主要表现在以下两个方面：

（1）住宅的公用部分几乎只剩下交通空间，而供使用者交流、沟通的空间几乎为零，和谐的邻里关系无从谈起，“远亲不如近邻”的互助关系更是因公摊面积的无限缩小而离我们远去。居民只能通过“良心”开发商营造的室外景观场地进行沟通，而必须由室内共享空间解决的活动只能略去。

（2）当今国内建筑设计界的主流杂志几乎没有介绍住宅建筑的，而大部分是美术馆、科技馆、图书馆等对公摊面积没有特殊关注的建筑。即使有住宅建筑介绍，大部分也是国外的建设项目。这都是因为公摊面积的最小化限制了建筑师对公共空间创作的想象力，不得不到处复制拷贝。没有了建筑师对公共空间的创作性设计，公共空间也就失去了艺术性和个性，居住者对建筑空间的艺术审美能力自然难以提高。

之所以造成这样的现状，是因为公摊面积作为销售面积的一部分出售或出租给使用者，而使用者因为对公共部分使用的频次不同，所以更关注套内使用部分，即希望套内部分占据销售面积的比例越大越好（花同样的钱希望获得更多的私属空间）。

曾经有一段时间，某些地方在售房合同中明确规定销售的是套内建筑面积，销售面积不包含公摊面积。然而这种做法犹如“皇帝的新衣”，不但没有增加公共空间的面积，反而加剧了公共部分最小化的倾向。因为一方面，开发商会提高售房单价，使不含公摊面积的售房总价与含公摊面积的售房总价持平；另一方面，开发商会更加严控公摊面积，相应增加套内面积，在总价不变的情况下，尽力使售房单价提高的幅度减少。

上述现象的根本原因并非“公摊面积”本身，而是“容积率”。因为容积率规定了整个项目的总建筑面积，总面积已经确定的前提条件下，减少公摊面积也就意味着增加了可销售的套内建筑面积，开发商必然要求建筑师尽一切可能缩小公共部分的公摊面积。这些原因最终导致公共使用部分的建筑空间除了交通和必要的水暖电管井外，不会再有任何使用功能。

国外的情况有所不同，BIG事务所设计的哥本哈根山形住宅，从10层高的空间逐层跌落至1层。每家每户都可以拥有充足的阳光和花园，而不用在地面层才会享受充分的绿植（图1-11）。住宅下面的架空层为车库，有些空间高达16米，每个住户都可以将车开到自家门口（图1-12）。

此种创新设计手法在国内没有生存的土壤，这并非是因为没有客户需求，而是国内的"容积率"计算方法不允许此类个性鲜明的住宅产品。因为：

（1）地上车库面积占有容积率，其销售直接影响住宅销售；

（2）建筑层高超过一定限值（为了防止增加夹层），规划部门将按照两层或三层面积计算容积率。

控制容积率过高，意味着控制一个项目的总体建设规模，其最终目的是控制该项目的建筑使用总人数，从而降低该项目周边的交通压力、提高安全性，增加使用者的舒适度。然而，公摊面积并非增加建筑使用人数的指标，而套内可租售的部分才是影响使用人数的指标。

图 1-11　哥本哈根山形住宅

图 1-12　层层跌落的底层架空车库

图 1-13　丰富多彩的公共活动空间

犹如上面的山形住宅，底层车库面积并不能增加建筑的使用人数，原则上不应参加容积率的计算。正因为如此，山形住宅的居民才能享受到与众不同的居住空间（图1-13）。

如果建筑师在住宅等建筑设计中，能为住户塑造出丰富多彩的公共空间，那么不同的建筑可以提供与众不同的公共活动空间，最终也将提高整个国民对建筑空间的审美素质。

【畅想】

如果希望从根本上改变公共使用空间狭小阴暗的现状，使建筑师发挥充分的想象力，为居民提供变化无穷、个性鲜明的公共交流活动空间，提高整体国民对建筑艺术的审美修养，必须从容积率的计算上进行改革。

例如：单独计算建设项目的可销售套内面积后，计入容积率，并设定最高限。而对于不可销售和不可租赁的公共活动空间，则不参与容积率的计算。但公共空间需要规定最小值至最大值的范围。因为规定最小值是防止开发商无限缩小公共空间的面积，保证居民有适当的室内公共活动空间，规定最大值是防止对城市空间造成压力。

如此一来，可销售套内面积与公摊面积彻底脱钩，公摊面积不参与容积率计算，开发商不但不会要求建筑师无底线地缩小非销售面积，反而会适当增加非销售面积，并要求建筑师对公共活动空间进行创意设计，用来提高整个项目的品质，以利于租售。

公摊面积已经严重影响居民的互动交流空间创造，这是甲方、乙方、丙方、丁方……都不愿意看到的结果。

此类现状，需要规划主管部门从提高国民审美素质、丰富居民和谐共生的活动空间角度出发，对容积率的计算做出调整。相信类似“山形住宅”一样的各类新型住宅将会在全国各地百花齐放，而不是像现在大江南北、长城内外的各类住区，多数都是高层板楼，体现不出任何地域特色。

（2020年08月29日星期六）

曲线救图

——善意的谎言胜于僵硬的直言

多年前，某工程项目通过消防初审，我与甲方两人一起前往消防局听取修改意见。

消防局经办人："你是什么专业？"

我："建筑专业。"

经办人："水暖专业和电气专业负责人呢？"

我："没来。"

经办人（面对甲方严厉质问）："为何不通知其他相关专业负责人，而只有建筑一个专业前来沟通？"

甲方颤栗无语。

我解释道："可能是转述有误，其他专业问题我可以先记下来，回去再转告相关专业负责人。"

经办人质疑："你懂水、暖、电？"

我无奈答道："不懂，还望多多解释指教。"

图纸交流过程较为顺畅，但在一个暖通专业技术问题上，经办人出现错误。消防规范明确规定：楼梯间宜每隔2～3层设一个加压送风口。图纸准确无误，而经办人的审查意见为每隔1层设一个送风口，并要求我方必须修改图纸。明知经办人有误，但又不方便直说，只能用错误答案故意试探一下。

我："我记得规范里规定的好像是每隔5层设一个送风口的。"

经办人厉色道："不可能。"

他旋即拿来规范查阅。

经办人看后大悦："哈哈，咱俩都错了，不过我的意见比你的更接近答案，这条可以不修改了。"

虚惊一场，稍有不慎，后续问题可能会雪上加霜。

在建筑设计中，对于某些技术问题的解决，靠"硬碰硬"的方式有时是过不去的，特别~特别~特别是处于地位不平等的局面下，只有绕道而行，方成正果。明知对方有误，但万不可贸然指正，更不要在自己非专业的问题上直接指出别人的错误，只有考虑对方心理感受和外在颜面，然后"自黑"一下，并给对方一个"五十步笑百步"的机会，才有可能挽救真理的存在。

明知正确答案，也要故意说错。善意的谎言也许比僵硬的直言更能使问题得以顺利解决。

【题外】

1.某些高层建筑中，为了增加逃生系数，需要设置“防烟楼梯间”。此类楼梯间的要求之一是必须在楼梯间旁设置“加压送风井”（图1-14）。发生火灾时，风机将室外清洁新风，通过风井，送入楼梯间，形成楼梯间内比楼梯间外更大的气压值，防止火灾产生的烟气进入楼梯间，同时给楼梯间送入新鲜空气，保证疏散人员在逃离过程中，免于窒息，其原理类似于潜水员背后的氧气瓶，即使在周围大环境缺氧的情况下，只要小环境有足够的氧气，仍能保证疏散人员顺利逃生。

2.原《高层民用建筑设计防火规范》机械防烟篇章中规定：“楼梯间宜每隔2~3层设一个加压送风口”。由于楼梯间是上下连通的，所以“加压送风井”开向“防烟楼梯间”的送风口，不必每层都设置。现行的《建筑防排烟系统技术标准》规定：楼梯间宜每隔2~3层设一个常开式百叶送风口。（图1-15）

（2016年04月17日星期日）

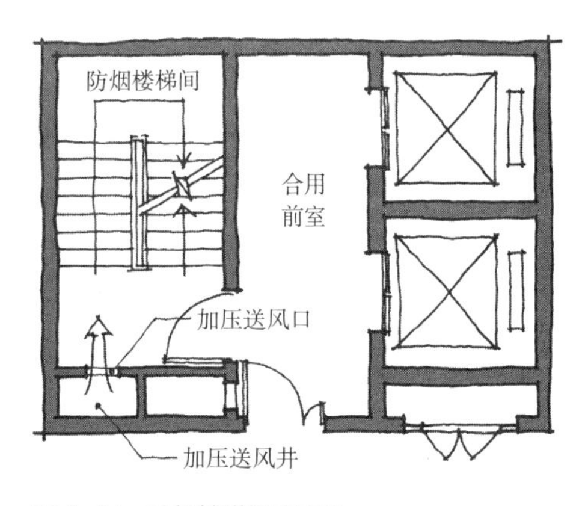

图 1-14　防烟楼梯间平面图

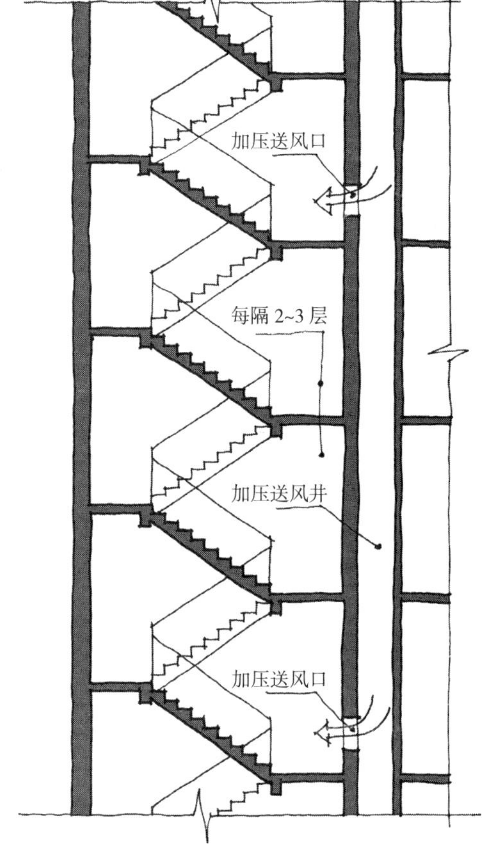

图 1-15　防烟楼梯间剖面图

建筑密度
——能带来经济效益的技术指标

建筑设计过程中，设计师常常重视容积率、建筑高度、绿地率、停车位等经济技术指标。而建筑密度作为建筑设计的一项基本技术指标，常常被大家所忽略，本文将揭开“建筑密度”重要性的面纱。

多年前承担某个商业街项目设计工作，该项目为完全销售的商业店铺。我方开始设计时，之前的设计单位已经帮助开发商完成总图设计，但是通过对经济技术指标的分析，发现设计存在不小的问题。

原方案经济技术指标表　　表 1-1

	用地面积	总建筑面积	容积率	建筑基底面积	建筑密度
原方案	50000m^2	42000m^2	0.84	14000m^2	28%

原方案建成后销售额估算表　　表 1-2

		建筑面积（m^2）	单价（万元/m^2）	总价（万元）
原方案	首层	14000	1.8	25200
	二层	14000	1.2	16800
	三层	14000	0.8	11200
	总面积	42000		53200

由表1-1可以看出，原方案的建筑密度为28%，这个指标对于开发商而言，存在着利润的重大损失。由表1-2可以看出，商业共有三层，且每层面积相等。建筑密度是指建筑物的基底面积总和与总用地面积的比例，即建筑物的覆盖率，具体指：项目用地范围内所有建筑的首层总面积与规划建设用地面积之比。它可以反映出一定用地范围内的建筑密集程度和空地率。

一般而言，在总建筑面积（容积率）确定的条件下，住宅小区减小建筑密度，能增加公共绿地面积，从而提高住宅小区品质与档次。而商业建筑恰恰相反，由于首层商业的销售价值和租赁价格远远高于二层及以上，所以应当尽可能将首层面积最大化，力争使建筑密度达到《规划条件》规定的最大值，以保证投资的利润最大化。

通常，商业街的建筑密度在35%～45%之间，数值大小由用地条件和形状决定。对于大型集中商业，如购物中心、百货大楼等，其建筑密度往往能达到60%以上。

基于上述原因，在容积率和总建筑面积不变的条件下，我方将原方案进行修改，调整后的经济技术指标如表1-3：

新旧方案经济技术指标对比表　　表 1-3

	用地面积	总建筑面积	容积率	建筑基底面积	建筑密度
原方案	50000m^2	42000m^2	0.84	14000m^2	28%
新方案	50000m^2	42000m^2	0.84	19000m^2	38%

新方案将建筑密度调整为38%后，首层建筑面积达到19000平方米，面积比原方案的14000平方米增加了5000平方米，即将5000平方米的三层商铺调整为首层商铺，单价由0.8万元/平方米提升到1.8万元/平方米，每平方米增加1万元，仅这一项增加纯利润5千万元。调整指标后的销售估算如表1-4：

新旧方案建成后销售额估算对比表　　表 1-4

		建筑面积（m^2）	单价（万元 /m^2）	总价（万元）
原方案	首层	14000	1.8	25200
新方案		19000		34200
原方案	二层	14000	1.2	16800
新方案		19000		22800
原方案	三层	14000	0.8	11200
新方案		4000		3200
原方案	总面积	42000		53200
新方案		42000		60200

由表1-4可以看出，在总建筑面积不变的条件下，通过建筑密度的调整，使得销售总价提高了60200万元-53200万元=7000万元。对于一个原预计销售总价为5.32亿元的项目来说，经过方案的重新设计，能带来7千万的纯利收益，由此可见建筑密度在建筑方案设计中的重要性。

上述调整还带来两个附加优势，一是由于三层建筑面积减少，首层建筑面积增加，使得土建成本大量降低；二是由于三层商铺面积减少，增加大量二层屋顶的室外露台，可以作为赠送三层商铺的有利条件，扩大三层商铺的“外摆”营业面积，提高三层商铺的销售单价。此两点同样能够增加相当可观的利润。

面对新旧两个方案的经济技术指标表和销售估算表，当看到开发商沉思的表情时，“设计创造价值”的含义已经充分体现出来。

【题外】

对于商业街项目而言，建筑密度过小，意味着商业街的宽度加大，当宽度过大而失去顾客步行逛街的尺度，商业街的繁华气氛会急剧减弱。例如同样长的两条商业街，一条宽50米，一条宽15米，如果两条商业街上均有100名顾客，那么两条商业街的顾客密度和人气立即显现出来。

逛街的消费者往往有从众的心理，即当看到别人扎堆的商铺或商街，往往觉得这个商业肯定受大家的认可和喜爱，从而抱着新鲜好奇的心态加入到消费人群中去。过去有很多不法商贩通过“托儿”来实现较高的人气指数，也是充分利用人们从众的心理。通过对商业交通空间的把握和设计，来增加顾客密度和人气，也是提高商业价值的重要方法之一。

由此可见，建筑密度对于商业建筑来说，是需要优先解决的经济技术指标。

（2015年10月10日星期六）

建筑高度

——需要对比参照后确定的指标

在建筑设计中，建筑高度是“经济技术指标”中的一项重要内容，反映建筑物的重要特征。然而，建筑高度的确定，却常常受到来自外界各种因素的影响，并非建筑师甚至城市规划师所能左右。

几年前，曾参加一个专家评审会，主要讨论的议题：建筑高度。

会议前一天，前往项目所在地，当地规划局领导提前介绍项目背景：某企业董事长酷爱雪上运动，因而常常去欧洲滑雪。由于业务繁忙，加之距离遥远，所以希望在国内寻找适宜的雪场。经过多方考察，选择该地作为随时活动的滑雪地点。

后来，与几个朋友建设私人滑雪会所，便于空闲时能经常运动。几年后，感觉应该将资源与大家分享，便投资兴建经营性质的滑雪场，并对社会公众开放。由于场地的雪质优异，自然资源丰富，加上对雪道和设施高标准的资金投入，使得滑雪场人气异常兴旺，以至于日本、韩国的国家队也经常来此训练。

再后来，周边众多滑雪场纷纷兴建起来，成为小有名气的滑雪胜地，并为当地解决许多就业岗位，带来巨大的经济效益，同时为后来的冬奥会申办成功作出了巨大贡献。

由于滑雪爱好者不断增多，雪场周边住宿接待设施严重不足，该企业决定投资兴建一座新的酒店。项目经过政府部门层层的审批后开工建设，地下室建设已经完成，准备开始施工建设地上部分。

此时，一位领导前往当地几个雪场考察，途径该酒店施工现场时，询问酒店的建筑高度，陪同人员回复：建筑高度是50米。领导问道：50米的建筑高不高？是否会影响周边的自然环境？

问题一出，随之而来的就是项目的停工、停建。最后，各部门不得不召开专家评审会，邀请专家们进行研讨评审，以最终确定建筑的适宜高度。

正式开会之前，当地规划局工作人员带领众位专家前往现场踏勘。实地考察周边环境与在建酒店的关系，然后返回会场进行建筑高度问题的评审。评审会开始后，许多专家对“建筑高度”避而不谈，只去关注项目的防洪、防灾、防火问题，答非所问致使业主眉头紧皱，异常焦急。规划局领导询问建筑高度是否对周边环境造成影响时，一些专家认为应该从多角度去绘制建筑实景效果图，经过比对后，才能评判是否影响自然环境。诸如此类模棱两可的回答，令业主非常失望。

轮到笔者发言时，明确阐述个人对该项目的理解，观点如下：评判一栋建筑是否过高，不应从50米这一简单的数字来确定，应当参照该建筑与周边环境的高度关系来评判。比如，故宫内等级最高的建筑是“太和殿”，连同三层台阶，其高度也仅为35米，如果在故宫旁边建设一栋50米高的建筑，该建筑是否过高不言自明（图1-16）。而将50米高的建筑放在北京CBD区域，周边存在大量几百米高的建筑群体，50米的建筑高度则显得无足轻重（图1-17）。

重新审视该酒店，建设地点位于山坳内，且依附于一侧山脚，两侧山峰高度均有几百米，且十分险峻。沿着盘山公路驱车进入现场之前，根本无法看到建筑本身，只有进入山谷之中，酒店形象方能进入视线。同时，建筑方案通过“曲折平面”和“错层立面”的设计手法弱化其体量，与山势顺应和谐。因而经过参照周边环境，酒店的50米高度理应不成问题。

另外，周边众多的滑雪道蜿蜒崎岖，如果没有识别物，反而容易造成滑雪者迷失方向，因而需要一个类似“灯塔”的标识物，为滑雪爱好者提供滑行中的行进识别标志。如果从这个角度分析，50米的高度反而可能会显得略低，起不到识别物的作用。

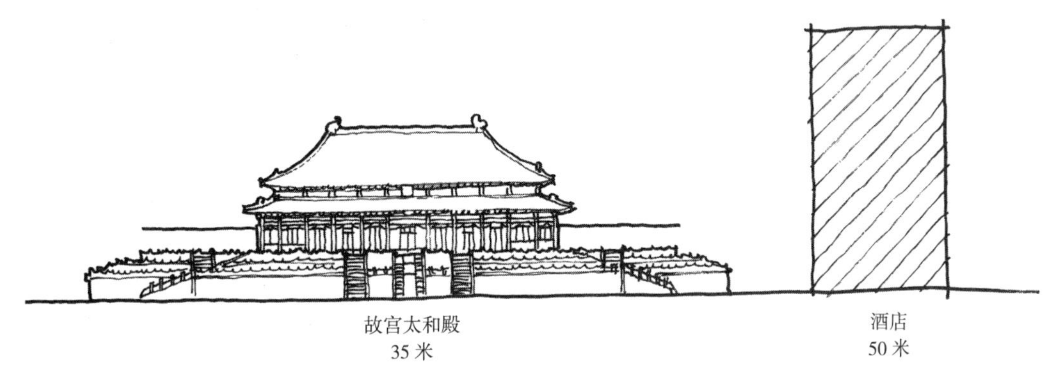

图 1-16　在建酒店与故宫太和殿高度对比

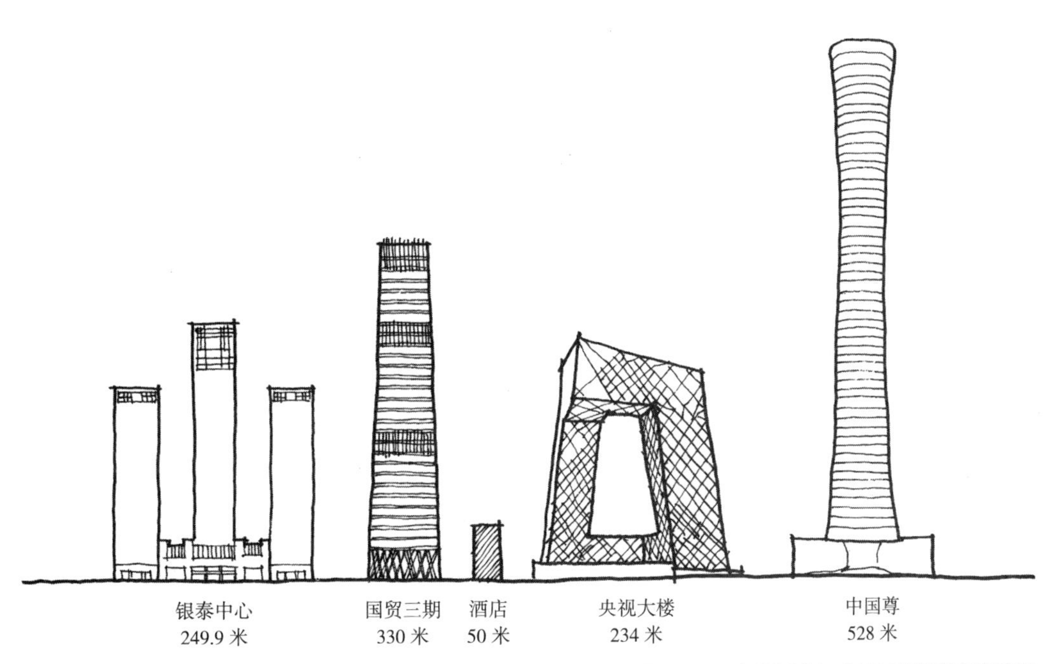

图 1-17　在建酒店与 CBD 建筑群高度对比

建筑高度是建筑物的重要特征，除了航空限高外，建筑高度的确定应与周围环境（城市环境或自然环境）和谐共生，并形成优美的轮廓线。单单凭借一个简单的数字确定建筑高度和形象，恐与设计原则背道而驰。

上述观点终于使业主紧皱的眉头松开……

项目依旧按照原来的图纸继续施工……

建筑师对建筑高度的限定是没有话语权的，每当接手一个新项目时，建筑高度一般都受到规划条件的限制（要么限制建筑的最高高度，要么限制建筑的最低高度）。建筑师常常在此限制条件下，通过框架内的高度变化设计，来满足周边环境的需求。

建筑高度一般由城市规划师根据区域总体规划来确定，对整个区域进行总体平衡和协调，并通过建筑高度去塑造丰富的城市天际线，使该区域达到美观的要求。

（2016年04月04日星期一）

控规高度
——牵一发而动全身的规划条件

【题外】

上篇【建筑高度】分析了建筑高度的特点。然而，有时建筑高度在“控制性城市规划阶段”常常被“外来因素”武断地确定，其舍本求末，致使建筑的实用性和经济性大打折扣。技术人员的设计分析，在某些非专业领导的“片面决策”面前显得徒劳无益。更有甚者，非专业领导不管是否从技术上立得住脚，只要自己认为可行，采用“一刀切”的简单主义方法干预控制性规划的编制，导致建筑设计一开始就处于“修修补补”的状态，居民的生活环境改善更是无从谈起。建筑师在进行建筑设计之前，建筑高度往往已经被规划条件所限定。这是因为建筑高度对于城市风貌的影响较大，因而规划师在编制“地块控制性详细规划”时，建筑高度是一项必不可少的指标要求。然而建筑高度并非“单一”的技术指标，高度的变化会带来其他技术指标的相应变化，并常常造成“牵一发而动全身”的结果。

某次配合控规设计技术团队，进行某个地块控制性详细规划的编制工作时，发现目前很多项目的规划编制，由于专业之间衔接不畅或“各种各样”的非技术原因，人为地造成各种建设成本浪费，并且导致建筑使用品质的下降。下面以实例来说明存在的问题。

某住宅项目用地主要经济技术指标确定为：容积率≤2.0；建筑高度≤45米；建筑密度≤25%；绿地率≥30%。

根据上述指标，通过日照计算和建筑间距控制进行建筑方案强排，得出较为舒适的总平面布局，如方案一所示（图1-18）。用地范围内共计布置6栋（12个单元）住宅楼。楼与楼之间的间距适中，围合的小区景观绿地为住户提供了舒适的室外活动环境。各项指标都能留有较多的富余量，以便提升住区的品质。然而，工作完成后，得到政府某部门的指导性意见：为满足“区域性整体风貌”的要求，建筑高度不得超过36米，其余所有技术指标不变。根据上述意见重新调整强排方案，如方案二所示（图1-19）。

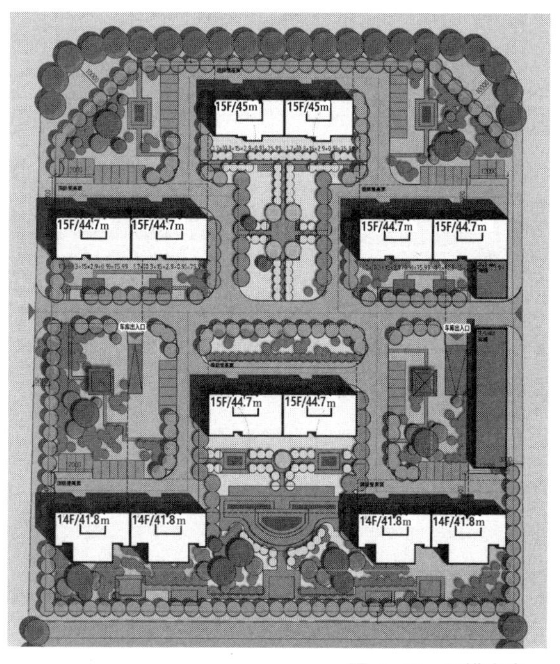

图 1-18　强排方案一

由于容积率（地上总建筑面积）不变，建筑高度降低，使得方案布局由原来

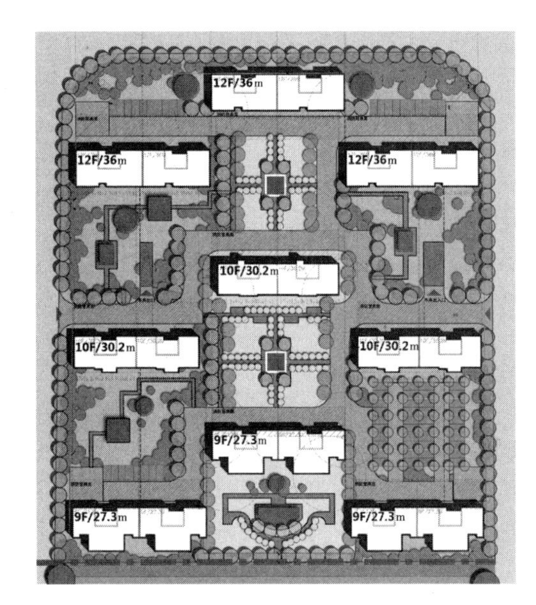

图 1–19　强排方案二

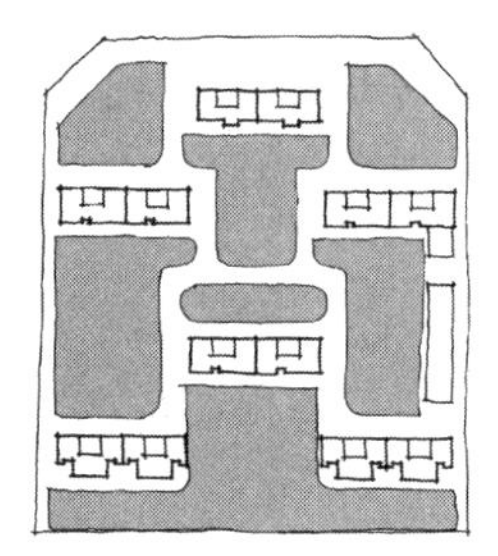
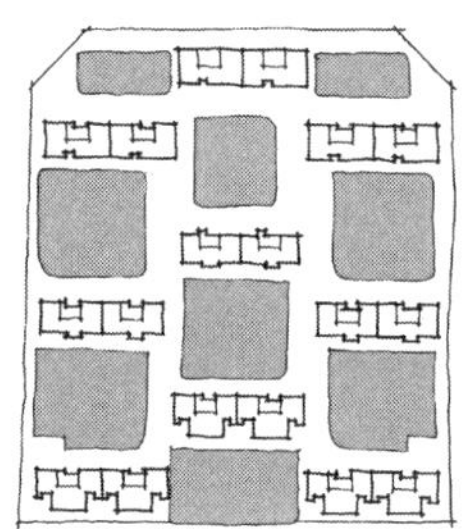

图 1–20　绿地形态对比

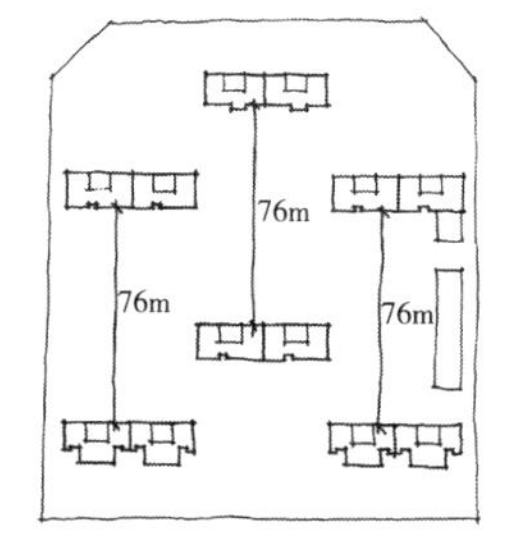

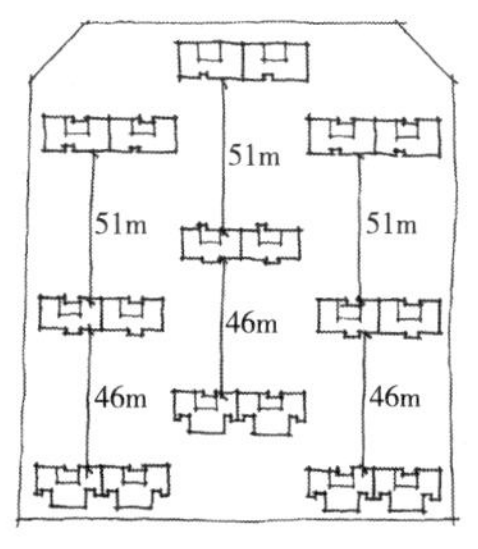

图 1–21　住宅间距对比

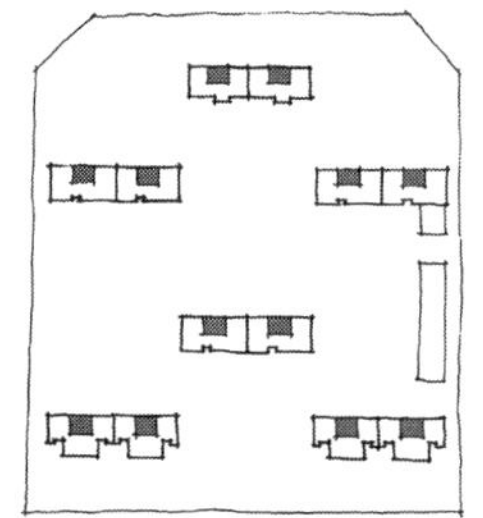
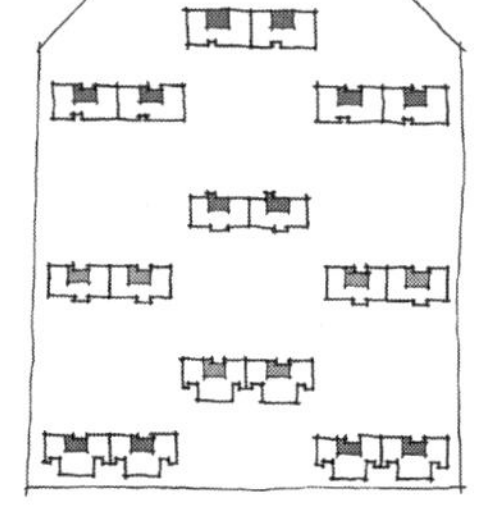

图 1–22　公摊面积对比

的6栋（12个单元）住宅楼，变化为9栋（18个单元）住宅楼。仅仅因为建筑高度一项指标的变化，带来许多技术指标的负面影响。如下：

（1）由于住宅楼座的增加，使得建筑密度增加，尽管仍然满足建筑密度≤25%的要求，但是绿地面积却急剧减少。同时，方案一较大的集中绿地，变成方案二宅间的小块儿绿地，使得园区内的绿化景观品质下降（图1-20）。

（2）建筑之间的间距，由方案一的75米，变为方案二的不足50米，从而造成住宅之间视线干扰因素的增加（图1-21）。

（3）方案一为12个单元，共计需要24部电梯，方案二为18个单元，共计需要36部电梯。容积率（地上总建筑面积）不变，因为建筑高度的降低，单元数量增加，造成电梯数量增加12部，致使建设成本增加。住区内的总居住户数并没有增加，建设成本增加而电梯使用效率却降低很多。

（4）电梯数量的增加，带来了电梯机房数量和面积的加大，同时由于单元数量增加，使得首层入户门厅数量和面积加大。上述原因直接造成每户公摊面积的增加（图1-22）。

（5）由于停车位数量的要求，需要建设两层地下停车库；同时因为要求停车后能够从地下车库直接进入单元楼、电梯间，使得方案二比方案一需要多建设12个单元标准层的地下室面积，无疑增加了很多土建成本。同时车位的停车效率降低，单个车位的面积增加。

（6）由于增加3栋住宅建筑，屋面防水面积加大，土建成本增加，房屋漏水隐患增加。

（7）由于增加3栋建筑，相应增加了3栋

建筑的屋面面积。其结果是建筑体形系数增加，降低建筑节能效果。同时屋面保温材料增加，建设成本提高。

（8）由于增加3栋6个单元的住宅楼，使得总户数不变的情况下，顶层户数增加20户，因而降低了20户的居住舒适度（冬冷夏热）。同时，也增加了20户的一层住户（视线与噪声干扰较大）（图1-23）。

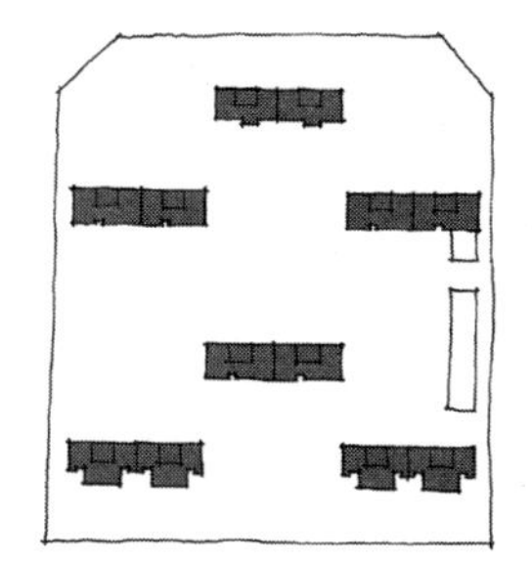
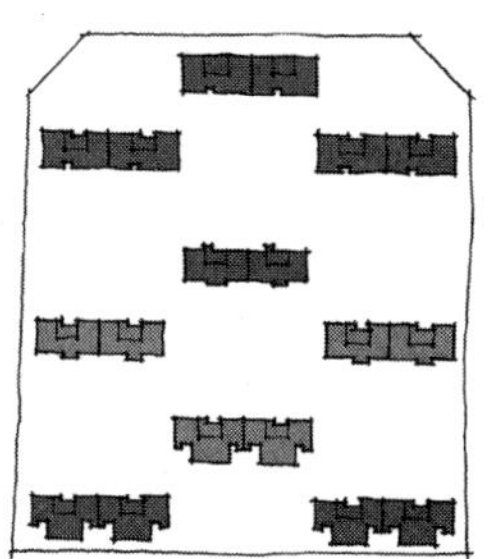
图 1-23　舒适户型对比

（9）因为楼栋的增加，消防登高扑救场地和消防车尽端回车场面积增加，相应的园区内绿地面积减少（图1-24）。

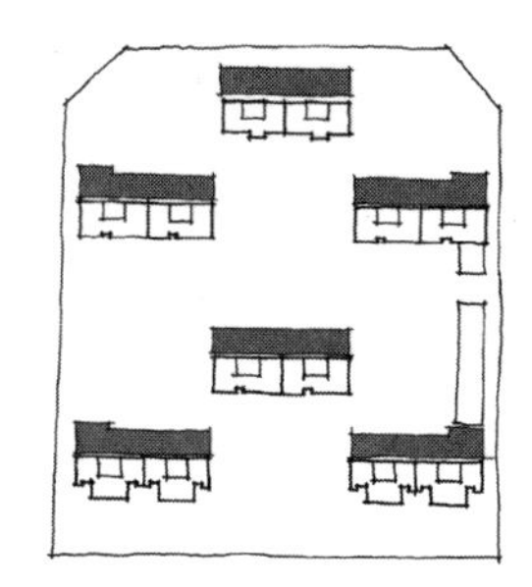
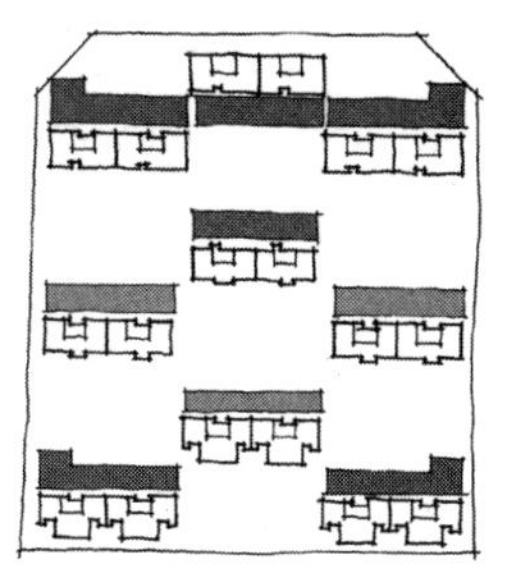
图 1-24　消防场地对比

上述负面因素均由于建筑高度这一项指标的变化而造成的。究其最终原因，是为了满足“区域整体风貌”的要求，降低建筑高度，而为了“节约土地”不准减少容积率的结果。这种为了满足外部视线效果以及某些领导的视觉舒适度，以牺牲小区住户居住品质、降低居民生活舒适度的做法，显然是“本末倒置”。

【题后】

由于工作内容和范围的延展与跨界，接触了不少配合“控规编制”的工作，心得有二。

一是越界，外行指挥内行的事情屡屡发生，使规划师、建筑师欲哭无泪。“建筑师终身负责制”不断在推行，然而赋予建筑师的权利和承担的责任却不成正比。如果将“方案决策者”的大名也签到图纸上，不知是否会减少外行指挥内行的现象？

二是跨界，社会分工越来越细，是社会发展的必然趋势，也是社会进步的显著特征，然而，社会分工并不意味着只关注自己的专业，而行业之间却相互割裂。只有杜绝“官本位”意识，实行跨界沟通、相互协调，才能保证项目建设自始至终的良性循环。

（2019年02月20日星期三）

控规楼梯
——宏观和微观的作用与反作用

“控规”与“楼梯”几乎是风马牛不相及的两个概念。

“控规”是控制性详细规划的简称，是政府主管部门根据城市、镇总体规划的要求，用以控制建设用地性质、使用强度和空间环境的规划。控规编制属于“宏观”范畴的设计。“楼梯”是建筑物中作为楼层间，垂直交通用的构件。楼梯设计属于“微观”范畴的设计。

“控规编制”与“楼梯设计”虽然都属于设计的内容，但是宏观与微观之间的差距太大，以至于没有人会将二者进行联系。然而，当横向联系时，两个概念又有着密不可分的关系。

一次参加某区域的控规设计方案讨论会。会议上，政府各主管部门讨论该区域多个地块的使用强度。其中在讨论住宅用地时，为遵循该区域总体发展的指导性方针，探讨建筑高度控制在18米、36米、45米的可行性，最终倾向于36米的结论。

如果最终确定把住宅建筑高度，控制在36米以下，将存在很大的缺陷。因为36米的建筑高度，从住宅楼梯设置的角度来看，是一个非常尴尬的数据。原因是：《建筑设计防火规范》规定疏散楼梯间的形式包括：防烟楼梯间、封闭楼梯间、敞开楼梯间三种形式。由图1-25可以看出，敞开楼梯间与防烟楼梯间及封闭楼梯间相比，可以节省一个休息平台的面积，即至少节省4平方米的面积。另外，根据《建筑设计防火规范》（以下简称《建防规》）的（5.1.1条、5.5.27条）规定，楼梯形式的选用如表1-5～表1-8所示。

《建防规》中还规定，采用“封闭楼梯”的住宅，如果入户门采用乙级防火门时，可以采用“敞开楼梯”。由于乙级防火门的造价不过千元左右，为减少户型公摊面积，设计师常常采用乙级防火门形式的入户门，规避封闭楼梯间带来的过多公摊面积。因此，通过增加乙级防火门的设置，住宅楼梯间的选型，基本只会采用防烟楼梯间和敞开楼梯间两种形式（避免使用封闭楼梯间），而这两种楼梯形式选择的“界限”为33米。

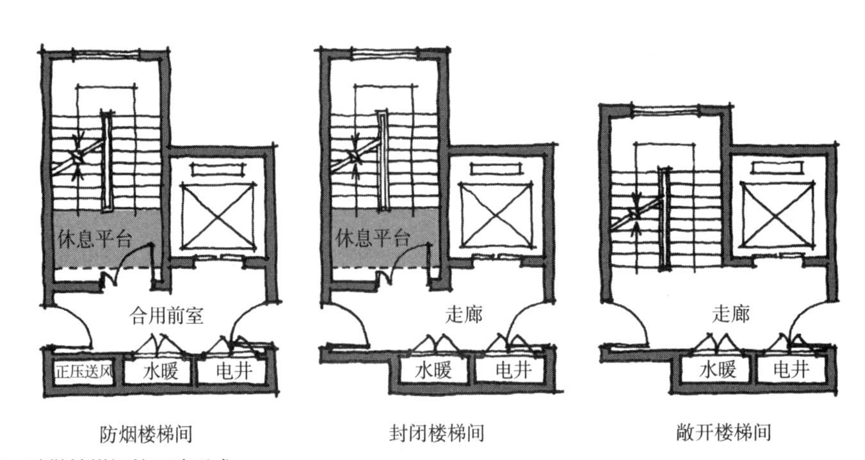

图 1-25　疏散楼梯间的三种形式

住宅的层高一般在2.8~3米，不计算室内外高差和女儿墙高度，33米高度基本为11层住宅楼，36米高度基本为12层住宅楼。如果“控规”限定住宅建筑高度不得超过36米，开发商为做足容积率，势必要建设12层的住宅楼。而为了增加一层住宅，11层及以下各层均需要每个单元增加4平方米的公摊面积。

同时，《住宅设计规范》6.4.2条规定：12层及12层以上的住宅，每栋楼设置电梯不应少于2台，其中应设置1台可容纳担架的电梯，即11层及以下可以设置1部电梯。同样如果为了满足36米的要求，需要多加设1部电梯，相应增加了住户的电梯井道公摊面积和电梯成本。

上述两个规范条文的规定，决定了11层住宅楼与12层住宅楼的标准层平面，肯定不一样（即使户型相同）。此种做法不管从住宅销售，还是从节能减排、减低造价方面都是不合理的。

如果开发商优化设计，只做11层（33米）的高度，则为做足容积率，（因降低层数）而只能增加住宅单元数量，造成用地的建筑密度加大，绿地率减少，同时由于核心筒数量的增加，带来地下车库使用效率降低，以及人防防护单元划分的困难，一连串的不良影响接踵而至。

因而，从技术角度（而非“城市景观”和“艺术角度”）出发，“控规”限定住宅建筑高度33米，比36米更为合理。由此可见，宏观内容需要控制微观内容，而微观成果势必影响宏观成果。所以，只有加强宏观工作与微观工作的联系，方能使社会效益最大化。

【题外】

一、从社会发展角度来看，社会分工越细致，专业人员的工作效率越能得到提高。然而跨专业之间沟通交流的缺失，势必造成社会资源的浪费，带来不必要的损失。因而，对于宏观问题的控制，可以听取微观专业人员的建设性意见，以便防患于未然，从而提高各类社会经济效益。

二、由于住宅（及公建）楼梯选择的形式与住宅（及公建）建筑高度有关，而高度的分段变化较多，不易记忆。故根据《建防规》条文制作表格，以方便建筑师们快速查阅。（从表1-5～表1-8中可以看出，封闭楼梯间在公共建筑中使用较多，在住宅建筑中几乎可以不用。）

住宅楼梯与住宅建筑高度关系表 表1-5

<table>
<tr><th>高度</th><th colspan="2">分类</th><th colspan="2">高度</th><th>楼梯形式</th></tr>
<tr><td rowspan="3">h>27m</td><td rowspan="3">高层住宅</td><td>一类高层</td><td colspan="2">h>54m</td><td rowspan="2">防烟楼梯</td></tr>
<tr><td rowspan="2">二类高层</td><td rowspan="2">27m<h ≤ 54m</td><td>33m<h ≤ 54m</td></tr>
<tr><td>27m<h ≤ 33m</td><td rowspan="2">封闭楼梯</td></tr>
<tr><td rowspan="2">h ≤ 27m</td><td colspan="2" rowspan="2">多层住宅</td><td colspan="2">21m<h ≤ 27m</td></tr>
<tr><td colspan="2">h ≤ 21m</td><td>敞开楼梯</td></tr>
</table>

（详见《建防规》5.5.1条、5.5.27条）

住宅楼梯形式与住宅层数关系表　　表 1-6

<table>
<tr><th>层数</th><th colspan="2">分类</th><th colspan="2">层数</th><th>楼梯形式</th></tr>
<tr><td rowspan="3">h>9 层</td><td rowspan="3">高层住宅</td><td>一类高层</td><td colspan="2">19 层及以上</td><td rowspan="2">防烟楼梯</td></tr>
<tr><td rowspan="2">二类高层</td><td rowspan="2">10 层～ 18 层</td><td>12 层～ 18 层</td></tr>
<tr><td>10 层～ 11 层</td><td rowspan="2">封闭楼梯</td></tr>
<tr><td rowspan="2">h ≤ 9 层</td><td colspan="2" rowspan="2">多层住宅</td><td colspan="2">8 层～ 9 层</td></tr>
<tr><td colspan="2">1 层～ 7 层</td><td>敞开楼梯</td></tr>
</table>

公建楼梯形式与公建建筑高度关系表　　表 1-7

<table>
<tr><th>高度</th><th colspan="2">分类</th><th colspan="2">高度及要求</th><th>楼梯形式</th></tr>
<tr><td rowspan="3">h>24m</td><td rowspan="3">高层公建</td><td>一类高层</td><td colspan="2">h>50m，及重要建筑等</td><td rowspan="2">防烟楼梯</td></tr>
<tr><td rowspan="2">二类高层</td><td rowspan="2">24m<h ≤ 50m</td><td>32m<h ≤ 50m</td></tr>
<tr><td>24m<h ≤ 32m（裙房）</td><td rowspan="2">封闭楼梯</td></tr>
<tr><td rowspan="2">h ≤ 24m</td><td colspan="2" rowspan="2">多层公建</td><td colspan="2">医疗建筑、旅馆、老年人建筑、歌舞娱乐放映游艺场所、商店、图书馆、展览建筑、会议中心、6 层及以上的其他建筑</td></tr>
<tr><td colspan="2">与敞开式外廊直接相连的楼梯间；5 层及以下的其他建筑</td><td>敞开楼梯</td></tr>
</table>

（详见《建防规》5.5.1 条、5.5.12 条、5.5.13 条）

地下室楼梯形式与高度关系表　　表 1-8

高度	分类	要求	楼梯形式
h>10m	地下建筑	室内地面与室外出入口地坪高差大于 10m 或 3 层及以上的地下、半地下建筑（室）	防烟楼梯
h ≤ 10m		其他地下或半地下建筑（室）	封闭楼梯

（详见《建防规》6.4.4 条）

（2017年09月25日星期一）

审图完善
——莫让外审成食之无味的鸡肋

近来关于“图审取消”的观点受到热议，作为与“施工图外审”直接接触的设计人，本文谈谈萦绕内心多年对施工图审查的看法。

每次施工图设计完成并送去审查，得到的绝大多数审查意见，能对项目的建设有所帮助，既保证了工程未来的建设质量，又使得设计人的业务水平有不同程度的提高。然而，有时同一个问题，在不同的审图单位，得到的答复却完全不同，使得设计单位无所适从，无法判断哪个意见更为正确。这虽然与某些规范条文描述的模棱两可从而造成设计人与审查人的理解不同有关，但有时也与一部分审查人员的业务能力有关。

下面就两个实例加以说明：

一个实例是某住宅小区设计，一部分商铺位于住宅楼下，一部分商铺则独立设置，商铺层数均为二层（图1-26），其内部结构布局完全一样，每个商铺上下层面积之和不超过300平方米。然而，当地审图单位回复的意见是：位于住宅楼下的商铺可以按照“商业服务网点”要求设计，没有位于商业楼下的商铺则必须按照“商业建筑”要求设计。

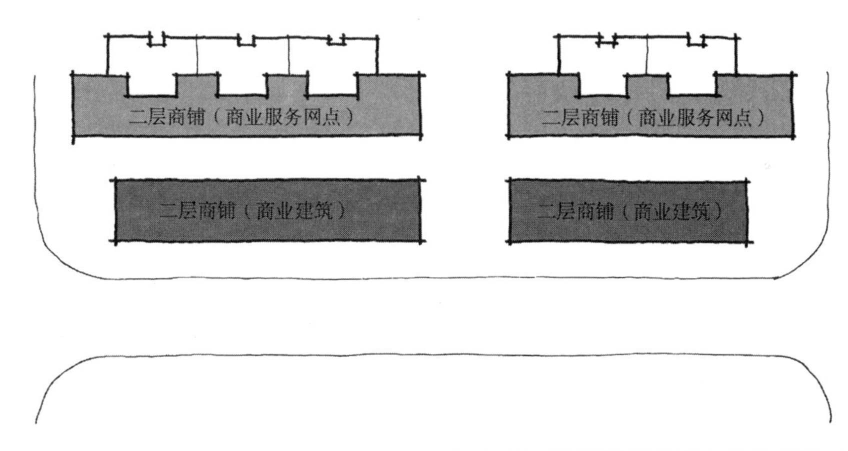

图 1–26　商铺位于住宅底层或与住宅脱开形式的对比

两者最大的区别是根据《建筑设计防火规范》（以下简称《消规》）第5.4.11条规定，商业服务网点“一拖二”的形式可以采用开敞式楼梯间（图1-27），楼梯梯段净宽可以采用1.1米，而商业建筑“一拖二”形式根据《消规》第5.5.13条规定，必须采用封闭楼梯间，即使一层和二层同属于一家商户（同属一个防火分区），也必须将楼梯完全封闭并采用乙级防火门，且楼梯梯段净宽必须达到1.4米。

从安全角度看，二层以上没有住宅楼的商铺，应当比有住宅楼的商铺更加安全。从消防扑救角度看，独立的商铺更容易控制火灾蔓延。然而，审图单位却坚持“规范上没有说可以这么

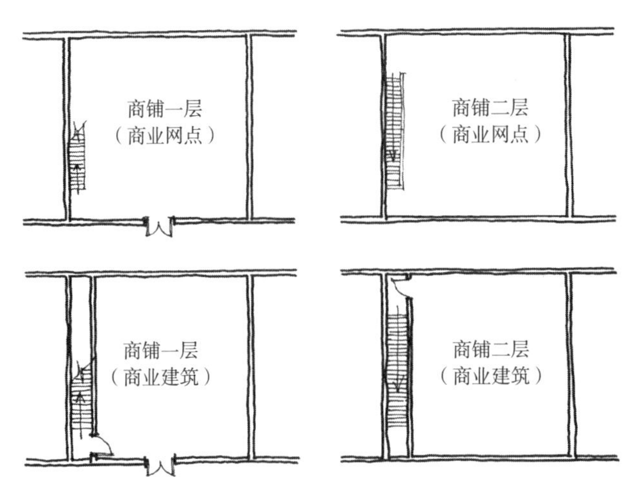

图 1-27　商业网点与商业建筑疏散楼梯的区别

做"的观点。最终只能按照审图意见修改设计。其结果是：火灾危险度高的商铺，消防设施等级低；火灾危险度低的商铺，消防设施等级高。面对此类外审，顿感啼笑皆非。

另一个实例是某住宅项目设计，对于住宅核心筒的设计（图1-28），审图单位的意见是：消防前室内除前室出入口和正压送风口以外，不应开设其他门、窗、洞口，包括设备管井。此条的依据是《消规》中的第7.3.5条，并且此条为强制性条文。设计方回复意见是《消规》中的第6.4.3条的"条文说明"中明确指出：对于住宅建筑，由于平面布置难以将电缆井和管道井的检查门开设在其他位置时，可以开设在前室或合用前室内，但检查门应采用丙级防火门（合用前室包括消防前室）。然而，得到审图单位的终审意见是："条文说明"不是"条文"，不能作为设计审图依据。

万般无奈之下，只能修改成完全符合审图单位意见的图纸（图1-29）。这样修改带来的结果是：核心筒面积比原来增加10.11平方米，每户公摊面积增加约2.5平方米，等于每户大约损

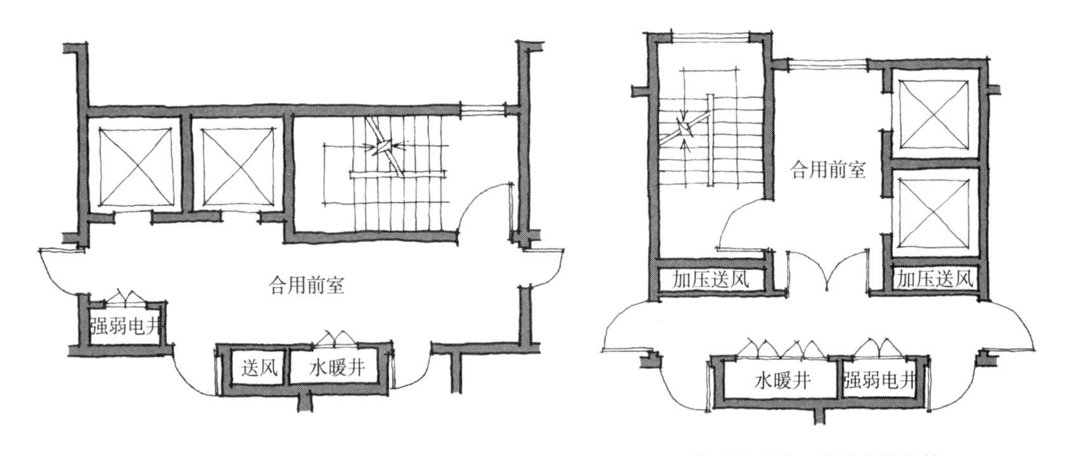

图 1-28　不符合外审意见的住宅核心筒

图 1-29　符合外审意见的住宅核心筒

失相当于一个小型卫生间的使用空间。如此外审不但没有提高工程质量，反而降低了建筑的品质，图审的意义何在？

上述两个实际案例已经违背图纸审查的初衷和目的，对于这种按照错误意见进行修改的项目，不能不说是一种悲哀。由于一般项目的投资都不是普通人所能承担的，项目所造成的安全隐患和损失，也不是普通人所能赔付的，所以即使一个小小的设计失误，都可能造成不可挽回的损失，因而图纸审查这一阶段势在必行。

过去，图纸审查服务由建设单位购买，图纸审查单位相对于建设单位而言，可以算作乙方，有些审图单位在建设方的要求下，对某些问题睁一眼闭一眼，影响了工程设计质量，这种弊端需要通过制度的改变来完善。现在，图纸审查服务由政府购买，审图单位可以视为政府的一个部门，由原来的服务角色转变为主导角色，或者说已经成为建设方的甲方。如此一来，审图单位的一些错误审图意见更是必须执行，而为了改变这些错误的审图意见，又极有可能引来腐败行为的蔓延。

图纸审查服务由政府购买后，审图单位一家独大。如果没有监管，如果某些审图人员业务水平有待商榷，如果没有设置对争议问题仲裁的部门，工程设计质量的保障需要打个问号。

施工图审查是对建设工程设计质量进行监督的一道保障，于国于民都是利大于弊。因为一个项目的建设，不仅关系到项目的投资，而且更重要的是关系到人们的生命与财产安全。

然而，这道保障有时由于各种各样的原因，使其成为一个鸡肋，“食之无味，弃之可惜”。所以，只有群策群力完善图纸审查制度、提高审图水平、设立审图意见仲裁部门，才能发挥图纸审查的重要作用，提高整个行业的设计水平。

（2019年04月14日星期日）

救援窗口

——建筑师需满足所有婆婆要求

《建筑设计防火规范》GB 50016-2014（2018年版）关于消防救援窗口的规定有两条，分别是：

7.2.4 厂房、仓库、公共建筑的外墙应在每层的适当位置设置可供消防救援人员进入的窗口。（本条为强制性条文）

7.2.5 供消防救援人员进入的窗口的净高度和净宽度均不应小于1.0米，下沿距室内地面不宜大于1.2米，间距不宜大于20米，且每个防火分区不应少于2 个，设置位置应与消防车登高操作场地相对应。窗口的玻璃应易于破碎，并应设置可在室外易于识别的明显标志。（本条为非强制性条文）

上述两条规范的制定，为消防队员实施救援提供了快捷、安全的途径。然而，由于不同人对此两条规范含义理解的不同，特别是有些审图部门的“一刀切”作法，给很多建筑设计造成了“无解”的结果。下面用两个实例加以说明：

实例一：

为了与周边环境协调，满足城市设计的总体要求，某高度30米的总部办公楼，其外立面采用“竖向条形窗”的处理手法（条形窗洞口水平宽度为0.8米，洞口水平间距也为0.8米，且每扇窗户均能开启），立面方案层层通过当地规划部门和政府部门的审批后，开始施工图设计（图1-30）。

然而，在施工图纸送审阶段，却被外审部门认为违反了强条。其意见为：窗户洞口的净宽度没有达到1.0米，视为没有开启救援窗口，违反了《建筑设计防火规范》第7.2.4条规定。

设计人员做出解释：参照7.2.4条的【条文说明】——“一些大型公共建筑，如商场、商业综合体、设置玻璃幕墙或金属幕墙的建筑等，在外墙上均很少设置可直接开向室外并可供人员进入的外窗。而在实际火灾事故中，大部分建筑的火灾在消防队到达时均已发展到比较大的规模，从楼梯间进入有时难以直接接近火源，但灭火时只有将灭火剂直接作用于火源或燃烧的可燃物，才能有效灭火。因此，在建筑的外墙设置可供专业消防人员使用的入口，对于方便消防员灭火救援十分必要。”

上述【条文说明】解释得非常清晰，词条的重点是少开外窗的商场、商业综合体，以及玻璃幕墙或金属幕墙建筑。商场和商业综合体里面的顾客，大部分对疏散楼梯和疏散通道不熟悉，并且人员相对集中，因而必须开设救援外窗。而对于住宅和办公等建筑，条文说明并没有提及，因为这些建筑为了采光和通风，必然设置很多可开启的外窗。同时，住宅和办公建筑的使用者对周边环境相对比较熟悉，当发生火灾时，使用者常常在消防队员到达之前，即使在看不清周边环境的情况下，也能利用自己对楼梯间位置的熟悉，自行逃生。

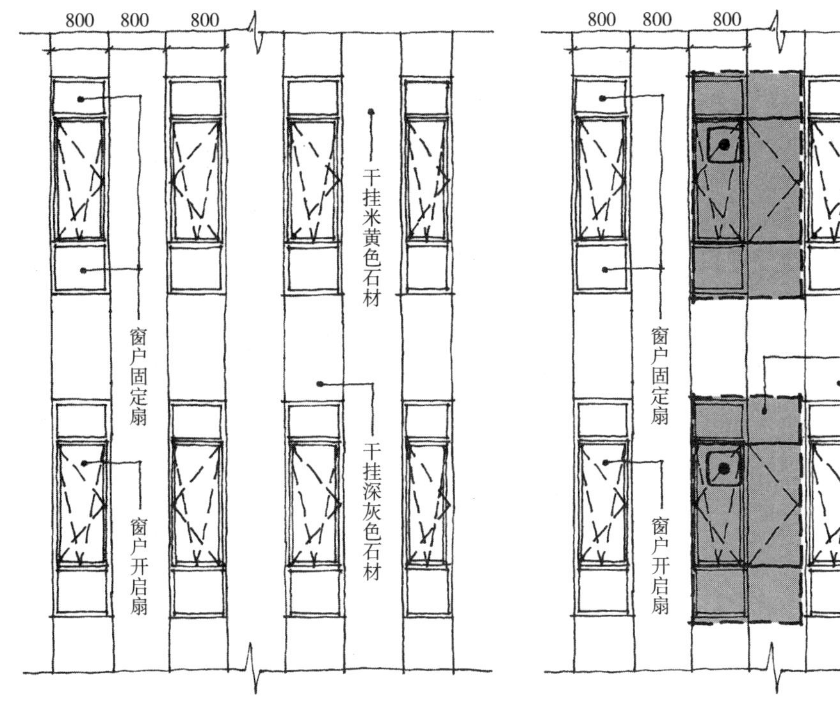

图 1-30　送审前的立面图纸

图 1-31　根据外审意见修改的立面图纸

此项目是企业总部办公楼，外人一般不会进入，使用者均为天天进入的上班族，其对环境熟悉远胜于消防队员，且每隔0.8米实体墙，设置一个0.8米的可开启外窗，不论是排烟还是救援，均能满足安全的需求。如此设计，却依旧被判违反强条的规定，实在有所不妥。最终，外审单位撤销“违反强条”的意见，但是开窗洞口必须满足7.2.5的规定，即洞口净宽度不得小于1.0米。最后的修改如图1-31所示，即20米范围内，必须将一部分实体墙设置为开启扇，并标明消防救援口。如此强制要求，使设计“无法理解”。那些被建筑师们所学习的大师作品，以后将不再出现。例如柯布西埃设计三个博物馆（图1-32~图1-34）。如果按照审图批复意见，现代主义建筑大师的三个作品均严重违反了强条，令我等后来者迷失了学习和进步的方向。

由此看来，如果未来建筑需要设计大片实体墙面，以求达到某种艺术效果或某些纪念含义的建筑作品，都必须在实体墙面上设置可开启的暗门，并标注救援窗口，以满足消防救援的使用。

图 1-32　日本东京国立西洋美术馆

实例二：某地区为控制房价上涨，特别是防止“商改住”现象的出现，出台相关文件，其中一条明确规定：“开发企业新报建商办类项目，最小分割单

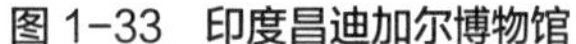
图 1-33 印度昌迪加尔博物馆

图 1-34 印度坎德拉博物馆

元不得低于500平方米；不符合要求的，规划部门不予批准。”然而此条规定恰恰与《建筑设计消防规范》第7.2.5条规定发生了冲突。图1-35为满足地方规定的某办公楼标准层平面图。

然而，根据《建筑设计消防规范》第7.2.4条和7.2.5条规定，设置消防救援窗的位置应为走廊端头（【条文说明】——救援窗口的设置既要结合楼层走道在外墙上的开口，还要结合避难层、避难间以及救援场地，在外墙上选择合适的位置进行设置。不仅该开口的大小要在本条规定的基础上适当增大，而且其位置、标识设置也要便于消防员快速识别和利用）。因而，消防部门要求必须采用图1-36的平面形式。

但是，上述每个分割单元（房间）的面积均小于500平方米。如果满足7.2.5条关于救援窗口间距不宜大于20米的规定，则地方部门关于“最小分割单元不得低于500平方米”的规定则无法达到。所以，这种建筑设计方案要么违反消防规范，要么违反地方规定，两项要求是无法同时全部满足的，因而救援窗口使设计“无法求解”。最后的结果是消防规范让位于地方规定，修改图示如图1-37，但是必须保证虚线部分不得布置任何可燃物，而大部分家具却又都是可燃物。

上述例子的结果是规划部门的审批战胜了消防部门的审批。但是，“令人可喜”的是，由于现在施工图审查实行了“多审合一”，此类“无法求解”的难题将由审图部门来统一裁定解决，再也不会难为设计单位了。

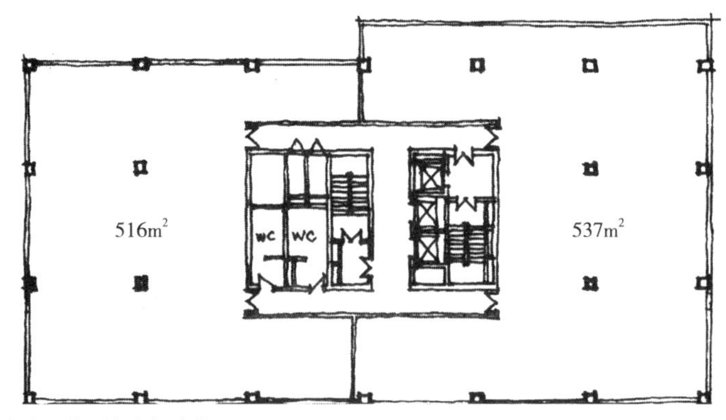

图 1-35 不满足消防、满足地方规定的平面图

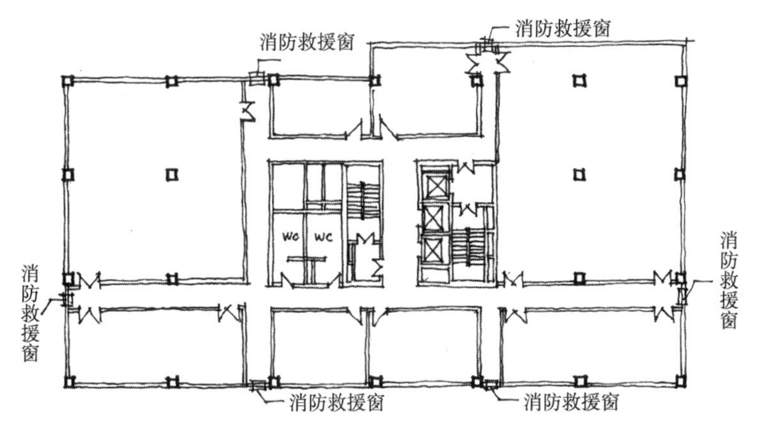

图 1-36　满足消防、不满足地方规定的平面图

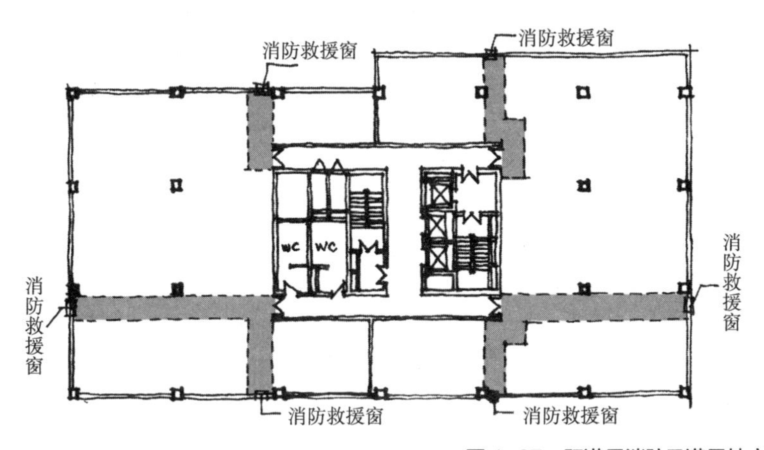

图 1-37　既满足消防又满足地方规定的平面图

另外，按照地方的“开发企业新报建商业、办公类项目，最小分割单元不得低于500平方米”的规定，《建筑设计消防规范》中（销售型）的“商业服务网点”和“有顶棚的商业步行街”两种建筑形式，在该地区将永远不会出现了。因为：第2.1.4条规定：“商业服务网点”的每个分隔单元不得大于300平方米；第5.3.6条规定：“有顶棚的商业步行街”两侧建筑的商铺之间应设置耐火极限不低于2.00小时的防火隔墙，每间商铺的建筑面积不宜大于300平方米。

【题外】

当前设计规范和地方规定多如牛毛，其目的是为了能更好地保证设计质量的提高。然而，对于设计规范的理解不同，以及各类规范与规定之间的矛盾冲突，让建筑设计师无所适从，从而造成许多要么“无法理解”、要么“无法求解”的众多“无解”设计。

（2019年08月13日星期二）

招标图纸
——不能露脸，却能露怯的图纸

1.背景

某工程主持人遇到关于甲方催要“施工招标图纸”的问题，前来沟通。

主持人：甲方着急施工，亟须设计图纸用来进行施工单位的招投标工作，现阶段是否应该给他们施工图？

问道：图纸是否全部画完？

主持人：有一些节点详图还没有开始画，但是大的平面、立面、剖面都已经完成。

建议：不要交付现有图纸，因为图纸不全，无法进行招标。

主持人：甲方知道该工程目前的设计进度，因为施工准备需要时间，甲方非常着急，答应允许图纸缺项。

强调：最好补全图纸后再交付甲方，哪怕是因时间紧迫造成图纸粗糙，也要保证图纸不能缺项。

最后，主持人没有听取建议，还是按照甲方的意愿交付图纸，协助其招投标工作的进行。结果，8家施工投标单位的反馈信息是：图纸设计深度不够。甲方立刻对该项目的设计团队水平作质疑，并不断传来将要更换设计单位想法的消息。经过艰难沟通和交流，以及加班加点补充设计内容，虽然最终解决了所有问题，但事与愿违，效率低下，与甲方要求的快速设计正好相悖。

2.原因

工程主持人首先应该清楚每个阶段图纸的作用和目的。施工招标图的主要作用之一是：为施工单位进行投标，提供进行工程预算工作的依据。图纸应当包括所有内容，除了必需的设计说明、总图、建筑平面、立面、剖面外，其他如：工程做法、楼电梯详图、墙身剖面、幕墙详图、门窗详图、门窗表、杂大样……均应完成。否则，因为缺项而导致施工单位无法完成工程预算，提不出准确的投标报价，造成各家施工单位报价差别巨大，甲方无法选择中标单位，必定影响工程建设进度。

正如上面的实例，如果1家施工单位因无法准确进行工程预算进而投诉，甲方尚能接受，而如果8家单位均因图纸原因而投诉，对于工程经验欠缺的甲方而言，势必感到手足无措，必然认定设计单位水平不足，图纸设计深度不够。所以，在理解施工招标图纸的作用后，主持人应当严格管控整个项目的设计内容，即图纸不得缺项，但允许错误出现（错误可以通过未来的修改进行完善）。只有不缺项，才能保证施工单位的预算较为准确。否则就会为设计的下一步工作带来困难。

当然，在缺项的前提下提供施工招标图，必须满足以下条件：

（1）很多开发商拥有自己的施工单位，施工单位已经提前确定，施工招投标只是走走形式；

（2）甲方项目负责人的工程经验丰富，对设计和施工均比较熟悉，能够了解设计图纸对施工招标的影响，理解设计人员的工作难度；

（3）向甲方提出声明，因图纸缺项造成预算依据不准，设计方不承担任何责任，并要求经办人签字认可。

3.阶段

因为建筑工程造价大，所以从经济角度出发，需要伴随很多造价的计算阶段，主要包括：估算、概算、预算、结算、决算等阶段。（由于结算和决算属于建筑竣工验收后的阶段，且结算由施工单位编制，决算由建设单位编制，与设计阶段关系不大，本文不再赘述）

其中，计算阶段与设计阶段之间的关系如下：

估算——方案设计阶段（可行性研究）；

概算——初步设计阶段；

预算——施工图设计阶段。

估算一般由设计单位完成，或由甲方另行委托。估算的依据是方案设计，对工程费用进行计算，以供建设方参考。一般常规建设项目均能预估，因而常常不再由设计单位做估算工作。

概算一般由设计单位完成，或由甲方另行委托。概算的依据是初步设计。由于很多开发商拥有成本部门，能对常规开发项目进行较为准确的评估预判，因而此类项目不进行初步设计阶段，也不再做概算。对于政府主管项目以及较为复杂的公共建筑，常常需要概算结果，以做到根据概算结果调整投资或调整设计的作用。

预算一般由施工单位完成，或由甲方另行委托。预算的依据是完备的施工图纸，用以确定建筑安装工程的造价，也是工程价款的标底，施工单位常根据预算结果进行投标报价。

上述阶段一个比一个精确，更能真实反映项目的真实投资。估算阶段最为不精确。

例如，赫尔佐格和德梅隆设计的汉堡易北河音乐厅（图1-38），最初项目可行性研究的投资估算为1.86亿欧元，最终造价为7.9亿欧元，是最初估算的4倍多。

再如，约翰·伍重设计的悉尼歌剧院（图1-39），最初项目造价估算为700万美元，最终造价为1.2亿美元，是最初估算的17倍。

图 1-38　汉堡易北河音乐厅

图 1-39　悉尼歌剧院

4.小结

不同阶段的设计图纸与不同的经济核算相对应，只有严谨对待，才能保证计算准确，因而施工招标图纸不可缺项，否则不但不能为设计工作添彩，反而会抹黑辛苦的设计工作。工程主持人有责任去维护本团队设计人员的利益。

（2017年04月11日星期二）

报建图纸
——图纸作用决定图纸内容深度

“招标图纸”允许图纸内容有误差，可以在正式施工之前进行完善，但是招标图纸不得“缺项”，否则无法为施工单位的预算工作提供依据。而本文要谈的“报建图纸”恰恰相反，报建图纸允许“缺项”，但图纸内容要求必须准确无误。

设计单位提供的图纸，主要受到项目所在地的规划部门审查和管理。每个工程项目需要报送规划部门审批的图纸共有两次。

第一次是方案设计阶段，简称“报规”（“报规”指的是报审修建性详规；或称作“报建”，指的是报审建筑方案；或称作“报方案复函”）。设计深度必须达到住建部颁发的《建筑工程设计文件编制深度规定》关于方案设计的要求。内容涵盖各专业设计说明、总平面图、经济技术指标表、单体建筑各层平、立、剖面图等，小区规划还要包括交通、绿化、景观、竖向、室外管线等图纸。其作用是规划局通过审查相关图纸，严格控制方案对城市各方面的影响，防止方案设计方向偏离规划条件。一经审批通过，将核发规划复函，可以按此开始进行施工图设计。此阶段一般由方案设计团队完成。规划部门依据审查通过的方案图纸对未来的施工图纸进行审查与复核。

第二次是施工图设计阶段，简称“报建”（“报建”指的是报审《建设工程规划许可证》；或称作“报规”，指的是报规证）。设计深度必须达到住建部颁发的《建筑工程设计文件编制深度规定》关于施工图设计的要求。内容涵盖建筑、结构、给排水、暖通、电气各专业图纸目录、各专业设计说明、总平面图；建筑专业各层平面图、各向立面图、各主要部位剖面图；结构专业基础平面图、基础剖面图等。其作用是规划局审查施工图是否与方案图相符，以及未来工程竣工后，作为城市主管部门的检查依据，对建筑功能、面积、外轮廓尺寸、建筑高度、建筑立面等问题进行验收。一经审批通过后，将依法核发《建设工程规划许可证》，并据此申请施工许可的手续。此阶段一般由施工图设计团队完成。

由上述图纸作用可以看出，报建图纸不需要提供楼、电梯详图、墙身剖面、幕墙详图、门窗详图、杂大样等节点详图，以及结构、给排水、暖通、电气相关专业的详细图纸。但是由于报建图纸是规划局接收的最后一次图纸，所以提供的图纸要求准确无误。从“招标图纸”和“报建图纸”可以看出，每类图纸的作用不同，决定其要求的内容和深度也各不相同。因而提交图纸之前，应当根据图纸接收单位的要求完成图纸的内容和深度。

【题外】

1.不同部门对图纸审查的内容不同，因而对图纸的要求也各不相同。比如过去的“报消防图纸”“报人防图纸”“报园林图纸”“报交评图纸”……每一个项目，都需要设计单位根据不同部门的要求，整理出不同内容的图纸（即使同样的图纸内容，图名也不相同，如：报消防的“建消施”，报人防的“建防施”……）。这个过程由于审批时间不能确定的原因，常常前后不能“交圈”，极易造成图纸的混乱，以及设计人员过多的无用功。好在目前实施的“多审合一”程序，将各个部门的不同图纸要求，化作一份送审图纸，大大提高了设计效率和图纸的准确率，降低了沟通成本。

2.前段时间参加了几个修建性详规的建筑方案评审会，感觉现在的方案设计深度“越来越深”，甚至将一些施工图阶段的工作前置。一个普普通通的住宅小区，方案本册的厚度几乎赶上一本《新华字典》。原本能简洁清晰地说明问题，偏偏引经据典，同时一些教科书般的内容（如海绵城市、产业化装配式、绿色环保……）夹杂在图册中，与方案本身并无直接联系，完全是从网络下载图片后的拼接，致使评审专家翻阅都十分吃力。如此水分满满、深度虚假的设计图册，费时、费力、费成本，不做也罢……

3.合格的施工图深度是图纸交付施工单位后，在施工过程中，很少被询问图纸问题。但是没问题的施工图纸并不代表优秀。例如：甲和乙做同一个项目的设计，完成后均未收到施工单位疑问，说明两者的图纸深度均已合格。但是甲的图纸只绘制了60张，乙的图纸却绘制了80张，这说明甲比乙的施工图水平更优秀。图纸深度并非越细越好，因为施工单位有自己的施工工艺、措施和程序要求，图纸过于细腻，没有考虑工艺和工序的问题，反而使得工人施工和安装的时候无从下手，必然找来商讨解决。图纸深度过浅则会使工人无法施工，必然询问。

“深”容易掌握，而“度”则不易掌握，因而深度、深度，不在于“深”，而在于“度”。

（2017年04月17日星期一）

奢侈设计

——商业运营比店铺招商更重要

2012年11月，开始接手“北京王府井海港城”商业综合体项目设计工作。在设计过程中，遇到甲方聘请的一个商业策划公司。该公司不考虑市场需求，只为迎合甲方喜好，盲目对项目进行商业策划定位。

甲方希望能将项目建成全国最大的奢侈品牌集中地。而该策划公司声称能将那些全球最大牌的奢侈品店引入该项目，并将各大品牌的“走秀台”设置其中，引领全国奢侈品牌的最新潮流。其商业策划分析得头头是道，以至于甲方梦想将自己的项目建设得高档、尊贵，达到一览众山小的“高度”。

每次听策划公司汇报，总感觉甲方在被误导，但又不便直说。尽管内心极度反对，而又不能扫人兴致，实是无可奈何。后来，甲方私下询问为何无动于衷，对此“高端”策划有何见解。当详细分析奢侈品店开设的条件后，甲方恍然大悟。

在商业建筑中开设奢侈品店，必须具备一定条件，才有可能招商和运营成功，这些条件如下：

1.第一条件——高端固定消费群体

奢侈品牌公司在设店之前，首先要评估专卖店周边的消费人群，只有具备足够的、固定的高端消费群体作为支撑，才考虑是否开店。

例如，北京奢侈品店集中的地区有——新光天地：位于CBD地区，全国奢侈品消费排行榜第一；金融街购物中心：位于各大银行、证券、保险公司总部集中地；三里屯太古里北区商业街：位于使馆区（图1-40）。而王府井周边不具备这样的高端“固定”消费群体。

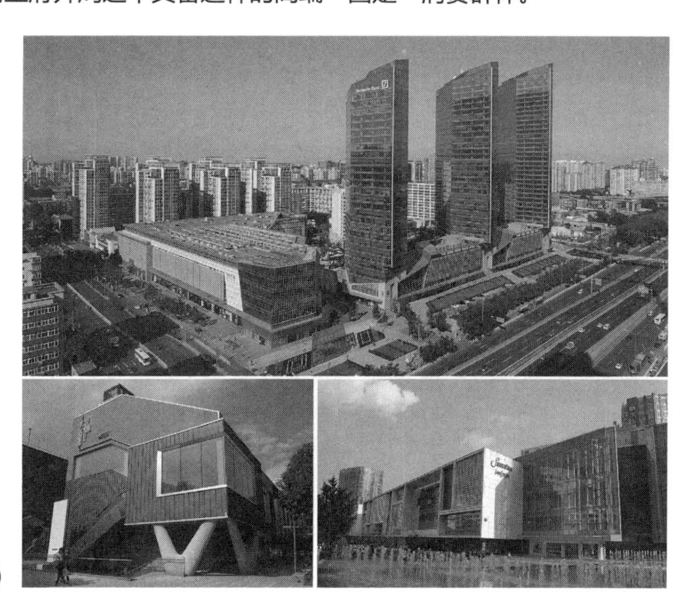

图 1-40　新光天地 *（上）；三里屯太古里北区（下左）；金融街购物中心（下右）

2.第二条件——高端流动消费群体

奢侈品牌入驻前的评分选项里，项目必须有高端精品酒店。入驻精品酒店的高端客流，将是对奢侈品消费的另一个重要的支撑点。例如，新光天地项目拥有“丽思卡尔顿”和“万豪”两家酒店；金融街购物中心项目拥有“丽思卡尔顿酒店”；三里屯太古里北区项目拥有“瑜舍酒店”（图1-41）。而海港城项目没有建设精品酒店或星级酒店的预期，王府井大街的消费者又大多为旅游观光的顾客，普通顾客的购买力不足以对奢侈品消费产生足够的支持。

3.第三条件——安静的消费环境

【奢侈品味】里曾经提到，高端顾客需要对奢侈品款式、细节进行鉴赏。如果环境嘈杂，则无法静心思考和品味。而王府井大街上消费人群众多，熙熙攘攘、人声鼎沸的环境，无法满足高端消费者的安静购物需求（图1-42）。

4.第四条件——奢侈的消费环境

奢侈品商业建筑不仅仅体现在奢侈品本身，更体现在购物环境的奢侈。直一白点儿，就是不怕“浪费”。例如硕大的橱窗里面，只放一个小小的包包，体现出奢侈的“浪费”，不像普通商业建筑的橱窗，布置得琳琅满目。而对于建筑面积而言，更是毫不吝啬地“浪费”。

前面提到的三个奢侈品集中地，无一不是巨大的公共交通面积，“减少公摊”这种低档的思维方式在奢侈品建筑里是免谈的。消费者步入其中总有空旷、尊贵的感觉，这也是与其他类型商业建筑不同的地方。

新光天地：奢侈的交通空间；金融街购物中心：奢侈的共享中庭；三里屯太古里北区：奢侈的室外庭院（图1-43）。而王府井寸土寸金的地段，决定了海港城的建筑面积不容浪费。

图 1–41　万豪酒店（左）；丽思卡尔顿酒店（右上）；瑜舍酒店（右下）

图 1–42　王府井小吃街

图 1-43　金融街购物中心（左）；
新光天地（右上）；
三里屯太古里北区（右下）

5.第五条件——合理的辐射范围

奢侈品店不同于社区配套商业，每家店开设后都有相应规定，即在方圆数公里之内不再设店，以避免形成内部竞争。距离海港城不到200米的"王府井银泰百货"，已经拥有多家奢侈品店，暂且不论经营状况如何，至少这些品牌不可能再引入海港城内部。而其他奢侈品店开设前的评分选项里，如果有同档品牌，将对开店有所帮助（即所谓的扎堆效应），所以即使其他新品入驻，也会首选银泰百货，而非海港城（图1-44）。

6.第六条件——匹配的外围环境

奢侈品商业建筑周边要么有高端的办公区，要么有高端的住宅区。这些地区一定都是"金领"，而非"白领"生活、工作的区域。如果住宅区低档，势必影响奢侈品店的外围环境。试想Armani、GUCCI的店铺门前有一群大妈在跳"广场舞"，将会是一种什么景象？而王府井海港城周边拥有大量旧有住宅，且住宅底层的商业网点业态低端。像Miu Miu、Versace这样的品牌，是否愿意与米粉店、烟酒店这样业态的商业伙伴隔街相望？此类问题值得商榷（图1-45）。

图 1-44　王府井银泰

图 1-45　海港城北侧毗邻建筑形象

上述这些条件，没有一条是王府井海港城所具备的，商业策划公司口口声声能做好奢侈品牌的招商工作，不得不令人质疑。甲方听后，久久无语。最终听取我方设计院的商业策划意见，而放弃奢侈品的商业业态。

2017年开始，实体商业受到互联网电商的冲击越来越强烈，很多商业建筑经营惨淡已成为不争的事实。特别是随着国家反腐倡廉政策的坚定执行，奢侈品商业业绩下滑更加严重。这是国家向前发展的大势所趋，顺应发展才能成功。王府井海港城幸好没有按照奢侈品的商业业态进行设计，否则，后果不堪设想……很多销售奢侈品的商业由于销售业绩下滑，也在与时俱进地调整业态。

一味地迎合甲方喜好，而不考虑市场因素，是对甲方的不负责任。而否定甲方的决定，则面临自己合同被终止的危险，可谓左右为难。所以，设计前的策划与构思，需要尊重市场规律，调整逻辑分析方法，使甲方能够接受市场要求的现实条件，才能达到双赢的结果。该项目的立面方案设计，是使甲方放弃个人喜好，改变为尊重市场需求的实例，详见【甲方逻辑】。

【题外】

1.即使再牛的商业策划公司，即使能招商到最大品牌的商户，如果不能盈利，商户撤店将是必然。建成后的商业运营，比建成前的商业招商更重要。所以设计工作的目的，就是协助建成后的商户，通过商业运营获得最大盈利。

2.不论何种类型商业建筑，如果希望得到繁荣，必须有消费人流的支撑，没有人流，商业建筑等于失去了“造血”的功能，商业衰败是不可避免的。所以商业建筑的繁荣，必定需要想尽一切办法吸引消费人流。

3.不同类型的商业，面对的消费群体各不相同。希望服务所有年龄段、所有人群的“大而全”的那些百货公司，不分消费群体，是其衰败的重要原因之一。

另：当前，热火朝天的“特色小镇”建设如日中天。除了产业类型外，很多特色小镇的建设方向以文化旅游为主。此类小镇本质上属于商业建筑中的“目的性”消费业态，这种以假期休闲为主导的时段性消费类型，更需要大量的消费人流作支撑，所以此类特色小镇建设前，对吸引客流的分析，需要慎之又慎。

（2017年04月18日星期二）

设计价值
——设计创造价值大于自身价值

【题外】

本篇则是第二章“十年技艺”中【车库优化】方法在实战中的具体应用。正文之前，推送一个在网络上流传，并发人深思的桥段。

一位医生，做一个外科手术。在病人腿的关节上，加了一个螺丝钉，这个手术费用是5万元。病人问道：这个螺丝钉的费用是多少钱，医生回答：100元。病人马上感到这个手术太暴利了，但是医生说：我花了15年的时间和学费，才学会把这个螺丝钉摆在什么位置能够正确，这个位置价值49900元。

同样，有一些甲方往往认为设计是没有什么成本的工作，甚至认为不过就是一些图纸的费用。诚然，图纸如果仅仅作为纸张，如同螺丝钉一样本身并不值钱，但是图纸上的内容却凝聚了设计师十几年，甚至几十年的工程经验和知识投资。设计本身所带来的价值往往隐藏于无形之中，包括建筑、结构、机电工程师的心血，都是通过图纸表现出来的。然而，这些成果却常常被一部分甲方拿来与工地上的水泥、钢筋、混凝土作比较，视为廉价商品。

本文将列举两个实例，以体现精心设计所带来的最后价值，不仅仅是纸张的成本。

实例一：

在中途接手“北京王府井海港城”项目设计时，对已经接近完成的施工图进行详细研究后，发现很多方面都存在严重问题。其中，地下车库一项就有大量需要改进的方面（图1-46）。在柱网不能改动的条件下，对项目的方案重新设计，并对原方案的车库进行完善和优化。方案的优化手段主要有：

（1）将环形坡道改为直线坡道（减少环形坡道坡度过缓带来的面积损失，避免环形车道中间柱网的浪费）；（2）将3个双车道，改为1个双车道+2个单车道（通过收费口的合理设置减少坡道数量）；（3）将围绕中心布置坡道，改为沿车库周边布置坡道（避免坡道占用过

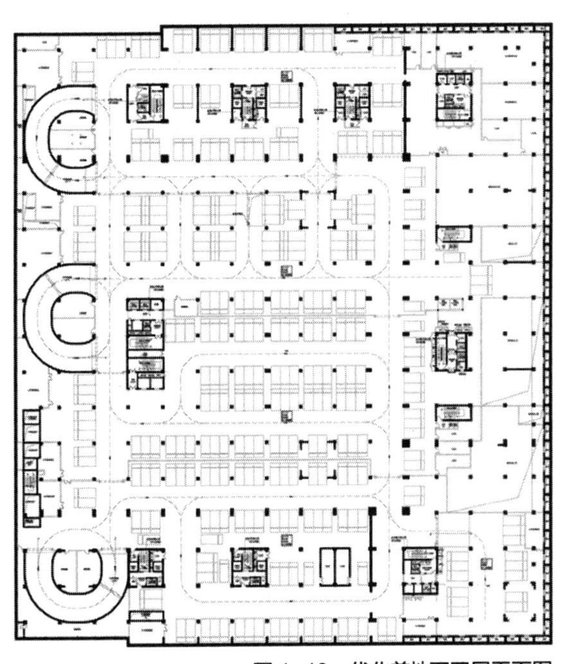

图1-46　优化前地下四层平面图

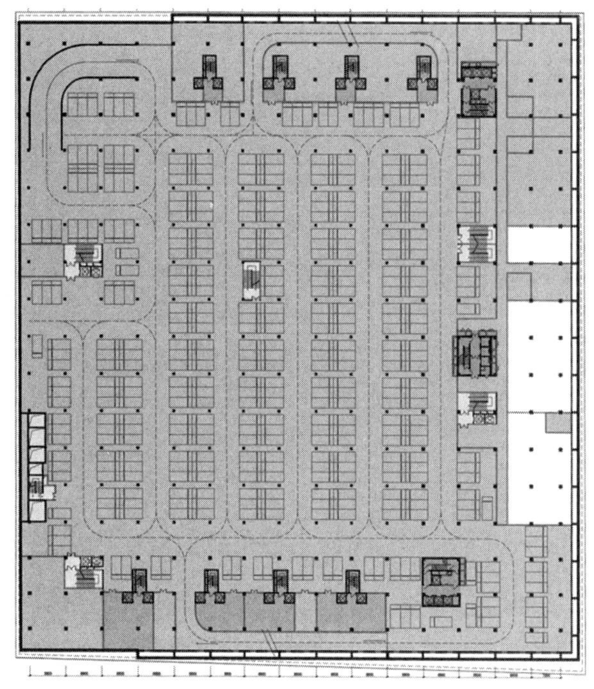
图 1-47　优化后地下四层平面图

多停车位）；（4）合理划分固定车位和访客车位（根据驾驶习惯增加车位数量）；（5）车库坡道根据停车类型进行分流设置（提高车辆通过坡道速度）；（6）梳理机房类型和数量，合理经济地布置机房（充分利用边角位置增加车位）；（7）地下商业卸货区改为地面卸货区（降低层高，缩短坡道长度，减少坡道面积，增加停车位）。（具体方法见【车库优化】）

经过对整个停车系统和模式的改进，形成现有的方案（图1-47）。优化后，每层增加停车位约50个，三层车库共计增加停车位50×3=150个（海港城项目的地下1～2层为商业，地下3～5层为汽车库），当时，每个停车位销售的起始价格为60万。其结果是：在不提高土建投资成本的前提下，增加销售纯利150×60=9000万。

仅此一项设计优化，增加的价值已经是整个项目设计费的数倍。设计背后的真正价值，不言自明。

实例二：

某开发商，在项目策划没有完全确定的情况下，急于设计与施工。由于建筑主体是钢结构体系，在提前预制的大型钢梁运抵施工现场后，市场要求发生变化。原来设计的9米柱跨需要改为12米。

不修改：意味着产品无法销售和租赁；修改：则意味着价值上千万的钢梁成为废品。开发商感觉上天无路、入地无门，面对如此困境，束手无策。后辗转多次找到某结构设计专家，希望通过调整结构设计，来降低经济损失。结构专家的设计修改，使该项目绝处逢生。其修改方案如下：

原方案因为柱跨为9米，经计算梁高为h（图1-48），但是柱跨改为12米后，梁的高度h明显不足。如不增加梁高，此批已经加工好的钢梁将全部报废。结构专家根据建筑柱跨的增加，计算后确定梁的高度，将原有钢梁进行锯齿形式的切割（图1-49），然后进行错位焊接（图1-50）。经过设计调整，不但挽救了已经加工好的成品钢梁，而且因为焊接后的钢梁由于中部留有孔洞，既降低了钢材的用量，又减轻了结构的自重，同时因部分设备管线可以穿越钢梁，而减少梁高增加带来的净高影响，可谓一举多得。

结构专家的方案调整，不但避免了开发商上千万元的经济损失，而且因为梁中孔洞的设计，降低了整体结构的含钢量，从而降低工程造价。设计背后的真正价值，不言自明。

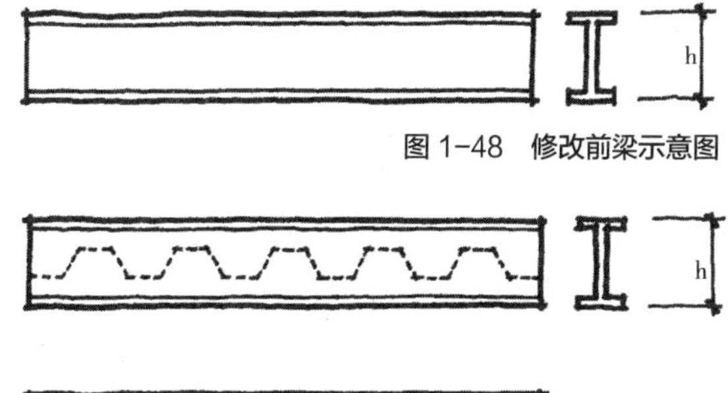

图 1-48　修改前梁示意图

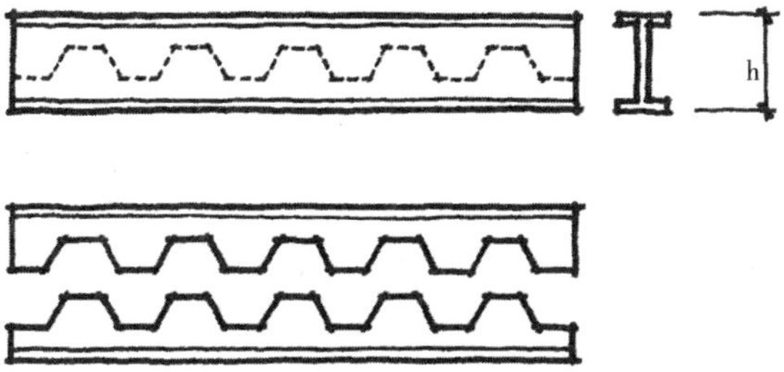

图 1-49　对原梁进行切割的示意图

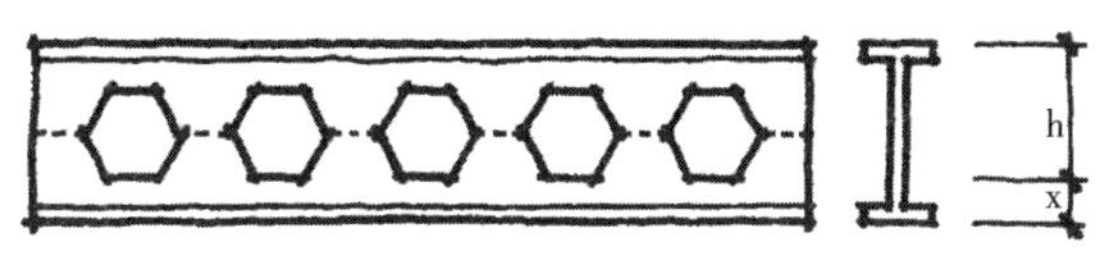

图 1-50　焊接后的梁示意图

【题后】

从某种意义上讲，建筑设计是一种隐形商品，而不像商店里明码标价的商品。设计是通过建筑物的落成，来体现其价值存在，而不仅仅是钢筋、混凝土等有形商品。

前段时间，某甲方前来洽谈项目，开口就谈建立长期战略合作伙伴关系，希望先免费做一个方案试试，如果可行，后面的所有项目都将委托。这就犹如本文开始的病人对医生说：你能先免费帮我把腿治好吗？如果行，将来腿再断，一定只花钱找你治疗。医生和建筑师都是提供技术服务的，而两者最大的区别：一个是先付费再服务，另一个是先服务再付费（有些常常不付费）。

当然，设计界造成这种状况，也与某些设计师不负责任，给一些甲方造成损失，使很多甲方对整个设计行业缺乏应有的信任有关。这也使很多有责任、有信用、有经验的建筑师受到牵连，不能不说是一种行业的悲哀。

离开原单位后，有一位原单位的甲方董事长，再次找来做设计，出于对原单位的尊重和行业的规则，只能拒绝甲方。但是甲方的一句话使人深受感动：“我要找的是医生，而不是医院。”

所以，提高自身的业务素质和设计水平，为甲方提供优质的设计产品，充分体现自己的设计价值，是建筑师的“生存之本”。

（2017年04月22日星期六）

车库坡道

——在设计规范界限内打擦边球

【题外】

建筑设计规范是建筑设计的基本依据，严格遵循设计规范的要求，才能保证项目建设和使用的安全、合理。然而，由于社会的进步突飞猛进，致使设计规范的许多条文已不适应发展的需求，从而造成一些条文与实际使用要求不相适应。同时，由于规范制定和更新时间的延迟性，有时跟不上发展的速度，致使一些规范条文束缚了设计的进步性。

例如：《住宅设计规范》（GB 50096-2011）第6.7.1条规定：新建住宅应每套配套设置信报箱（此条为强条）。由于通信沟通方式和资讯获取方式的改变，使得书信和纸质报刊基本成为历史，然而设计规范仍然停留在过去的时代。一位同事因为疏忽了此条规范，被审图单位定性为"违反强条"，不能不说其进步"太快"。目前因物流和快递业的极大发展，住宅更应设置快递接收空间和装置，而这种变化在设计规范中却没有体现。这也是规范与现实之间的差距。

本文希望通过一个车库建筑的设计实例，寻求既能合理规避规范条文的约束，又能满足现实要求的方法。

失效的《汽车库建筑设计规范》（JGJ 100-98）第3.3.4条规定：大中型汽车库的库址，车辆出入口不应少于2个；特大型汽车库库址，车辆出入口不应少于3个，并应设置人流专用出入口。（1.0.4条关于车库规模的规定：特大型车库＞500辆；大型车库301~500辆；中型车库51~300辆；小型车库＜50辆）。

现行的《车库建筑设计规范》（JGJ 100-2015）第4.2.6条规定的机动车库出入口和车道数量应符合表1-9的规定。

北京王府井海港城项目的设计完成于2014年，地下3~5层均为停车库，共设置1207个停车位。车库设置了2个单车道和1个双车道的车库坡道，完全符合《汽车库建筑设计规范》（JGJ 100-98）中的规定：超过500辆车位的车库，需要设置3个车辆出入口。如图1-51所示：

由于种种原因，海港城项目施工至地上三层后停工。后来因项目重新建设，需要对原方案设计进行修改，然而车库出入口的数量已不符合《车库建筑设计规范》（JGJ 100-2015）的要求。根据新的规范要求：超过1000辆车位的车库，需要设置3个出入口及5个车库坡道（表1-9），而项目已施工的部分虽然拥有3个出入口，但是车道却只有4个，因而需要增加1个车道。此条规范为设计调整带来极大困难。

困难1：地下五层土建部分已经施工完毕，增加车库坡道势必给施工带来巨大困难，影响现状结构的安全；

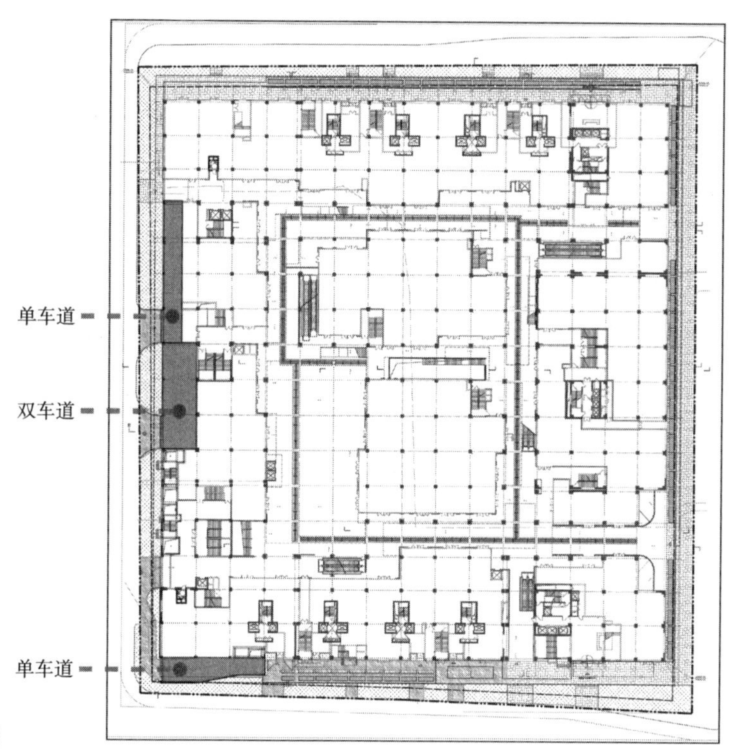

图 1–51 原方案首层平面图

机动车出入口和车道数量 表 1–9

规模 / 停车当量 / 出入口和车道数量	特大型	大型		中型		小型	
	>1000	501 ~ 1000	301 ~ 500	101 ~ 300	51 ~ 100	25 ~ 50	<25
机动车出入口数量	≥ 3	≥ 2		≥ 2	≥ 1	≥ 1	
非居住建筑出入口车道数量	≥ 5	≥ 4	≥ 3	≥ 2		≥ 2	≥ 1
居住建筑出入口车道数量	≥ 3	≥ 2	≥ 2	≥ 2		≥ 2	≥ 1

困难2：地下一、二层均为商业，由于商业层高较高，增加坡道必定大量减少地下一、二层和地上首层的商业面积，极大地影响了经济效益；

困难3：由于增加车库坡道，致使原有的防火分区布置发生很大变化，对设备专业影响巨大；

困难4：由于王府井地区人流非常大，增加一个车库出口，对地面交通组织带来许多不利影响和安全隐患。

如果增加坡道，必然造成上述影响；如果不增加坡道，项目又不符合《车库建筑设计规范》（JGJ 100-2015）的规定。如何既满足现行规范要求，又不对项目产生负面影响，成为摆在重新设计面前的一道难题。合理运用规范界限，规避条文限制，成为设计的重中之重。

最初进行项目设计时，为了满足王府井地区的停车要求和经济效益最大化（详见【设计价值】），使停车位达到1207个，符合《汽车库建筑设计规范》（JGJ 100-98）的规定。再次修改调整设计时，首先根据《北京市规划设计通则》要求的配建指标，对项目的停车位进行重新计算，结果如下：

旧城保护区：最少停车509辆；

一类地区（二环路至三环路之间）：最少停车538辆；

二类地区（五环路以内除一类地区以外的区域）：最少停车661辆；

三类地区（五环路以外地区）：最少停车786辆。

王府井海港城位于“旧城保护区”，设置509辆车位即可达到规划要求的停车数量，即使该项目位于“三类地区”，设置786辆车位也能达到要求。由上述核算可知，将车库停车数量控制在1000辆以下，既可以满足规划条件要求，又可以满足《车库建筑设计规范》（JGJ 100-2015）设置2个出入口和4个车道的要求，而且更为重要的是不用在施工完成的部分增加车道，使前面所述的困难全部迎刃而解。如图1-52、图1-53所示：

将地下人防部分的车库改为库房（人防部分的车位不能销售），控制停车总量不超过1000辆。因为库房的消防等级高于车库的消防等级（防火分区大小、疏散距离远近、疏散楼梯数量等），便于未来《车库建筑设计规范》再次改版后，能够非常容易地将库房改造为车库。如图1-54、图1-55所示：

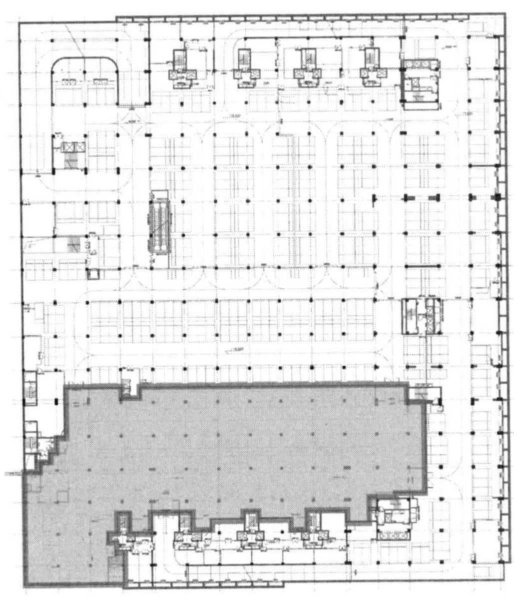

原地下四层删除车位区域 103 个

图 1-52　将地下四层部分人防车位改为库房

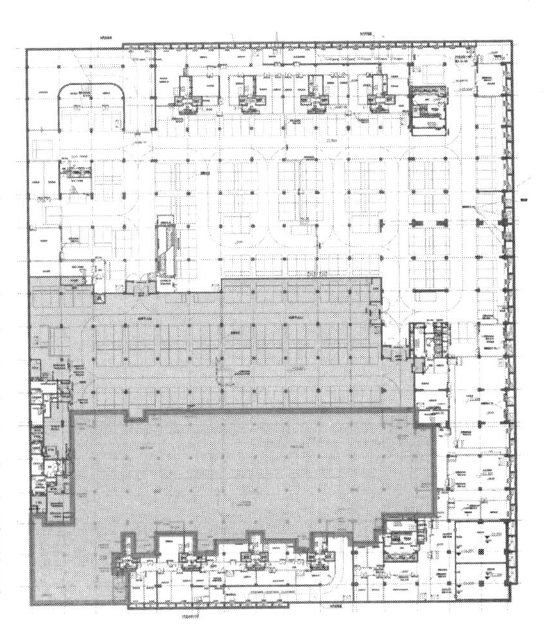

原地下五层删除车位区域 104 个

图 1-53　将地下五层部分人防车位改为库房

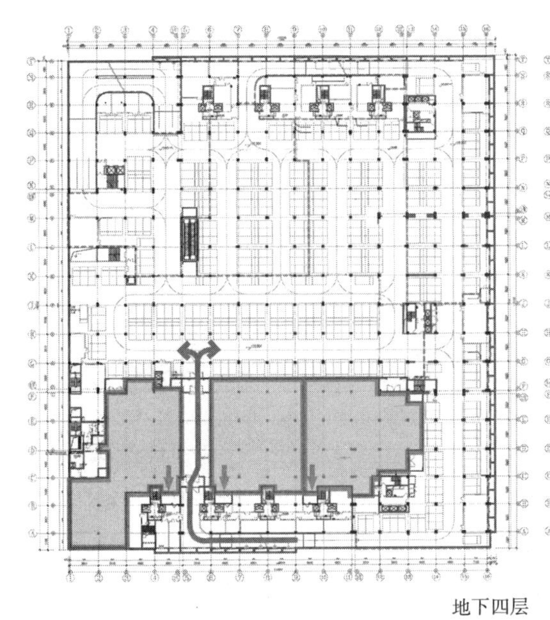

地下四层

图 1-54　修改后的地下四层平面图

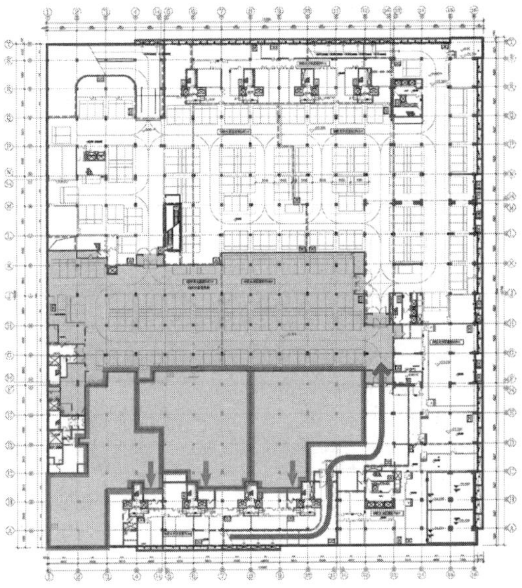

地下五层

图 1-55　修改后的地下五层平面图

【车库优化】一文中曾经提到，车库坡道不合理会导致停车数量降低；同时，提供的多种停车收费方式，可以避免车库坡道收费口的拥堵，尽可能地减少车库坡道数量，增加停车位，降低由于出入口过多对地面交通产生的压力。当今社会发展迅速，各类技术日新月异，而设计规范的更新往往经过很长时间的校对、审定。有时刚刚颁布，某些内容已经被新技术超越，或一些常见问题被新技术所解决，所以有些规范条文显得滞后和无奈。

设计工作要与时俱进，同时还应有前瞻性，因而在规范限定的范围内打“擦边球”，需要多方面考虑当前规范的束缚，以及未来改造的可能性。

（2019年10月27日星期日）

十年杂谈：

记录了十年来对建筑设计中所遇问题的处理方式，

虽然算不上最佳的答案，

却也不失为解决的方法之一。

十年技艺

车库优化
——人性化车库建筑的设计策略

原文《汽车库建筑设计的优化策略》发表于《建筑技艺》杂志2017年第3期。本文提出的车库优化设计方法，是在人性化基础之上，提高车库设计的经济效益。请勿将本文与只注重经济效益，而不考虑社会责任的车库设计方法相比较。两者没有可比性。

随着我国汽车保有量的不断增加，汽车库已经成为大多数建筑包含的内容之一。建筑设计如果只考虑建筑的主要使用功能、造型和美观，而忽略汽车库设计的合理性，必将导致车库面积不合理，造成经济损失和使用不便等问题。

越来越多的投资建设者，特别是房地产开发商为降低建设成本、增加停车数量，已经详细研究《车库建筑设计规范》（JGJ 100-2015）（以下简称《车规》）和汽车的性能指标，提出汽车库的设计要求，而且要求建筑设计单位对汽车库进行精细化设计。某些成熟的大型开发商，甚至片面地要求建筑师以《车规》所有条文的最低标准进行设计，导致了汽车库的设计缺乏人性化。不同汽车的类型、大小、性能以及驾驶员的驾驶熟练程度和习惯均不相同，过于苛刻的停车条件会给驾驶者带来不便，甚至导致事故纠纷。

本文将从普通人驾驶习惯的角度出发，分析汽车库的特点，提出优化策略，以合理地提高汽车库建造与运营的经济效益，同时提高驾驶便捷性，体现人性化设计。

1.左舵驾驶决定总图车行和坡道方向

我国规定左舵驾驶，在建筑主入口门厅停靠下客时，汽车应当从门厅的右侧驶入，左侧驶出（图2-1）。如出租车、公务用车、商务用车等，乘客一般在副驾驶位置或后排右侧位置就座，汽车右侧驶入停靠后，客人可以下车后直接进入门厅，反之则会导致不便。

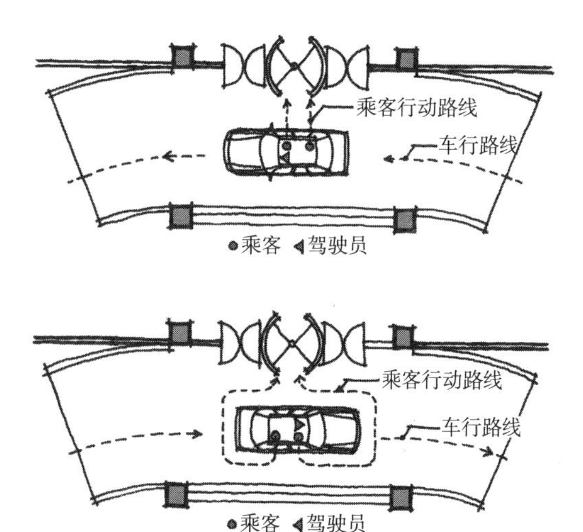

图 2-1 建筑入口车行路线

在总平面设计中，应首先考虑围绕建筑主体布置顺时针的单向行车路线，尽量避免采用双向行车道路，减少交叉错车。地下车库坡道的开口方向则应根据其入口或出口功能，与地面行车道并列顺行布置，避免垂直于行车道，减少驾驶员视线范围外的错车避让，提高驾驶舒适度和安全性，保证上、下客的便捷性（图2-2）。设计图纸中的单车道汽车库坡道，应当标明“汽车库入口”或“汽车库出口”，而不应简单标注“汽车库出入口”。

2.合理布置车库坡道，减少面积损失

单独的地下汽车库主要包括“停车位”和“行车道”，二者占大多数面积；同时还包括面积“占比”较少的“汽车库坡道”和“机房”（专供车库使用的送风机房、排风机房和配电室等，应尽量布置在不能停车的位置，以减少停车位的损失）。需要注意的是，汽车库坡道所占面积是“停车位”的面积，而非“行车道”的面积。换言之，行车道面积不能节省，而汽车坡道布置是否合理将直接影响停车位的数量。

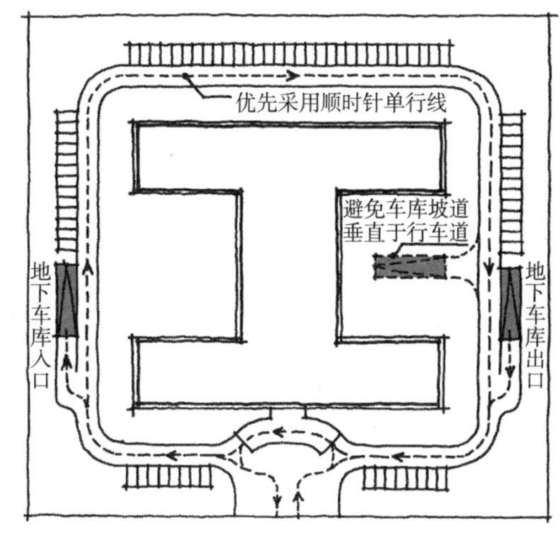

图 2-2　总图车行及地库出入口布局

车库坡道应尽量沿着车库的外边缘布置。如果将车库坡道布置于车库内部，则会导致坡道的最小宽度（双向车道7米，单向车道4米）与行车道和停车位的尺寸不能完全吻合，造成面积浪费；如果将坡道沿车库外边缘布置，坡道的宽度则可以不受柱网、车位、行车道的影响，可以降低造价，减少单个停车位的平均面积（图2-3）。

对于大型车库，为方便业主使用，建筑师常在车库内部布置汽车坡道，此种思路有待商榷。如果在内部布置车道，则会在地面上增加汽车的行驶距离，造成人车混行，埋下安全隐患。如果将车库坡道布置于车库周边（地面仅预留消防、救护、搬家等非常用功能的车行道路），可以将汽车的行驶距离和路线置于地下，而将地上空间留给行人（图2-4），既不增加汽车的绝对行驶距离，又可使人车分流，创造安静舒适的环境，一举两得。

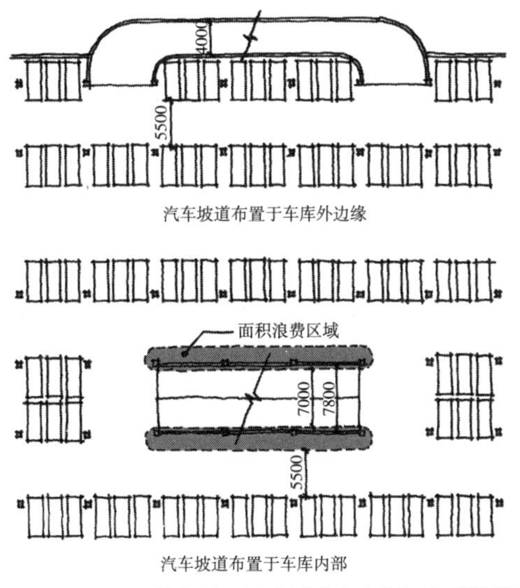

图 2-3　车库坡道宜布置于车库外侧

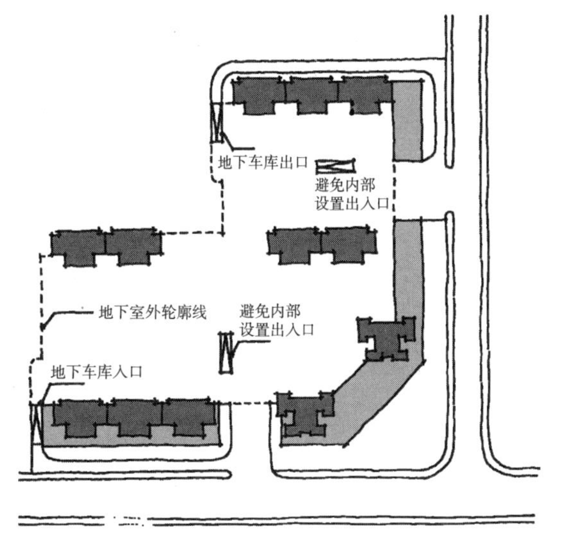

图 2-4　车库坡道沿车库外侧顺时针布局

汽车库坡道应优先选用单车道，一方面因为双车道需要错车，常造成等候时间过长；另一方面双车道转弯时，为满足内环车道转弯半径要求，会造成外环车道的面积浪费。即使为满足规范要求的车道数量而采用双车道形式，也应尽量采用双车道“单向”行驶，避免双向行驶，减少交叉错车。

3.通过有效管理方式减少坡道数量

《车规》规定超过1000辆停车的特大型车库，车辆出入口不应少于3个，非居住建筑出入口车道数量不应少于5个。目前很多车库都超过了1000个停车位，甚至达到了数千辆停车位，出入口的设计尤为关键。增加出入口可以提高进出车库的速度，但会带来管理成本的增加，也会浪费大量坡道所占面积；但出入口过少，则会直接增加进出车库的排队等候时间。两者之间的矛盾完全可以通过提升车库的有效管理来解决。

首先，造成车库出车速度慢的直接原因是停车、交费、找零钱等行为。为使汽车能快速通过出入口，可借鉴高速公路人工收费站的方式（图2-5），将车库人工收费闸口数量增加，使汽车快速通过坡道，缩短缴费等候时间（图2-6）。具体收费闸口数量可根据汽车流量增减确定，对于多层汽车库来说，节省车库坡道的优势更为明显。

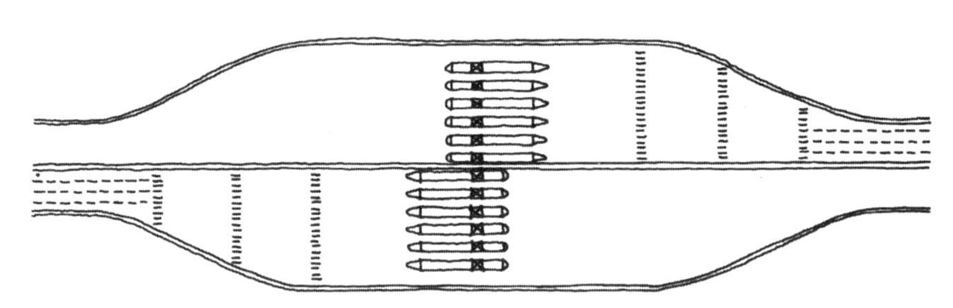

图 2-5　高速公路收费站形式

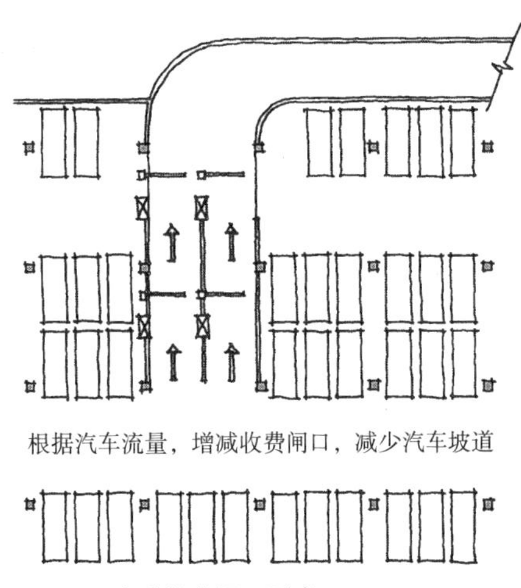

图 2-6　车库收费闸口形式

首都机场T3航站楼的巨型停车场，共2层，车位数量为6670个，联系上下层之间的汽车坡道只有8组、共12条，每条坡道服务约556辆汽车。如果按《车规》中1000辆车需要5条车道的规定来计算，需要33条车道，虽然12条车道远小于《车规》的规定，但却从未堵塞。而车库取卡处（入口）和收费处（出口）分别各设一处（图2-7），每处设闸口13个，既能保证车辆快速通过，同时也能减少过多坡道的面积浪费。所以调整闸口数量，是缩短车辆排队时间与减少坡道数量之间矛盾的有效方法。

而对于大型购物中心等存在大量停车需要临时

交费的车库类型，可在车库人行入口处，设置停车收费处（图2-8），可以先通过人行排队缴费、换取凭证，然后在交费后15分钟内驾车迅速离开车库（图2-9），缩短车行排队时间。上述细节和问题应当在设计阶段解决，并在图纸中表述清晰，避免竣工后再进行整改而造成管理混乱。

图 2-7　北京首都机场 T3 航站楼停车库收费口

4.车位及坡道闸口分类布置

可以根据停车的特点，将车位划分为访客停车位和固定停车位。访客车位多见于商场、剧院、展览、机场、车站等大型公共建筑内，按照时段收取停车费用。固定车位一般位于住宅、总部办公等建筑内，常以包月或者包年租赁等方式收取停车费用。

首先，访客车位由于停车位不固定，驾驶员需要不断寻找空车位，所以行车道应布置成环形单向路线，避免走回头路（图2-10）。而固定车位由于驾驶员非常熟悉自己租用的停车位置，则到达该车位的行车路线也会十分固定，因而可以采用尽端式的鱼骨形行车道，能够减少部分行车道面积，增加停车位（图2-11），并减小单个车位的平均建筑面积，提高经济效益。

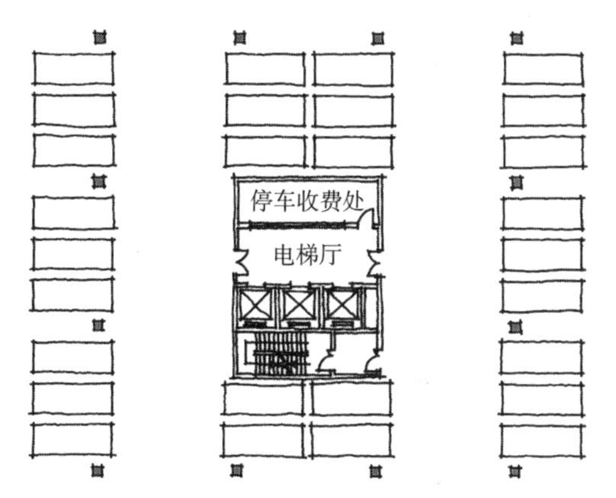

图 2-8　人行排队交费布局方式

图 2-9　北京新世界百货停车库收费处

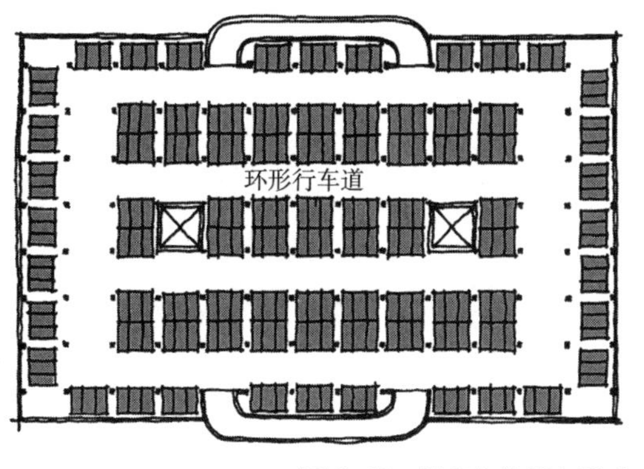

图 2-10　访客车位停车形式

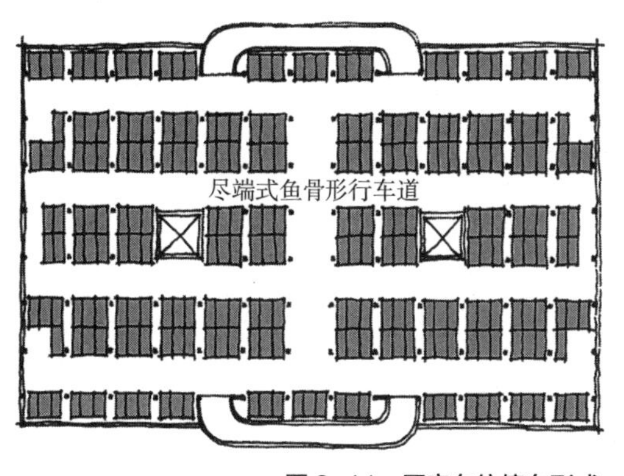

图 2-11　固定车位停车形式

其次，访客停车的时间、位置、收费均不固定，需要人工收费管理服务，而固定停车可以刷卡并快速通过，而不需人工收费。根据这个特点，将出入口分设成访客出入口和常客出入口，并分别使用不同的车库坡道。常客出入口可借鉴高速公路ETC（电子不停车收费系统）的收费管理方式，不用停靠而快速通过出入口，避免常客汽车与访客汽车一起排队缴费。

目前综合体项目众多，一个大型车库内往往两种车位兼有，可通过收费闸口的位置进行分流。固定车位应将入库的闸口放在坡道上端，将出库的闸口放在坡道下端，防止访客汽车误入固定车位的坡道（图2-12）。访客车位可将入口闸口设置于坡道上端或下端，上端位于地面，减少闸口数量，避免面积损失；下端位于地下，使地面层整洁。访客车位出库闸口应当设置于坡道的下端，避免访客车辆因瞬间出车过多，在坡道上等候收费（图2-13）。

另外，访客车位“空闲车位指示灯”的设置尤为重要，通过红绿指示灯的显示，可以快速为驾驶员提供参考，节省时间。

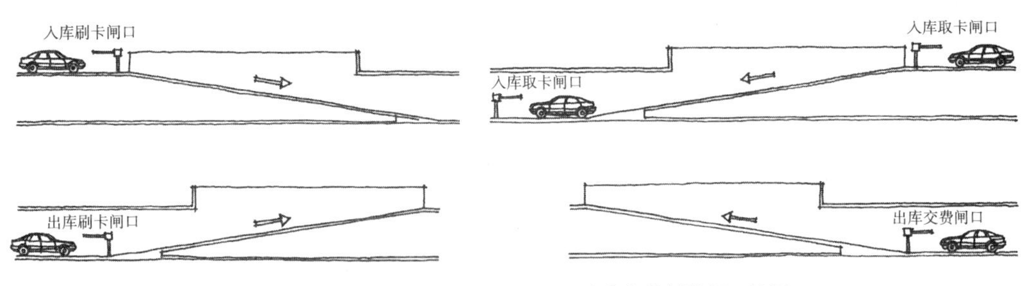

图2-12　固定车位坡道闸口位置

图2-13　访客车位坡道闸口位置

5.直线汽车坡道与曲线汽车坡道的对比

曲线汽车坡道劣势较多，应当慎用。设计汽车库时应当根据用地特点，优先选用直线坡道，尽量避免曲线坡道，原因有以下三点。

（1）曲线汽车坡道比直线汽车坡道的坡度缓，《车规》规定小型车曲线坡道的坡度不应大于12%（1∶8.3），直线坡道的坡度不应大于15%（1∶6.67）。如果车库层高为3.6米，曲线坡道长度应为30米，而直线坡道长度为24米，曲线坡道比直线坡道多增加6米（图2-14）。如果是多层停车或地下一层带有设备综合管线（层高较高）的情况，曲线坡道将比直线坡道浪费更多的面积。

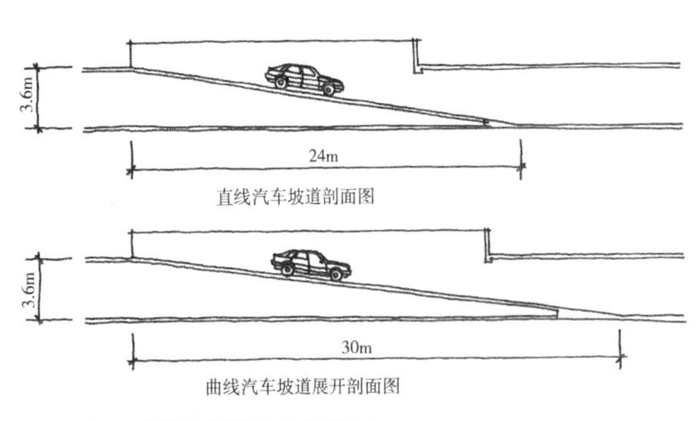

图2-14　直线坡道优于曲线坡道

（2）环形车道由于位于上下层的联系车道处，停车和出车会影响车道上的正常行车，所以环形坡道内部空间常常无法停车，只能作为库房使用（图2-15）。而有些建设项目将地下一、二层开发为商业，则环形车道非

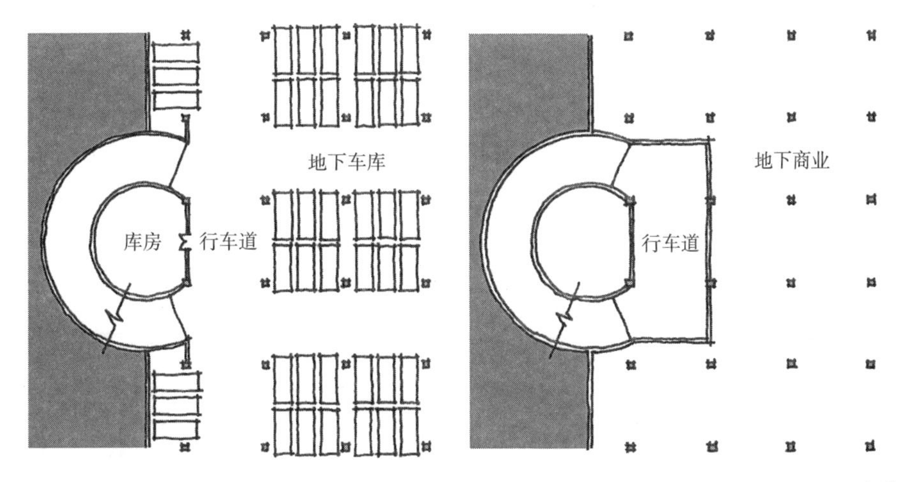

图 2-15　环形车道劣势明显

停车层的内部空间甚至不能作为库房使用，汽车坡道上开设房间门洞口，容易发生危险，因而此部分每层要减少6辆停车，浪费面积。

（3）直线坡道方向感更强，有利于驾驶员在车库中辨别方向，易于快速、直接地找到需要电梯的位置。

6.车库柱网尺寸需考虑人性化设计

汽车库建筑设计中，一般按照《车规》中的小型车外廓尺寸进行布局。小型车宽度为1.8米，汽车之间横向间距为0.6米，汽车与柱间净距为0.3米，故柱子间停靠3辆车的净距为1.8×3+0.6×2+0.3×2=7.2米。高层建筑柱子落入地库的尺寸一般在0.8~0.9米，很多大型开发商严格要求柱网横向尺寸定为8.1米，基本已为底线。《车规》规定，小型车长度为4.8米，汽车间纵向净距为0.5米，垂直式后退停车的行车道最小宽度为5.5米，则车道加两侧停车的纵向尺寸为4.8×2+0.5×2+5.5=16.1米，接近8.1米的两个柱跨16.2米，故采用8.1米的柱网纵向尺寸也接近规范的底线，常见的8.1米车库柱网排布如图2-16所示。对于非高层建筑的地下车库，开发商为降低土建成本，则常采用减小柱跨至极限的变柱网形式（图2-17）。

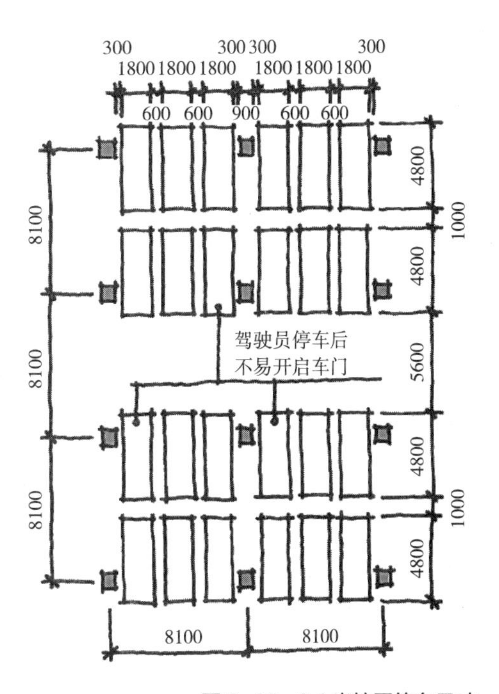

图 2-16　8.1 米柱网停车尺寸

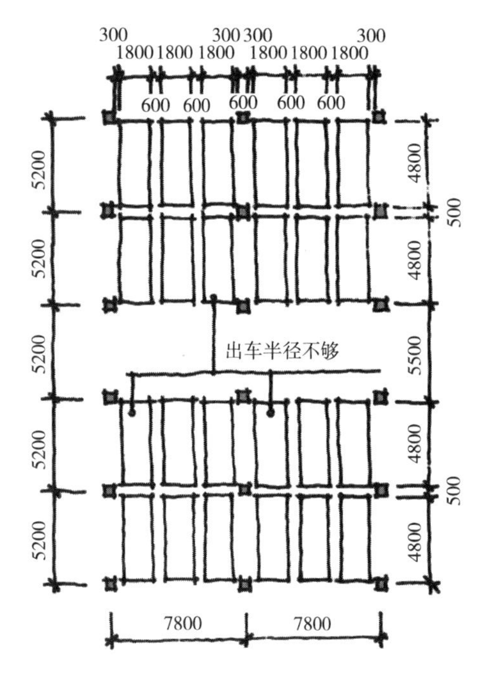

图 2-17　小柱网停车尺寸

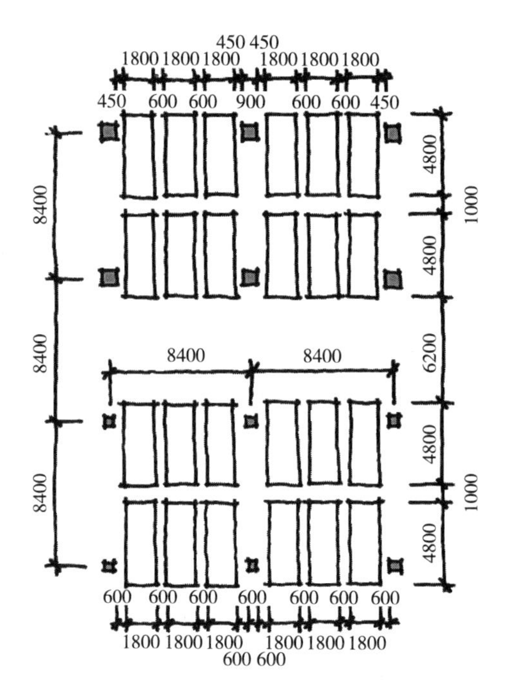

图 2-18　8.4 米柱网停车尺寸

上述尺寸仅仅满足规范最低要求，此时柱网会存在诸多问题，如：柱跨过小致使柱子距离汽车过近，造成停车后开门距离不够，驾驶员无法顺利下车（图2-16）；出车和停车转弯半径不够（车头与柱子纵向距离低于700毫米），出车不便，容易剐蹭柱子（图2-17）。在实际使用过程中，由于不同汽车的尺寸差异较大，驾驶者的水平参差不齐，所以设计中应当留有空间，而不应将经济效益作为唯一的设计标准，建议采用8.4米的柱网停车设计（图2-18）。

7.机械车位带来的设计与使用问题

由于用地紧张，停车数量难以达到当地规划部门的要求。建设方为降低土建成本，不希望增加一层地下车库，这种情况只能通过机械式立体停车来解决问题。但是机械式停车与平层停车相比，存在一些弊端，主要表现在以下几个方面：

（1）《汽车库、修车库、停车场设计防火规范》（以下称《汽防规》）规定地下车库每个防火分区最大面积为4000平方米（内设自动灭火系统），机械式停车库最大允许面积应减少35%，即2600平方米。防火分区变小，意味着风井、机房的数量和面积需要增加，对于首层面积较为重要的建筑（如商业建筑等），出地面风井在首层的数量越多，造成面积的损失越大。

（2）机械式停车库层高较高，汽车库坡道所占面积远大于平层车库。同时，单层机械式停车库与2层平层停车库相比，车位却不能翻倍增加，必须有空挡位进行错车。

（3）机械车位进出车不方便，对驾驶技术要求较高，在停车时容易与机械设备发生剐蹭，产生责任纠纷。

（4）停电和机械故障时，需要人工操作机械，将上部车位放置于下层，会延误出车时间，造成不便。

（5）车库内需要有专人管理，引导车辆进出车位，随时处理可能发生的问题，增加人工成本。

（6）增加管理人员值班室、相应的风机房、配电机房等附属房间的面积。

综上所述，在条件允许的情况下，应优先选用平层停车的方式，特别是访客车位。

8.货车及出租车停靠对商业建筑的影响

在大型商业建筑中需要设置货车停靠的位置。普通汽车库要求净高达到2.2米即可，而普通货车自身的高度约3.2米，有些箱式中型货车的高度达到4米，为了满足货车进入地下车库，不得不将整个地下室底板降低，增加地下室建设的土方量。而且中型货车的坡道坡度不能大于10%（普通汽车坡道15%），坡度缓且层高加高，增加坡道所占面积，也会加大车库坡道和卸货区的楼面荷载，造成土建成本的提高。从商业角度出发，地下室卸货比地面卸货会存在更多的驾驶盲点。特别是对于一些大型超市，进出的货车比较大，不利于管理。除位于城市中心的商业建筑，其四周立面都要求具备比较高的形象展示面，而将货车布置于地下外，应将货车停靠位置设于人流量少、商业展示面需求弱的地面一侧，形成相对封闭的地面卸货区域，避免地下设置卸货区（图2-19）。

图 2-19　北京西红门荟聚购物中心卸货区

具有一定规模的商业综合体除了设置车库，还应当设置相应的出租车停靠站，并完善标识导视牌，方便购物推车能直接到达出租车站。固定的出租车停靠站可以方便购物人群，特别是采用公共出行并大量购物的消费者。类似机场、火车站设置固定出租车停靠站一样，能节省大量的候车时间。方便的站点设施也在某种程度上能够为商场吸引消费客流。

9.结语

综上所述，优化汽车库建筑设计时，应注意：（1）优先采用顺时针行车路线；（2）优先采用单车道坡道外围布局；（3）改进管理方式，减少入口与坡道数量；（4）合理分类停车方式，增加停车位；（5）优先采用直线汽车坡道；（6）注重停车柱网的人性化设计；（7）优先选择平层停车；（8）合理布局货车和出租车的停靠。

汽车库建筑设计不应一味追求缩减单个停车位的平均面积，而牺牲便捷性。除了满足《车规》和《汽防规》的最低标准要求外，应对人的驾驶习惯和缴费特性进行细致分析，进行合理的、人性化的设计。采用加强管理、增设人性化标识等手段，减少车库的面积损失，使汽车库使用合理、快捷，运营经济高效。

【题外】

车库采用8400mm的柱网，对于地上建筑的立面设计拥有巨大优势。

因为很多甲方对建筑立面设计的风格往往举棋不定。古典主义、折中主义、Art Deco风格、现代主义等，几乎都全试一遍。而8400mm的柱网在立面竖向分割上，可以被2整除，可以被3整除，可以被6整除，还可以被12整除。这里整除的含义是最小模数是100，而不是50或是更小，甚至是碎数。

8400mm的柱网可以“以不变应万变”定式平面去迎接甲方朝令夕改的立面设计，满足幕墙或窗墙体系的整数计算、设计、加工生产和安装，甚至能满足底商商铺4200mm面宽的舒适开间，同时还能保证地下每跨3辆停车位的经济合理性。

所以，8400mm是一个“魔幻”的柱网尺寸。

参考文献

[1]《车库建筑设计规范》(JGJ 100-2015).

[2]《汽车库、修车库、停车场设计防火规范》(GB 50067-2014).

[3]寿震华，沈东莓.轻松设计——建筑设计使用方法[M].北京：中国建筑工业出版社，2012.

（2017年01月23日星期一）

表达消防

——运用表格传达消防设计界限

原文《消防“1”“2”与极限》发表于《建筑技艺》杂志2016年第7期。由于消防设计涉及的内容较多，故将原文分几个章节，分别加以详述。

君子藏器于身，待时而动……

本文总结小“器”，并赠予读者朋友，以便急需之时，能从容“亮剑”……

【消防极限】——消防设计不可逾越雷池半步

《建筑设计防火规范》作为“法律”条文，其作用是要限制一些不利于安全使用的建筑设计作法，所以规范中绝大多数的条文，是不能越雷池半步的，也是不可超越的消防极限。

消防极限表　　表 2-1

<table>
<tr><th>主题</th><th colspan="2">内容</th><th>条件</th><th>极限</th><th>条文</th></tr>
<tr><td rowspan="3">防火间距</td><td colspan="2">高层民用建筑与高层民用建筑（高层）之间应</td><td rowspan="3">≥</td><td>13m</td><td rowspan="3">5.2.2</td></tr>
<tr><td colspan="2">高层民用建筑（高层）与裙房和其他民用建筑（多层）之间应</td><td>9m</td></tr>
<tr><td colspan="2">裙房和其他民用建筑与裙房和其他民用建筑（多层）之间应</td><td>6m</td></tr>
<tr><td>商业展览</td><td colspan="2">不应设置在地下三层及以下楼层</td><td>≤</td><td>地下 2 层</td><td>5.4.3</td></tr>
<tr><td rowspan="2">儿童用房活动场所</td><td colspan="2" rowspan="2">幼儿园儿童用房和儿童活动场所不应设置在地下；不应超过 3 层。在高层建筑中，应设置独立的安全出口和疏散楼梯</td><td><</td><td>地下室</td><td rowspan="2">5.4.4</td></tr>
<tr><td>≤</td><td>地上 3 层</td></tr>
<tr><td rowspan="5">剧场电影院礼堂</td><td rowspan="5">宜独立设置，当设置在其他建筑中时</td><td>①至少应设置 1 个独立的安全出口和疏散楼梯</td><td>≥</td><td>1 个独立出口</td><td rowspan="5">5.4.7</td></tr>
<tr><td>②应采用≥ 2h 防火隔墙和甲级防火门与其他区域分隔</td><td>→</td><td>甲级防火门</td></tr>
<tr><td rowspan="2">③观众厅位于四层及以上楼层时，一个厅、室的疏散门不应少于 2 个，且每个观众厅面积不宜大于 400m^2</td><td>≥</td><td>2 个疏散门</td></tr>
<tr><td>≤</td><td>400m^2</td></tr>
<tr><td>④宜设在地下 1 层，不应设置在地下 3 层及以下楼层</td><td>≤</td><td>地下 2 层</td></tr>
<tr><td rowspan="3">会议厅多功能厅</td><td rowspan="3">宜设在 1~3 层，设在其他楼层</td><td rowspan="2">①一个厅、室的疏散门不应少于 2 个，且建筑面积不宜大于 400m^2</td><td>≥</td><td>2 个疏散门</td><td rowspan="3">5.4.8</td></tr>
<tr><td>≤</td><td>400m^2</td></tr>
<tr><td>②宜设在地下 1 层，不应设置在地下 3 层及以下楼层</td><td>≤</td><td>地下 2 层</td></tr>
<tr><td rowspan="2">歌舞娱乐放映游艺场所</td><td colspan="2">①不应布置在地下二层及以下楼层</td><td>≤</td><td>地下 1 层</td><td rowspan="2">5.4.9</td></tr>
<tr><td colspan="2">②布置在地下一层时，地面与室外出入口地坪高差不应大于 10m</td><td>≤</td><td>10m</td></tr>
</table>

续表

<table>
<tr><th>主题</th><th colspan="3">内容</th><th>条件</th><th>极限</th><th>条文</th></tr>
<tr><td rowspan="2">歌舞娱乐放映游艺场所</td><td colspan="3">③布置在地下或 4 层及以上时，一个厅、室的面积不应大于 200m²</td><td>≤</td><td>200m²</td><td rowspan="2">5.4.9</td></tr>
<tr><td colspan="3">④厅、室的门和该场所与其他部位相通的门均应采用乙级防火门</td><td>→</td><td>乙级防火门</td></tr>
<tr><td>出口距离</td><td colspan="3">建筑内相邻安全出口和相邻疏散门最近边缘之间的水平距离</td><td>≥</td><td>5m</td><td>5.5.2</td></tr>
<tr><td rowspan="10">公共建筑安全疏散距离规定</td><td rowspan="4">位于两个安全出口之间的疏散门至最近安全出口的直线距离</td><td colspan="2">托儿所、幼儿园、老年人照料设施</td><td>≤</td><td>25（31.25）m</td><td rowspan="10">5.5.17</td></tr>
<tr><td colspan="2">单、多层教学建筑</td><td>≤</td><td>35（43.75）m</td></tr>
<tr><td colspan="2">高层教学、高层旅馆、展览建筑</td><td>≤</td><td>30（37.50）m</td></tr>
<tr><td colspan="2">单、多、高层其他建筑</td><td>≤</td><td>40（50.00）m</td></tr>
<tr><td rowspan="4">位于袋形走道两侧或尽端的疏散门至最近安全出口及房间内任一点到疏散门的直线距离</td><td colspan="2">托儿所、幼儿园、老年人照料设施</td><td>≤</td><td>25（25.00）m</td></tr>
<tr><td colspan="2">单、多层教学建筑、其他建筑</td><td>≤</td><td>22（27.50）m</td></tr>
<tr><td colspan="2">高层教学、高层旅馆、展览建筑</td><td>≤</td><td>15（18.75）m</td></tr>
<tr><td colspan="2">高层其他建筑</td><td>≤</td><td>20（25.00）m</td></tr>
<tr><td rowspan="2">观众厅、展览厅、多功能厅、餐厅、营业厅等</td><td colspan="2">室内任一点至疏散门或安全出口直线距离</td><td>≤</td><td>30（37.50）m</td></tr>
<tr><td colspan="2">疏散门至楼梯的疏散走道长度</td><td>≤</td><td>10（12.50）m</td></tr>
<tr><td rowspan="4">住宅建筑安全疏散距离规定</td><td>单、多层</td><td rowspan="4">直通疏散走道的户门至最近安全出口直线距离</td><td rowspan="2">位于两个安全出口之间的户门</td><td>≤</td><td>40（50.00）m</td><td rowspan="4">5.5.29</td></tr>
<tr><td>高层</td><td>≤</td><td>40（50.00）m</td></tr>
<tr><td>单、多层</td><td rowspan="2">位于袋形走道两侧或尽端的户门</td><td>≤</td><td>22（27.50）m</td></tr>
<tr><td>高层</td><td>≤</td><td>20（25.00）m</td></tr>
<tr><td rowspan="5">公共建筑疏散宽度(一)</td><td rowspan="2">公共建筑内</td><td colspan="2">疏散门和安全出口净宽度</td><td>≥</td><td>0.90m</td><td rowspan="5">5.5.18</td></tr>
<tr><td colspan="2">疏散走道和疏散楼梯净宽度</td><td>≥</td><td>1.10m</td></tr>
<tr><td rowspan="3">高层公共建筑内，医疗除外</td><td colspan="2">疏散楼梯、楼梯间首层疏散门、首层疏散外门</td><td>≥</td><td>1.20m</td></tr>
<tr><td rowspan="2">疏散走道</td><td>单面布房</td><td>≥</td><td>1.30m</td></tr>
<tr><td>双面布房</td><td>≥</td><td>1.40m</td></tr>
<tr><td rowspan="3">住宅建筑疏散宽度</td><td colspan="3">户门和安全出口的净宽度</td><td>≥</td><td>0.90m</td><td rowspan="3">5.5.30</td></tr>
<tr><td colspan="3">疏散走道、疏散楼梯和首层疏散外门的净宽度</td><td>≥</td><td>1.10m</td></tr>
<tr><td colspan="3">建筑高度不大于 18m 的住宅中一边设置栏杆的疏散楼梯，其净宽度</td><td>≥</td><td>1.00m</td></tr>
<tr><td rowspan="5">公共建筑疏散宽度(二)</td><td colspan="2" rowspan="5">每层的房间疏散门、安全出口、疏散走道和疏散楼梯的每 100 人最小疏散净宽度（m/ 百人）</td><td>2 层高的建筑</td><td>≥</td><td>0.65m/ 百人</td><td rowspan="5">5.5.21</td></tr>
<tr><td>3 层高的建筑</td><td>≥</td><td>0.75m/ 百人</td></tr>
<tr><td>4 层及以上层数高的建筑</td><td>≥</td><td>1.00m/ 百人</td></tr>
<tr><td>与地面出入口地面的高差 ≤ 10m</td><td>≥</td><td>0.75m/ 百人</td></tr>
<tr><td>与地面出入口地面的高差 ≥ 10m</td><td>≥</td><td>1.00m/ 百人</td></tr>
</table>

续表

主题	内容			条件	极限	条文
商店营业厅内的人员密度	商店疏散人数 = 每层营业厅建筑面积 × 商店营业厅人员密度。建材、家具、灯具展示商店按规定值 30% 确定		地下第二层		0.56 人 /m²	5.5.21
			地下第一层		0.60 人 /m²	
			地上第一、二层		0.43 ~ 0.60 人 /m²	
			地上第三层		0.39 ~ 0.54 人 /m²	
			地上第四层及以上各层		0.30 ~ 0.42 人 /m²	
防火墙	防火墙两侧的门、窗、洞口之间最近边缘的水平距离			≤	2.0m	6.1.3
	防火墙内转角两侧墙上的门、窗、洞口之间最近边缘的水平距离			≤	4.0m	6.1.4
建筑外墙开口	窗槛墙	实体墙	上、下层开口之间	≥	1.2m	6.2.5
			室内设自动喷水灭火系统，上下层开口之间	≥	0.8m	
		防火挑檐	长度不小于开口宽度，挑出宽度	≥	1.0m	
		防火玻璃墙	高层建筑的防火玻璃墙的耐火完整性	≥	1.00h	
			多层建筑的防火玻璃墙的耐火完整性	≥	0.50h	
	窗间墙	住宅建筑外墙上相邻户开口之间的墙体宽度		≥	1.0m	
		住宅相邻户开口之间墙体 < 1.0m 时，应设突出外墙的隔板		≥	0.6m	
消防车道	净宽度应 ≥ 4m，净空高度应 ≥ 4m，坡度宜 ≤ 8%，距建筑外墙宜 ≥ 5m					7.1.8
消防车登高操作场地	高层建筑	操作场地应 ≥ 建筑周边长度的 1/4 且 ≥ 一个长边长度，该范围裙房进深 ≤ 4m				7.2.1
	高度 ≤ 50m	连续布置场地确有困难，可间隔布置，但间隔距离宜 ≤ 30m，总长度如上				
		场地长度应 ≥ 15m，场地宽度应 ≥ 10m				7.2.2
	高度 > 50m	场地长度应 ≥ 20m，场地宽度应 ≥ 10m				
	操作场地	应与消防车道连通，边缘距建筑外墙宜 ≥ 5m，且应 ≤ 10m，坡度宜 ≤ 3%				
		相对应的范围内，应设置直通室外的楼梯或直通楼梯间的入口				7.2.3
	救援窗口	①净高度和净宽度应 ≥ 1.0m；②下沿距离内地面宜 ≤ 1.2m；③间距宜 ≤ 20m；④每个防火分区应 ≥ 2 个；⑤应与场地相对应；⑥应设室外识别标志				7.2.5
消防电梯	设置条件	住宅建筑：建筑高度 h > 33m				7.3.1
		公共建筑：一类高层；建筑高度 > 32m 的二类高层（裙房可不设置）				
		5 层及以上且总面积 > 3000m²（含位于其他建筑内的）老年人照料设施				
		地下室：地上部分设置消防电梯的建筑；埋深 > 10m 且总建筑面积 > 3000m²				
		分别设置在不同防火分区内，且每个防火分区应 ≥ 1 台				7.3.2
	前室要求	前室使用面积应 ≥ 6.0m²，前室短边应 ≥ 2.4m				7.3.5
	井底排水	排水井容量应 ≥ 2m²，排水泵排水量应 ≥ 10L/s。前室门口宜设置挡水设施				7.3.7
	电梯要求	应能每层停靠；载重量应 ≥ 800kg；运行时间宜 ≤ 60s				7.3.8

表2-1将民用建筑中常用的“消防极限”归纳总结，以表格方式进行列举与对比，便于建筑设计师速查条文规定，同时可以就同类内容进行直观比较。消防极限主要体现在以下几个方面：（1）建筑功能房间设置的极限；（2）安全疏散距离的极限；（3）安全疏散宽度的极限；（4）建筑墙体及构造的极限；（5）消防救援要求的极限。

【超越极限】——出规有时意味着一种进步

建筑设计中，为了保障人们在使用建筑过程中的安全性，各类建筑设计规范在不同方面都设有界限。这些界限作为“法律”条文限定着设计范围，因而也成为建筑设计不可超越的“极限”。极限本不应该被超越，但是现代建筑的功能、规模、类型不断变化，造成很多“极限”限制了建筑的发展，因而规范中有些条文的极限，在满足限定条件下依然可以被超越。而超越极限则必须具备相应的加强措施，以保障建筑使用的安全系数。

本节以表格形式列举了《建筑设计防火规范》中一些“超越极限”的条文，并对“超越极限”后的必要措施进行对比，以对超越措施有清晰的解读：

（1）5.3.2条的规定分为两个部分：一个是自动扶梯、敞开楼梯等上、下层相连通的开口。其叠加面积如果超过防火分区面积规定的极限，则必须重新划分，以使每个防火分区的面积均小于极限的要求。此极限不可超越。（对于5层或5层以下的教学建筑、普通办公等规范允许采用敞开楼梯间的建筑，其敞开楼梯间可以不按上、下层相连通的开口考虑）。

另一个是建筑内的中庭。其叠加面积如果超过防火分区面积极限，可以通过必要措施满足超限要求。即只要防火措施得到保障，中庭作为独立的防火分区，可以超越防火分区规定的面积极限。例如：实施加强措施后，高层建筑中独立中庭的防火分区面积可以大于3000平方米，多层建筑独立中庭的防火分区面积可以大于5000平方米等。独立中庭防火分区没有最大面积的限制，规范也没有继续做出上限控制，只能由终身负责制的建筑师自行控制。当然，建筑中庭作为独立的防火区域，也必须设置相应独立的疏散楼梯。其疏散距离、疏散宽度和疏散口数量必须满足规范相应条文的计算。

（2）5.3.5条规定，总建筑面积大于20000平方米的地下和半地下商店，应采用无门、窗、洞口的防火墙分隔，且分隔区域不得大于20000平方米。其“极限”是：防火分隔不得开设洞口且不得连通。“通过开设洞口的方式进行连通”被视为超越极限，因而其超越极限的措施必须得到满足。即必须采用下沉广场、防火隔间、避难走道、防烟楼梯间等四种可以开设洞口的超越措施进行分割。而这四种开口方式又被各种细致的要求严格束缚，并在6.4.12~6.4.14条文中明确限制和阐述。超越极限必然要付出一定的代价。

（3）《建筑设计防火规范》中的5.5.2条明确规定：建筑内的安全出口和疏散门应分散布置。“分散布置”成为疏散楼梯布置的极限，剪刀楼梯则因为“集中布置”而超越界限。于是5.5.10条与5.5.28条规定了剪刀楼梯间在公共建筑和住宅建筑中，超限使用所必须满足的措施。

超越极限表一　　表 2-2

<table>
<tr><th>主题</th><th>超越极限</th><th colspan="3">超限后的必要措施</th><th>条文</th></tr>
<tr><td rowspan="8">建筑中庭防火分区</td><td rowspan="8">中庭防火分区面积叠加后，超过第 5.3.1 条规定的防火分区极限值</td><td rowspan="5">①与周围连通空间应进行防火分隔</td><td>防火隔墙</td><td>耐火极限≥ 1.0h</td><td rowspan="8">5.3.2</td></tr>
<tr><td rowspan="2">防火玻璃</td><td>耐火隔热性和耐火完整性≥ 1.0h</td></tr>
<tr><td>非隔热耐火完整性≥ 1.0h+ 自动喷水灭火系统</td></tr>
<tr><td>防火卷帘</td><td>耐火极限≥ 3.0h，并应符合 6.5.3 条规定</td></tr>
<tr><td>防火门窗</td><td>火灾时能自行关闭甲级防火门窗</td></tr>
<tr><td colspan="3">②高层建筑内的中庭回廊应设置自动喷水灭火系统和火灾自动报警系统</td></tr>
<tr><td colspan="3">③中厅应设置排烟设施</td></tr>
<tr><td colspan="3">④中庭内不应布置可燃物</td></tr>
<tr><td rowspan="4">地下商业独立区域</td><td rowspan="4">总面积 > 2 万 m^2，应通过无门、窗、洞口、分隔</td><td colspan="2">①下沉广场</td><td>防止相邻区域火灾蔓延，便于安全疏散</td><td rowspan="4">5.3.5
6.4.12
6.4.13
6.4.14</td></tr>
<tr><td colspan="2">②防火隔间</td><td>防火隔墙耐火极限≥ 3.0 小时</td></tr>
<tr><td colspan="2">③避难走道</td><td></td></tr>
<tr><td colspan="2">④防烟楼梯</td><td>门应采用甲级防火门</td></tr>
<tr><td rowspan="4">高层公建剪刀楼梯</td><td rowspan="4">当疏散楼梯分散设置时确有困难可以采用，但必须满足</td><td colspan="3">①从任一疏散门至最近疏散楼梯间入口的距离不大于 10m</td><td rowspan="4">5.5.10</td></tr>
<tr><td colspan="3">②楼梯间应为防烟楼梯间</td></tr>
<tr><td colspan="3">③梯段之间应设置耐火极限不低于 1.00h 的防火隔墙</td></tr>
<tr><td colspan="3">④楼梯间的前室应分别设置</td></tr>
<tr><td rowspan="5">高层住宅剪刀楼梯</td><td rowspan="5">当疏散楼梯分散设置时确有困难可以采用，但必须满足</td><td colspan="3">①任一户门至最近疏散楼梯间入口的距离不大于 10m</td><td rowspan="5">5.5.28</td></tr>
<tr><td colspan="3">②应采用防烟楼梯间</td></tr>
<tr><td colspan="3">③梯段之间应设置耐火极限不低于 1.00h 的防火隔墙</td></tr>
<tr><td colspan="3">④楼梯间的前室不宜共用；共用时，前室的使用面积不应小于 6.0m^2</td></tr>
<tr><td colspan="3">⑤楼梯间前室或共用前室不宜与消防电梯前室合用；楼梯间共用前室与消防电梯前室合用时，使用面积不应小于 12.0m^2，且短边不应小于 2.4m</td></tr>
</table>

剪刀楼梯充分利用建筑空间的特点，将两部楼梯相互穿插，并用大约一部楼梯的建筑面积，解决了两部楼梯的设置。但是，两部楼梯如果作为两个安全出口，因其距离太近，不符合5.5.2条分散设置的规定，而是类似于袋形走道疏散的形式，所以5.5.10条与5.5.28条均对剪刀楼梯间入口与最远房间疏散门的距离做了限定，并将剪刀形式的两部楼梯完全分隔，以保证任一部楼梯发生危险时，另一部楼梯的安全性不会受到影响。同时在5.5.28条中，“三合一前室”更是层层超越极限，最终被允许在高层住宅建筑中可以使用。剪刀楼梯，因为能够有效节省建筑面积，所以在商业建筑中被大量采用。在商业中采用剪刀楼梯作为安全出口，主要是解决商业建筑中大量人流的疏散宽度问题，而非解决安全出口数量的问题（即剪刀形式的两部疏散楼梯，只能作为一个安全出口使用），所以此种情况下，最远房间疏散门至剪刀楼梯间入口的距离不再受到5.5.10条和5.5.28条的限制。

（4）在所有的建筑防火设计中，屡屡“超越极限”的条文，主要集中在消防车道的设置中（表2-2、表2-3）。首先必须明确的是：不论建筑是高层还是多层，都需要设置消防车道。（只有高层建筑需要设置消防车登高操作场地）

超越极限表二　　表 2-3

主题	极限要求	超越	超越措施	条文
消防车道	建筑物沿街道部分的长度> 150m 或总长度> 220m 时，应设置穿过建筑物的消防车道	确有困难时	应设置环形消防车道	7.1.1
	高层民用建筑，超过 3000 个座位的体育馆，超过 2000 个座位的会堂，占地面积大于 3000 平方米的商店建筑、展览建筑等单、多层公共建筑应设置环形消防车道		可沿建筑的两个长边设置消防车道	7.1.2
	对于高层住宅建筑，山坡地或河道边临空建造的高层民用建筑，可沿建筑的一个长边设置消防车道，但该长边所在建筑立面应为消防车登高操作面			

7.1.1条规定建筑物达到一定长度时，必须设置穿越建筑的消防车道，这个长度成为设置穿越车道的“极限”，而超越极限（即不设穿越车道）必须满足设置环形消防车道的超越措施（建筑物没有达到长度极限时，可以不用设置环形消防车道，但要遵守7.1.2条规定）。

7.1.2条则规定某些建筑必须设置环形消防车道的极限（不论是否达到7.1.1条规定的建筑长度），超越极限（不设环形消防车道）的措施是：沿建筑两个长边设置消防车道。而一些特殊情况（高层住宅、山坡地或河道边的高层建筑），则可以仅仅在建筑的一侧设置消防车道。

雷池原本不该被逾越半步，但是过于禁锢的极限，势必影响建筑设计的向前发展。所以，当安全措施得到加强时，某些极限和界限可以被超越，充分体现了规范的进步性和前瞻性……

【消防一二】——双保险是防火设计安全保证

消防，顾名思义，是消灭与防患，即灭火与防火。《建筑设计防火规范》（下称《建防规》）围绕“消”与“防”两个方面对建筑设计进行详细的规定，以杜绝和最大限度地减少火灾对人身和财产的危害。规范中提到“预防为主、防消结合”的消防工作方针，因而“防”比“消”涵盖的内容更多。

“消”主要是要求在建筑设计时，为消防队员灭火提供快捷、安全的到达途径，使消防队员在发生火灾时，能迅速找到火灾源头，实施灭火和救援行动。这其中包括建筑外围和场地灭火的通达性和操作空间，以及进入建筑内部灭火的各类设施和措施。由于各地消防救援力量不同，消防车辆配置情况不同，因而各地消防局对规范的某些要求有所差别，此部分也是各地消防局审批设计图纸时重点关注的内容。

“防”主要是要求在建筑设计时，为建筑内停留人员提供快速逃离火场的安全通道和避难场所。使停留人员在消防队员赶到火灾现场之前，能够最大限度地自行逃生，或者在建筑内的避难场所，等待消防队员到来后的救援。《建防规》根据建筑的规模、高度、人员密集度、使用者对建筑内部的熟悉程度，做出不同的规定，毕竟人的生命比财产安全更为重要。

“1”与“2”指的是《建防规》中频繁提到防火措施的数字。表2-4针对规范中常用建筑要求的“1”与“2”进行分类，以便于设计中对此界限有清晰的掌握。

消防“1”“2”界限表　　表 2-4

<table>
<tr><th>主题</th><th colspan="2">建筑范围</th><th>1</th><th>条件</th><th>界限</th><th>条件</th><th>2</th><th>条文</th></tr>
<tr><td rowspan="4">防火分区</td><td colspan="2">高层建筑</td><td rowspan="4">1 个防火分区</td><td rowspan="4">≤</td><td>1500（3000）m^2</td><td rowspan="4"><</td><td rowspan="4">增加 1 个分区</td><td rowspan="4">5.3.1</td></tr>
<tr><td colspan="2">单多层建筑</td><td>2500（5000）m^2</td></tr>
<tr><td colspan="2">地下建筑</td><td>500（1000）m^2</td></tr>
<tr><td colspan="2">地下设备用房</td><td>1000（2000）m^2</td></tr>
<tr><td rowspan="3">商店营业展览建筑防火分区</td><td colspan="2">高层建筑</td><td rowspan="3">1 个防火分区</td><td rowspan="3">≤</td><td>4000m^2</td><td rowspan="3"><</td><td rowspan="3">增加 1 个分区</td><td rowspan="3">5.3.4</td></tr>
<tr><td colspan="2">单层或仅在多层的首层</td><td>10000m^2</td></tr>
<tr><td colspan="2">地下或半地下</td><td>2000m^2</td></tr>
<tr><td rowspan="3">地下房间疏散门数量</td><td colspan="2">地下或半地下设备间</td><td>1 个疏散门</td><td>≤</td><td>房间面积 200m^2</td><td><</td><td>2 个疏散门</td><td rowspan="3">5.5.5</td></tr>
<tr><td colspan="2" rowspan="2">地下或半地下房间</td><td rowspan="2">1 个疏散门</td><td>≤</td><td>房间面积 50m^2</td><td><</td><td rowspan="2">2 个疏散门</td></tr>
<tr><td>≤</td><td>停留人数 15 人</td><td><</td></tr>
<tr><td rowspan="10">公共建筑内房间的疏散门数量</td><td rowspan="3">两个安全出口之间或袋形走道两侧</td><td>托儿所、幼儿园、老年人照料设施</td><td>1 个疏散门</td><td>≤</td><td>房间面积 50m^2</td><td><</td><td>2 个疏散门</td><td></td></tr>
<tr><td>医疗建筑、教学建筑</td><td>1 个疏散门</td><td>≤</td><td>房间面积 75m^2</td><td><</td><td>2 个疏散门</td><td></td></tr>
<tr><td>其他建筑或场所</td><td>1 个疏散门</td><td>≤</td><td>房间面积 120m^2</td><td><</td><td>2 个疏散门</td><td></td></tr>
<tr><td rowspan="5">位于走道尽端的房间</td><td rowspan="5">托儿所、幼儿园、老年人照料设施、医疗建筑、教学建筑除外</td><td rowspan="2">1 个疏散门</td><td><</td><td>房间面积 50m^2</td><td>≤</td><td rowspan="2">2 个疏散门</td><td rowspan="7">5.5.15</td></tr>
<tr><td>≥</td><td>疏散门净宽 0.9m</td><td>></td></tr>
<tr><td rowspan="3">1 个疏散门</td><td>≤</td><td>房内疏散距离 15m</td><td><</td><td rowspan="3">2 个疏散门</td></tr>
<tr><td>≤</td><td>房间面积 200m^2</td><td><</td></tr>
<tr><td>≥</td><td>疏散门净宽 1.4m</td><td>></td></tr>
<tr><td colspan="2" rowspan="2">歌舞娱乐放映游艺场所内的厅、室</td><td rowspan="2">1 个疏散门</td><td>≤</td><td>房间面积 50m^2</td><td><</td><td rowspan="2">2 个疏散门</td></tr>
<tr><td>≤</td><td>停留人数 15 人</td><td><</td></tr>
<tr><td rowspan="7">住宅建筑安全出口——楼梯数量</td><td rowspan="2">建筑高度 $h \leqslant 27m$</td><td>每单元任一层建筑面积</td><td rowspan="2">1 部楼梯</td><td rowspan="2">≤</td><td>650m^2</td><td><</td><td>2 部楼梯</td><td rowspan="7">5.5.25
5.5.26</td></tr>
<tr><td>任一户门至楼梯距离</td><td>15m</td><td><</td><td>2 部楼梯</td></tr>
<tr><td rowspan="4">建筑高度 $27m<h \leqslant 54m$</td><td>每单元任一层建筑面积</td><td rowspan="4">1 部楼梯</td><td rowspan="2">≤</td><td>650m^2</td><td><</td><td>2 部楼梯</td></tr>
<tr><td>任一户门至楼梯距离</td><td>10m</td><td><</td><td>2 部楼梯</td></tr>
<tr><td rowspan="2">户门应采用乙级防火门</td><td rowspan="2">√</td><td>疏散楼梯应通至屋面</td><td>×</td><td>2 部楼梯</td></tr>
<tr><td>楼梯应通过屋面连通</td><td>×</td><td>2 部楼梯</td></tr>
<tr><td colspan="2">建筑高度 $h>54m$</td><td colspan="4"></td><td>2 部楼梯</td></tr>
</table>

1与2之间的界限成为规范要求的重点，例如：采用1个或2个防火分区的界限，采用1个或2个安全出口的界限等。“2”在规范中体现双保险的含义，即在规模较大、人员较多的建筑空间内，当1个措施失去作用的情况下，能保证另1个措施的安全。这犹如中国跳水梦之队一样，每次比赛都安排两位顶级选手参赛，一旦1位选手失误，另1位选手仍然能保证金牌不致旁落。

设置防火分区的目的是一旦发生火灾，将火势控制在防火墙围合一定界限的范围内，避免火势蔓延到相邻安全的区域，以有利于灭火救援，减少火灾造成的损失。消防“1”“2”的内容主要包括防火分区和疏散口数量的要求。

防火分区设计中应注意：

（1）商业建筑中的餐饮场所常常有明火出现，因而应与商业营业厅进行防火分隔，如果位于高层建筑中时，商业中餐饮场所防火分区界限应是3000平方米，而不是4000平方米。

（2）允许采用敞开楼梯间的建筑，如5层或5层以下的教学建筑、普通办公建筑等，该开敞楼梯间可以不按上、下层相连通的开口考虑防火分区叠加计算。

建筑内部的房间至少会有1个疏散门，但是如果该房间面积超过一定限值，则必须开设至少2个疏散门，以满足该房间在发生火灾时，人们能够安全疏散。房间面积的大小也是判断该房间是否采用机械排烟的条件，具体要求详见《建防规》8.5.3和8.5.4条。（一些地下室房间的面积不超限，可以通过开设窗井，利用自然通风的方式，而非机械排烟的方式进行排烟）

“1”是《建防规》的最低要求，“2”体现了《建防规》的双层安全保护原则，以使人们能够在火灾中有安全疏散的选择性。当然，规范中有时会出现“3”，例如医院手术室等重要建筑或区域，除了2路供电外，必须设置自备电源，如柴油发电机等作为第3路供电，在双保险的基础上再增加一层保护措施。

综上所述，由于所有建筑火灾都关乎生命财产安全问题，因而消防设计成为建筑设计中的一个重要内容，而建筑类型的复杂性、多样性等原因，使得《建防规》无法全部涵盖所有内容和细节，在设计过程中遇到规范中没有提及的问题，需要设计师换位思考，根据火灾特性和消防原理，从使用者的角度考虑逃生和自救，从消防队员的角度考虑扑灭火灾、营救伤者等安全问题，才能满足建筑安全使用的要求。

【消防节点】——细部节点影响消防设计成败

在设计过程中，《建筑设计防火规范》的某些条文容易被混淆或遗漏，本节就一些条文的节点和概念进行对比与分析，以保证消防设计的准确性。

1.疏散门与安全出口

疏散门与安全出口并非相同的概念，而是存在包含的关系。在《建防规》中提到的安全出口，特别是在三大消防计算内容（安全疏散距离、安全疏散宽度、安全出口数量）中提到的“安全出口”不是只包含和等同于疏散楼梯间和开向首层室外的疏散门，而是包含表2-5中所列区域。

安全出口及安全区域范围表　　表 2-5

<table>
<tr><th colspan="2">分类</th><th colspan="2">包含范围</th><th>条文</th></tr>
<tr><td rowspan="6">疏散门</td><td colspan="3">房间直接通向疏散走道的房门</td><td>5.5.8</td></tr>
<tr><td rowspan="4">安全出口</td><td colspan="2">供人员安全疏散用的楼梯间出入口</td><td rowspan="3">2.1.14</td></tr>
<tr><td colspan="2">供人员安全疏散用的室外楼梯出入口</td></tr>
<tr><td rowspan="2">直通室内外安全区域出口</td><td>室内安全区域：避难层、避难走道</td></tr>
<tr><td>室外安全区域：室外地面、符合疏散要求并具有直接到达地面设施的上人屋面、平台、天桥、连廊等</td><td>6.6.4</td></tr>
<tr><td colspan="3">相邻两个安全出口及每个房间相邻两个疏散门最近边缘之间的水平距离应≥ 5m</td><td>5.5.2</td></tr>
</table>

2.高层裙房与多层建筑

裙房是在高层建筑主体投影范围外，与建筑主体相连且建筑高度不大于24米的附属建筑（2.1.2条）。裙房的防火要求应符合规范有关高层民用建筑的规定，不应执行多层建筑规定（5.1.1条注3）。只有当裙房与高层建筑主体之间设置防火墙时，裙房的防火分区可按单、多层建筑的要求规定（5.3.1条注2），裙房的疏散楼梯可按规范有关单、多层建筑的要求确定（5.5.12条）。

3.防护挑檐与防火挑檐

高层建筑直通室外的安全出口上方，应设置挑出宽度不小于1.0米的防护挑檐，防止高空坠物对人体产生伤害，一般设置在建筑首层出入口门的上方，不需具备与防火挑檐一样的耐火性能（5.5.7条）。建筑外墙上、下层开口之间应设置高度不小于1.2米的实体墙或挑出宽度不小于1.0米、长度不小于开口宽度的防火挑檐，防止火势通过建筑外窗向上蔓延（6.2.5条）。

4.防火门与防火卷帘

防火门是火灾时能自行关闭，具有防火、防烟功能的疏散门，既能保持建筑防火分隔的完整性，又能方便人员疏散和开启。人防工程中的人防门由于不能自行关闭，所以人防门不能替代防火门。防火卷帘主要用于需要进行防火分隔的墙体，特别是需要较大开口而无法设置防火门的情况。防火卷帘的作用等同于防火墙，因而其不可作为疏散通道或安全出口使用。表2-6为防火门和防火卷帘的设置位置和要求。

防火门与防火卷帘的设置条件表　　表 2–6

名称		位置与要求	条文
防火门	甲级防火门	建筑内设中庭，周围连通空间与中庭相连通的门（能自行关闭）	5.3.2
		>20000m^2 的地下或半地下商店，防火分隔区域之间防烟楼梯间的门	5.3.5
		剧场、电影院、礼堂与建筑内其他分隔区域之间的门	5.4.7
		锅炉房、变压器室开向建筑内的门	5.4.12
		柴油发电机房的门、机房与储油间之间的门	5.4.13
		相邻防火分区之间，作为安全出口的门	5.5.9
		超高层建筑避难层内，管道井和设备间开向避难区的门	5.5.23
		防火墙上的门（火灾时能自动关闭）	6.1.5
		通风、空调机房和变配电室开向建筑内的门	6.2.7
		疏散走道在防火分区处的门（常开）	6.4.10
		防火隔间的门	6.4.13
		开向避难走道的防烟前室的门	6.4.14
		消防电梯井、机房与相邻电梯井、机房之间隔墙上的门	7.3.6
	乙级防火门	有顶棚商业步行街两侧商铺的门	5.3.6
		医院和疗养院病房楼内相邻护理单元之间隔墙上的门	5.4.5
		歌舞娱乐放映游艺场所每个厅室的门和该场所与建筑内其他部位相通的门	5.4.9
		汽车库电梯候梯厅的门	5.5.6
		27m< 高度≤ 54m 的住宅建筑，每单元设置一步楼梯时的户门	5.5.26
		住宅建筑开向防烟楼梯间前室的户门	5.5.27
		舞台上部与观众厅闷顶之间隔墙上的门	6.2.1
		附设在建筑内的儿童活动场所、老年人照料设施与其他场所分隔墙上的门	6.2.2
		民用建筑内附属库房，剧场后台辅助用房的门	6.2.3
		除居住建筑中套内的厨房外，其他建筑内厨房的门	
		消防控制室和其他设备房开向建筑内的门	6.2.7
		封闭楼梯间的门及首层通向扩大封闭楼梯间的门	6.4.2
		走道通向前室、前室通向防烟楼梯间的门以及首层通向扩大防烟前室的门	6.4.3
		地下或半地下建筑（室）的疏散楼梯间在首层防火隔墙上的门	6.4.4
		地下与地上共用楼梯间时，在首层采用完全分隔地下与地上连通部位的门	
		通向室外疏散楼梯的门	6.4.5
		防烟前室开向避难走道的门	6.4.14
		消防电梯前室或合用前室的门	7.3.5
	丙级防火门	电缆井、管道井、排烟道、排气道、垃圾道等井壁上的检查门	6.2.9
防火卷帘	中庭可连续设置，其余部位则	封闭楼梯间、防烟楼梯间及其前室，不应设置卷帘	6.4.1
		分隔部位宽度≤ 30m，防火卷帘宽度不应 >10m	5.3.2
		分隔部位宽度 >30m，防火卷帘宽度应≤该部位宽度 1/3，且应≤ 20m	6.5.3

【消防备忘】——方案设计时不可忽略的规定

建筑方案设计中常常遇到一些大型机房的设置，如果不能根据《建筑设计防火规范》合理布置，在施工图设计阶段往往会发生颠覆性的更改，因而掌握此类大型机房的设置条件，对建筑方案落地性的保障以及项目设计进度的推进尤为重要。表2-7为常用设备机房的设置位置和条件。

常用设备机房设置条件表　　表 2-7

主题	设置位置、内容与条件	条文
燃气锅炉房变压器室	①不应布置在人员密集场所的上一层、下一层或贴邻	5.4.12
	②应布置在首层或地下一层靠外墙部位	
	③常负压锅炉可设在地下二层或屋顶。设置在屋顶时，距离屋面安全出口距离应≥ 6m	
	④疏散门应直通室外或安全出口；开向室内应采用甲级防火门	
柴油发电机房	①宜布置在首层或地下一、二层	5.4.13
	②不应布置在人员密集场所的上一层、下一层或贴邻	
	③门应采用甲级防火门	
	④储油间储存量应≤ 1m^3，储油间与发电机间应用≥ 3h 防火隔墙分隔，应设甲级防火门	
空调机房变配电室	①应采用耐火极限≥ 2.00h 的防火隔墙和 1.50h 的楼板与其他部位分隔	6.2.7
	②开向建筑内的门应采用甲级防火门	
消防水泵房	①不应设置在地下三层及以下	8.1.6
	②室内地面与室外出入口地坪高差应≤ 10m	
	③疏散门应直通室外或安全出口，开向建筑内的门应采用乙级防火门	6.2.7
	④消防水泵房应采取（挡水门槛、排水沟）防水淹技术措施	8.1.8
消防控制室	①宜设置在建筑内首层或地下一层，并宜靠外墙部位	8.1.7
	②不应设置在电磁干扰较强及其他可能影响消防控制设备正常工作的房间附近	
	③疏散门应直通室外或安全出口，开向建筑内的门应采用乙级防火门	6.2.7
	④消防控制室应采取（挡水门槛、排水沟）防水淹技术措施	8.1.8

由于地下室通风不如地上房间通畅，发生火灾时，烟气排出到室外的速度要比地上建筑慢，所以地下室的火灾逃生和消防救援均比地上建筑困难，故《建防规》对地下和半地下建筑各类功能性房间，均做了比地上建筑更为严格的规定。表2-8列出《建防规》中规定的功能性房间在地下设置层数的条件和原则：

地下室层数设置要求表　　表 2-8

建筑内功能房间	设置原则	设置条件	条文
营业厅、展览厅	不应设置在	地下三层及以下楼层	5.4.3
托儿所、幼儿园的儿童活动场所	应布置在	首层、二层或三层	5.4.4
医院和疗养院的住院部分	不应设置在	地下或半地下	5.4.5
剧场、电影院、礼堂	不应设置在	地下三层及以下楼层	5.4.7
建筑内会议厅、多功能厅等人员密集场所	不应设置在	地下三层及以下楼层	5.4.8
歌舞娱乐游艺场所	不应设置在	地下二层及以下楼层	5.4.9
燃油或燃气锅炉房、变压器室	应设置在	首层或地下一层的靠外墙部位	5.4.12
常（负）压燃油或燃气锅炉	可设置在	地下二层或屋顶上	
民用建筑内的柴油发电机房	宜布置在	首层或地下一、二层	5.4.13
附设在建筑内的消防水泵房	不应设置在	地下三层及以下或室内外高差 >10m	8.1.6
附设在建筑内的消防控制室	宜设置在	建筑内首层或地下一层	8.1.7

由于地下室的埋置深度（地下室室内地面与室外出入口地坪高差）对于逃生、救援的难易程度会产生至关重要的影响，因而《建防规》对很多不同用途的地下建筑场所规定了埋深要求或地下层数。

表2-9列举建筑功能房间和设置措施，并且以建筑地下埋深10米作为一个设置条件。

地下埋深 10m 消防要求表　　表 2-9

主题	内容	条件	界限	条文
歌舞娱乐游艺场所	确需布置在地下一层时，地面与室外出入口地坪的高差应	≤	10m	5.4.9
地下室 2 个安全出口	1 个出口用金属竖向梯的条件：面积≤ $500m^2$，人数≤ 10 人且埋深	≤	10m	5.5.5
百人最小疏散宽度	选用 0.75m ／百人时，地下建筑楼层与地面出入口地面的高差	≤	10m	5.5.21
	选用 1.00m ／百人时，地下建筑楼层与地面出入口地面的高差	>	10m	
地下建筑楼梯形式	防烟楼梯间：地下≥ 3 层或室内地面与室外出入口地坪高差应	>	10m	6.4.4
	封闭楼梯间：地下≤ 2 层或室内地面与室外出入口地坪高差应	≤	10m	
地下消防电梯设置	地下或半地下建筑（室）总建筑面积 >$3000m^2$ 且应	>	10m	7.3.1
消防水泵房设置	不应设置在地下 3 层及以下或室内地面与室外出入口地坪高差	>	10m	8.1.6

【疏散楼梯】——别让楼梯设置束缚方案自由

曾经参与过一个片区的住宅设计项目，很多宗地的指标是：建筑限高36米，容积率最小不得低于2.0（安置要求）。从规划条件可以预判，有些地段的建筑规模有可能做不到，即容积率做不到2.0（特别是小户型居多的用地）。果然不出所料，很多家设计院都不能完成自己用地范围内最小建设规模要求的设计。由此看来，一部小小的楼梯，居然对城市总体控规能产生如此大的影响，【控规楼梯】从规划角度分析了疏散楼梯的设置对总体控规产生影响的直接原因。

本节从安全角度分析疏散楼梯的设置。

1.建筑防火分类

《建筑设计防火规范》根据建筑高度，将建筑分为高层民用建筑和单、多层民用建筑，并将高层建筑分为一类和二类两个等级，主要是因为随着高度的增加，高层建筑的疏散和灭火存在比多层建筑更大的困难。

由于新的建筑类型不断增加，新《建防规》较2005版《高层民用建筑设计防火规范》在分类列项上更加简化概括，并在5.1.1条的注1中注明未列入的建筑可以类比。

从2005版《高规》中可以看出，高层建筑分类中排名第一的是医院，因为医疗建筑中很多人员行动不便，疏散困难，火灾时容易导致人员伤亡。排名第二的是高级旅馆，因为高级酒店的客人常常处于休息睡眠状态，火灾发生时容易醒后惊慌而找不到安全出口，加之高级旅馆易燃装修材料较多，火势容易蔓延，而且入住高级酒店客人的生命安全往往会造成较大社会范围的影响，因而排名靠前。高层住宅的防火分类和等级比较靠后，是因为住宅内的人员较少，同时人员对周边环境十分熟悉，很多人即使看不清周边环境，也能找到楼梯间逃生，因而在消防措施上有所放宽。

从上述分析看，高层建筑分类主要从建筑的高度、人员数量、人员对周围环境熟悉程度等方面考虑，从而设置经济合理的消防措施和设施。

2.疏散楼梯设置类型（按高度分类）

疏散楼梯包括安全度由高到低的防烟楼梯间、封闭楼梯间、敞开楼梯间三种形式。建筑高度决定了救火与疏散的难度，因而建筑高度和分类与疏散楼梯形式的选择密不可分。《建防规》根据不同建筑的情况，要求设置不同的楼梯形式。表2-10~表2-13列举了各类高度建筑选择楼梯形式的条件，以及设置消防电梯所需要的建筑高度：

住宅楼梯形式与住宅建筑高度关系表　　表 2–10

<table>
<tr><th>高度</th><th colspan="2">分类</th><th colspan="2">高度</th><th>楼梯形式</th><th>消防设施</th><th>安全出口</th><th>楼梯形式</th><th>条文</th></tr>
<tr><td rowspan="3">h>27m</td><td rowspan="3">高层住宅</td><td>一类高层</td><td colspan="2">h>54m</td><td rowspan="2">防烟楼梯</td><td rowspan="2">消防电梯</td><td>2 部楼梯</td><td>剪刀楼梯</td><td rowspan="5">5.5.1
5.5.25
5.5.26
5.5.27
5.5.28
7.3.1</td></tr>
<tr><td rowspan="2">二类高层</td><td rowspan="2">27m<h ≤ 54m</td><td>33m<h ≤ 54m</td><td rowspan="4">1 部楼梯</td><td rowspan="2">通至屋面屋面联通</td></tr>
<tr><td>27m<h ≤ 33m</td><td rowspan="2">封闭楼梯</td><td rowspan="3">——</td></tr>
<tr><td rowspan="2">h ≤ 27m</td><td colspan="2" rowspan="2">多层住宅</td><td colspan="2">21m<h ≤ 27m</td><td rowspan="2">——</td></tr>
<tr><td colspan="2">h ≤ 21m</td><td>开敞楼梯</td></tr>
</table>

住宅楼梯形式与住宅层数关系表　　表 2-11

<table>
<tr><th>高度</th><th colspan="2">分类</th><th colspan="2">高度</th><th>楼梯形式</th><th>消防设施</th><th>安全出口</th><th>楼梯形式</th><th>条文</th></tr>
<tr><td rowspan="3">h>9 层</td><td rowspan="3">高层住宅</td><td>一类高层</td><td colspan="2">h>18 层</td><td rowspan="2">防烟楼梯</td><td rowspan="2">消防电梯</td><td>2 部楼梯</td><td>剪刀楼梯</td><td rowspan="5">5.5.1
5.5.25
5.5.26
5.5.27
5.5.28
7.3.1</td></tr>
<tr><td rowspan="2">二类高层</td><td rowspan="2">9 层<h ≤ 18 层</td><td>11 层<h ≤ 18 层</td><td rowspan="4">1 部楼梯</td><td rowspan="2">通至屋面屋面联通</td></tr>
<tr><td>9 层<h ≤ 11 层</td><td rowspan="2">封闭楼梯</td><td rowspan="3">——</td></tr>
<tr><td rowspan="2">h ≤ 9 层</td><td colspan="2" rowspan="2">多层住宅</td><td colspan="2">7 层<h ≤ 9 层</td><td rowspan="2">——</td></tr>
<tr><td colspan="2">h ≤ 7 层</td><td>开敞楼梯</td></tr>
</table>

公建楼梯形式与公建建筑高度关系表　　表 2-12

<table>
<tr><th>高度</th><th colspan="2">分类</th><th colspan="2">高度及要求</th><th>楼梯形式</th><th>消防设施</th><th>条文</th></tr>
<tr><td rowspan="3">h>24m</td><td rowspan="3">高层公建</td><td>一类高层</td><td colspan="2">h>50m，及重要建筑等</td><td rowspan="2">防烟楼梯间</td><td rowspan="2">消防电梯</td><td rowspan="5">5.5.1
5.5.12
5.5.13
7.3.1</td></tr>
<tr><td rowspan="2">二类高层</td><td rowspan="2">24m<h ≤ 50m</td><td>32m<h ≤ 50m</td></tr>
<tr><td>24m<h ≤ 32m 高层公建裙房</td><td rowspan="2">封闭楼梯间</td><td rowspan="3">——</td></tr>
<tr><td rowspan="2">h ≤ 24m</td><td colspan="2" rowspan="2">多层公建</td><td colspan="2">医疗建筑、旅馆、歌舞娱乐放映游艺场所、商店、图书馆、展览建筑、会议中心、6 层及以上其他建筑</td></tr>
<tr><td colspan="2">与敞开式外廊直接相连的楼梯间、5 层及以下的其他建筑</td><td>敞开楼梯间</td></tr>
</table>

地下室楼梯形式与高度关系表　　表 2-13

<table>
<tr><th>高度</th><th>分类</th><th>要求</th><th>楼梯形式</th><th>消防设施</th><th>条文</th></tr>
<tr><td>h>10m</td><td rowspan="2">地下建筑</td><td>室内地面与室外出入口地坪高差大于 10m 或 3 层及以上的地下、半地下建筑（室）</td><td>防烟楼梯间</td><td>消防电梯</td><td rowspan="2">6.4.4</td></tr>
<tr><td>h ≤ 10m</td><td>其他地下或半地下建筑（室）</td><td>封闭楼梯间</td><td>——</td></tr>
</table>

3.疏散楼梯的踏步要求

《民用建筑设计统一标准》的6.8.10条规定了不同功能类型的建筑，其疏散楼梯踏步的最小宽度和最大高度。

由表2-14可以看出，不同功能的建筑，楼梯踏步高宽要求各不相同。规范条文制定的出发点，是满足不同人类平时使用的舒适度要求。然而，从消防安全的角度考虑，疏散楼梯踏步的种类繁多并不利于消防疏散。

例如：一个小学生在学校上课时，楼梯踏步高度是150毫米；小学生去商场时，楼梯踏步高度是165毫米；小学生回到家中时，楼梯踏步高度又变为175毫米。同一个人，在不同建筑

楼梯踏步最小宽度和最大高度表　　　　表 2-14

楼梯类别		最小宽度	最大高度	坡度	步距
住宅楼梯	住宅公共楼梯	0.260	0.175	33.94°	0.61
	住宅套内楼梯	0.220	0.200	42.27°	0.62
宿舍楼梯	小学宿舍楼梯	0.260	0.150	29.98°	0.56
	其他宿舍楼梯	0.270	0.165	31.43°	0.60
老年人建筑楼梯	住宅建筑楼梯	0.300	0.150	26.57°	0.60
	公共建筑楼梯	0.320	0.130	22.11°	0.58
托儿所、幼儿园楼梯		0.260	0.130	26.57°	0.52
小学校楼梯		0.260	0.150	29.98°	0.56
人员密集且竖向交通繁忙的建筑和大、中学校楼梯		0.280	0.165	30.51°	0.61
其他建筑楼梯		0.260	0.175	33.94°	0.61
超高层建筑核心筒内楼梯		0.250	0.180	35.75°	0.61
检修及内部服务楼梯		0.220	0.200	42.27°	0.62

里上、下楼，需要适应不同的踏步高度。一旦发生火灾，必须快速适应所在建筑的踏步高度，才能安全逃离火灾现场。如果除了托幼建筑和服务楼梯外，所有建筑的楼梯踏步均采用相同的高度和宽度，那么所有人在逃生时，对所有建筑的疏散楼梯，都不存在适应的过程。而且，消防队员通过疏散楼梯进入建筑展开营救时，也不需要适应楼梯踏步的高低不同。

毕竟，现代社会，人们平时使用电梯比使用楼梯更加频繁，因而使用楼梯的舒适度已经不再是首要的需求，应当把消防疏散作为楼梯的首要要求。

4.疏散楼梯需分开设置（按功能分类）

现代建筑常常将多种功能融为一体，如建筑上部为酒店、办公、住宅，下部为商业等多功能组成的综合体建筑。设计中常常将不同功能区域的安全出口和疏散楼梯共用，既影响消防安全又影响日常管理。

《建筑设计防火规范》中有多个条文都是针对一个建筑中不同使用功能空间要求进行防火分隔并各自设置疏散楼梯。

1.0.4条规定：同一建筑内不同使用功能场所之间应进行防火分隔。

5.4.1条规定：设计需结合防火要求、功能需要等因素，科学布置不同功能或用途的空间。

5.4.4条规定：托儿所、幼儿园设置在其他民用建筑内时，应设置独立的安全出口和疏散楼梯。

5.4.7条规定：剧场、电影院、礼堂设置在其他民用建筑内时，至少应设置1个独立的安全出口和疏散楼梯。

5.4.10条规定：住宅部分与非住宅部分的安全出口和疏散楼梯应分别独立设置。

5.4.11条规定：住宅部分和商业服务网点部分的安全出口和疏散楼梯应分别独立设置。

《办公建筑设计标准》5.0.2条规定：办公综合楼内办公部分的安全出口不应与同一楼层内对外营业的商场、营业厅、娱乐、餐饮等人员密集场所的安全出口共用。

由上述众多条文规定可以看出，因为不同使用功能空间的火灾危险性以及人员疏散要求各不相同，所以不同使用功能区域或场所之间，需要进行防火分隔，以保证火灾不会相互蔓延，各自的疏散楼梯也应分开设置，以保证不同人流的疏散安全。

【外保温层】——外墙外保温材料的防火要求

《建防规》规定外墙外保温材料宜采用A级不燃烧材料，而对于住宅项目有所放宽，允许采用B1难燃烧材料，其原因是材料的性能所决定的。目前常用的A级材料为岩棉，其保温性能好，防火性能佳。但是其他材料特性使岩棉相对于膨胀聚苯板（EPS板）或挤塑聚苯板（XPS）不具备优势，故不常用于住宅。主要表现为：

（1）岩棉的吸水性较强，而聚苯板比较耐潮湿。公建一般将岩棉板放在幕墙体系如石材幕墙、金属幕墙等内部，保证其不受雨水侵蚀。而住宅外墙一般采用涂料抹灰或贴面砖，如果采用岩棉保温层，雨水往往通过渗透进入保温层，降低岩棉的保温性能。

（2）岩棉的强度比较低，当高层住宅的风压比较大时，容易将岩棉撕裂，所以高层住宅采用岩棉外保温层，外装饰材料采用涂料抹灰时，要有对岩棉固定的加强措施。

（3）岩棉的表面不易平整，采用涂料墙面时，抹灰往往做不到平整，外观较难看。国外采用岩棉保温层和涂料墙面时，一般采用弹涂的施工方法，形成拉毛的效果，以遮掩表面不平整的缺陷。

（4）岩棉的价格比聚苯板贵。上述原因，使得住宅外墙保温很少采用岩棉，而较多采用聚苯板。

根据近些年由于外墙外保温材料发生火灾的经验教训，《建防规》对外墙外保温材料的燃烧性能做了严格的要求，表2-15列出了规范要求的细节。

外墙外保温材料燃烧性能的要求　　表2-15

位置	作法	建筑及场所	建筑高度	A级材料	B1级材料	B2级材料	条文
外墙内保温		人员密集场所	——	应采用	——	——	6.7.2
		其他场所	——	宜采用	可采用，保护层≥10mm	——	
无空腔复合		——	——	宜采用	保温材料两侧墙体应是不燃材料，且厚度≥50mm		6.7.3

续表

位置	作法	建筑及场所	建筑高度	A 级材料	B1 级材料	B2 级材料	条文
外墙外保温	无空腔薄抹灰	人员密集场所	——	应采用	——	——	6.7.4
		住宅建筑	h>100m	应采用	——	——	6.7.5
			27m<h ≤ 100m	宜采用	可采用：每层设置防火隔离带；外墙上的门窗耐火完整性 ≥ 0.5h	——	
			h ≤ 27m	宜采用	可采用：每层设置防火隔离带	可采用：每层设置防火隔离带；外墙上的门窗耐火完整性 ≥ 0.5h	
		除住宅建筑和人员密集场所建筑外的其他建筑	h>50m	应采用	——	——	
			24m<h ≤ 50m	宜采用	可采用：每层设置防火隔离带；外墙上的门窗耐火完整性 ≥ 0.5h	——	
			h ≤ 24m	宜采用	可采用：每层设置防火隔离带	可采用：每层设置防火隔离带；外墙上的门窗耐火完整性 ≥ 0.5h	
	有空腔幕墙	人员密集场所	——	应采用	——	——	6.7.4
		非人员密集场所	h>24m	应采用	——	——	6.7.6
			h ≤ 24m	宜采用	可采用：每层设置防火隔离带	——	
	防火隔离带		每层设置的水平防火隔离带应采用 A 级材料，高度 ≥ 300mm				6.7.7
	保温防护层		采用 B1、B2 级保温材料时，防护层厚度首层 ≥ 15mm，其他层 ≥ 5mm				6.7.8
建筑外墙的装饰层应采用燃烧性能为 A 级的材料，但建筑高度不大于 50m 时，可采用 B1 级材料							6.7.12

【管中窥烟】——建筑师眼中的防排烟之规范

自《建筑防烟排烟系统技术标准》GB 51251（以下简称《防排烟》）发布以来，不管是暖通设计师朋友圈，还是建筑设计师朋友圈，均受到不同程度的热议。《防排烟》从《建筑设计防火规范》GB 50016中抽取出来"独立门户"，标明了防烟与排烟在消防中的重要性。本文将从建筑设计师的角度，分析一下防排烟的重要性以及设计中需要注意的一些问题。

火灾发生后，对人和物造成损害的主要是"烟"与"火"。其中"火"对物的破坏较大，而"烟"对物的破坏较小。对人而言则恰恰相反，夺取人的生命的往往是"烟"，"火"有时造成人的皮肤烧伤面积很多，但是通过现代发达的医疗技术仍能挽救其生命，仍然有存活的希望，然而大火产生的浓"烟"（含有一氧化碳等有毒气体及高温缺氧）则会在几分钟之内使人窒息而亡。在过去物质贫乏的年代，防火与防烟被视为同等重要的内容（因为有些物质的损失有可能会威胁更多人的生命安全），而在当今物质发达的社会，人的生命高于一切，所以在建筑消防中，防“烟”则成为头等大事。

下面将从建筑师在设计过程中应该关注的几个方面，对防排烟设施进行分析：

1.正压防烟与负压排烟

正压防烟房间：为使人们避免在火灾中因吸入烟气窒息而亡，《建防规》中规定了一些特殊的房间。在建筑物发生火灾时，通过机械加压送风机，将室外新鲜空气，经过送风井和管道送入这些特殊的房间。此种措施，一方面，使这些房间内形成比周围房间更大的气压，防止浓烟进入；另一方面，送入的新鲜空气，能满足进入此类房间避难人群的呼吸通畅，犹如潜水员背后的氧气罐一样，即使潜入水底也能正常呼吸。此类房间如：防烟楼梯间、消防前室等正压房间。

负压排烟房间：正压送风的房间或区域一般不宜过大，因为房间大小不一，使正压送风的值较难控制，所以较大的房间或区域则一般采用负压排烟的措施来保护人的生命安全。由于烟气的“比重”较轻，火灾时，烟气会上升到房间天花板处，所以在天花板处设置排烟口，利用排风机经过排烟口、水平排烟风道和竖向排烟井道，将室内的烟气迅速排到室外，可以防止人员窒息，保障人身安全。设置机械排烟的房间可以称为负压房间。

由上述原理可以看出，发生火灾的建筑，其“安全度”由高到低的房间依次为：正压防烟房间 > 负压排烟房间 > 常压无防排烟房间。《建防规》中规定了防烟、排烟房间的设置部位和条件，如表2-16所示。

设置防排烟设施房间的规定（条文引自《建筑设计防火规范》）　　表 2-16

<table>
<tr><th>设施</th><th>设置部位与条件</th><th>条文</th></tr>
<tr><td rowspan="3">防烟设施</td><td>①防烟楼梯间及其前室</td><td rowspan="3">8.5.1</td></tr>
<tr><td>②消防电梯间前室或合用前室</td></tr>
<tr><td>③避难走道的前室、避难层、避难间</td></tr>
<tr><td rowspan="6">排烟设施</td><td>①设置在 1~3 层且房间建筑面积 $>100m^2$、4 层及以上、地下或半地下的歌舞娱乐放映游艺场所</td><td rowspan="5">8.5.3</td></tr>
<tr><td>②中庭</td></tr>
<tr><td>③公共建筑内建筑面积 $>100m^2$ 且经常有人停留的地上房间</td></tr>
<tr><td>④公共建筑内建筑面积 $>300m^2$ 且可燃物较多的地上房间</td></tr>
<tr><td>⑤建筑内长度 >20m 的疏散走道</td></tr>
<tr><td>⑥地下或半地下建筑（室）、地上建筑内的无窗房间，当总建筑面积 $>200m^2$ 或一个房间建筑面积 $>50m^2$，且经常有人停留或可燃物较多时，应设置排烟设施</td><td>8.5.4</td></tr>
</table>

由表2-16可以看出发生火灾时，建筑内“最安全”的区域是设置防烟设施的房间，也是供人员逃生的重要通道和空间。

2.消防前室

在进入正压防烟房间之前，一般都设有防烟“前室”。例如防烟楼梯间前室，不仅起防烟作用，而且可作为疏散人群进入楼梯间的缓冲空间，同时，也可以供灭火救援人员，进行进攻前的整装和灭火准备工作，因而具有更可靠的防烟性能。

消防电梯是消防人员进入高层建筑物内进行扑救的重要设施，在消防电梯的每层出口处设置前室，并在前室内设有消火栓，是为便于消防人员尽快使用消火栓，在火灾中开辟救援通道并扑救火灾。表2-17列举了《建防规》中各类消防前室的设置位置和条件。

消防前室的设置位置和条件（条文引自《建筑设计防火规范》） 表2-17

<table>
<tr><th>前室名称</th><th>设置位置</th><th>设置条件</th><th>条文</th></tr>
<tr><td rowspan="5">独立前室</td><td>住宅建筑防烟楼梯间前室</td><td>使用面积≥ 4.5m^2</td><td rowspan="2">6.4.3</td></tr>
<tr><td>公共建筑防烟楼梯间前室</td><td>使用面积≥ 6.0m^2</td></tr>
<tr><td rowspan="2">消防电梯前室</td><td>使用面积≥ 6.0m^2</td><td rowspan="2">7.3.5</td></tr>
<tr><td>短边长度≥ 2.4m</td></tr>
<tr><td>避难走道前室</td><td>使用面积≥ 6.0m^2</td><td>6.4.14</td></tr>
<tr><td rowspan="4">合用前室</td><td rowspan="2">住宅建筑防烟楼梯间前室与消防电梯前室合用</td><td>使用面积≥ 6.0m^2</td><td rowspan="4">6.4.3</td></tr>
<tr><td>短边长度≥ 2.4m</td></tr>
<tr><td rowspan="2">公共建筑防烟楼梯间前室与消防电梯前室合用</td><td>使用面积≥ 10.0m^2</td></tr>
<tr><td>短边长度≥ 2.4m</td></tr>
<tr><td>共用前室</td><td>住宅剪刀楼梯间前室共用</td><td>使用面积≥ 6.0m^2</td><td rowspan="3">5.5.28</td></tr>
<tr><td rowspan="2">三合一前室</td><td rowspan="2">住宅防烟楼梯间共用前室与消防电梯前室合用</td><td>使用面积≥ 12.0m^2</td></tr>
<tr><td>短边长度≥ 2.4m</td></tr>
</table>

从表2-17可以得出，共用前室与三合一前室只能在人员较少的住宅建筑中使用，而在公共建筑中禁止使用。需要引起注意的是：消防电梯前室的短边不小于2.4米，使用面积不小于6平方米，可以得出前室的长边不小于2.5米。

3.自然通风防烟和机械加压防烟

由于很多建筑受到风压（特别是高空风压）作用影响较小，且一般不设火灾自动报警系统，利用建筑本身的自然通风，也可基本起到防止烟气进一步进入安全区域的作用。因此，建议正压房间采用自然通风方式的防烟系统，简便易行。当不具备采用自然通风的条件时，必须

自然通风防烟与机械加压防烟设置条件（条文引自《建筑防烟排烟系统技术标准》） 表 2–18

防烟方式	防烟位置	内容	条件	极限	条文
自然通风防烟	防烟楼梯间、独立前室、共用前室、合用前室、消防电梯前室	公共建筑、工业建筑	≤	50m	3.1.3
		住宅建筑	≤	100m	
机械加压防烟		公共建筑、工业建筑	>	50m	3.1.2
		住宅建筑	>	100m	

采用机械加压送风方式，防止火灾时烟雾的蔓延。表2-18是《防排烟》中采用自然通风防烟和机械加压防烟的界限。

从表2-18可以看出，高度超过100米的住宅建筑，才必须使用机械加压送风的防烟措施，然而从新的《城市居住区规划设计标准》GB 50180中得出，未来的住宅建筑高度控制最大值为80米。所以，在条件允许的情况下，未来的住宅建筑均可以采用自然通风的防烟措施。

4.自然通风防烟措施

当房间采用自然通风方式的防烟措施时，必然需要房间开设洞口或能开启的外窗，才能防止室内烟气的积聚，保证烟气的排出，满足避难人员的新风需求。因而，《防排烟》规定了自然通风防烟的外窗开设条件，详见表2-19。

自然通风防烟设施的外窗开设条件（条文引自《建筑防烟排烟系统技术标准》） 表 2–19

开设外窗位置	最小外窗面积	可开启外窗或开口的条件	条文
封闭楼梯间、防烟楼梯间	$1.0m^2$	应在最高部位	3.2.1
	$2.0m^2$	当建筑高度 >10m，楼梯间外墙每 5 层内的总面积（开窗的间隔≤ 3 层）	
独立前室、消防电梯前室	$2.0m^2$	（当独立前室或合用前室设有 2 个及以上不同朝向可开启外窗，且 2 个外窗面积分别符合面积要求时，楼梯间可不设置防烟系统）	3.2.2（3.1.3）
共用前室、合用前室	$3.0m^2$		
避难层（间）	$2.0m^2$	可开启外窗有不同朝向，有效面积应≥地面面积 2%	3.2.3

5.疏散走道与避难走道的区别

疏散走道为负压区域，避难走道为正压区域，烟气可以进入疏散走道却无法进入避难走道，因而两者的安全系数也是不同的。

疏散走道：在图纸上常常标注为走道或走廊。表2-16中规定了超过20米的疏散走道需要设置排烟设施，因而当发生火灾时，人员进入疏散走道后的安全系数比无排烟的室内相应提高，同时疏散走道也起到将逃生人员引到楼梯或室内外等安全出口的作用。

避难走道：是采用正压防烟措施的且两侧设置耐火极限不低于3小时的防火隔墙形成的走

道。进入避难走道的入口前，应设置使用面积不小于6平方米的消防前室，因而被视为“室内安全区域”的安全出口。由于现代建筑体量越来越大，人员活动的位置至楼梯间等安全出口的距离，往往达不到《建防规》中对疏散距离的要求，所以避难走道作为安全出口，主要用于解决大型建筑中疏散距离过长，或难以按照规范要求设置直通室外的安全出口等问题。

表2-20是《建防规》和《防排烟》对建筑专业图纸的基本要求。

避难走道及前室设置条件（条文 3.1.9 条引自《建筑防烟排烟系统技术标准》，条文 6.4.14 条引自《建筑设计防火规范》） 表 2-20

<table>
<tr><th>位置</th><th colspan="2">设置条件</th><th>条文</th></tr>
<tr><td rowspan="4">避难走道前室</td><td colspan="2">必须设置机械加压送风</td><td>3.1.9</td></tr>
<tr><td colspan="2">使用面积≥ 6.0m²</td><td rowspan="3">6.4.14</td></tr>
<tr><td>防火分区开向前室的门</td><td>甲级防火门</td></tr>
<tr><td>前室开向避难走道的门</td><td>乙级防火门</td></tr>
<tr><td rowspan="3">避难走道</td><td colspan="2">一端设置安全出口，且总长度≥ 30m，应设机械加压送风系统</td><td rowspan="2">3.1.9</td></tr>
<tr><td colspan="2">两端设置安全出口，且总长度≥ 60m，应设机械加压送风系统</td></tr>
<tr><td colspan="2">进入避难走道的门至最近直通地面出口≤ 60 m</td><td>6.4.14</td></tr>
</table>

6.防排烟机房的设置

《防排烟》的第3.3.5条、4.4.5条、4.5.3条规定机械加压送风机、机械排风机、机械补风机应设置在专用机房内。这是为了保证风机不因受风、雨、异物等侵蚀损坏，在火灾时能可靠运行。

《民用建筑设计统一标准》GB 50352的第4.5.2条规定：局部突出屋面的楼梯间、电梯机房、水箱间等辅助用房占屋顶平面面积不超过四分之一者，不计入建筑高度内。

需要注意的是：很多风机房布置在建筑的屋顶层，由于标准层面积较小（如住宅单元），在面积计算时如果超过1/4，则要计算为自然层，常常导致建筑高度超限。

7.结语

在《建防规》中规定了防止火灾发生，控制火灾蔓延，迅速消灭火灾隐情的措施。但是因为人的生命安全高于财产的安全，设计过程中应当以保护人的生命为首要责任，其次才是财产的安全。

所以，《防排烟》从《建防规》中独立出来，根据烟气的特点而规定大量的防排烟措施，以保障火灾发生时，建筑内的人员能迅速自救并顺利逃生，减少对生命的伤害。

毕竟，在消防队员到达火灾现场之前的这段“黄金”时间，更需要建筑内的人们进行积极地“自救”与“逃生”。

（2016年02月28日星期日）

白话人防
——人防使用要求对设计的指导

原文《浅析人防的使用要求对人防的设计指导》发表于《建筑技艺》杂志2014年第8期。人防设计是建筑设计中较为晦涩难懂的部分，本文从如何使用人防角度，来分析人防设计的难点。

建筑师在从业初期，往往对人防工程设计与建设的理解，停留在“劳民伤财、毫无用途”的角度。认为人防工程根本无法阻挡现代武器的攻击，所以人防建设是没有实际用途的“无用功”。人防工程是一个国家“准备、机会、成功”过程中的第一环，如果没有充分准备，抓住机会和获取成功就无从谈起。特别是当前国际形势总是风云突变，尽管和平时期的人防工程派不上用场，然而，一旦战争爆发后，在短时间内进行人防建设来保护国人，往往为时已晚。

人防设计是很多建筑工程必不可少的设计阶段和内容。由于人防设计涉及建筑、结构、水、暖、电等多个专业的相互配合，所以对于建筑专业设计的初学者来说，往往感觉无从下手、一筹莫展。

为快速提高建筑师的人防设计能力，本文将对人防的使用原理和功能要求进行概括，并从结构、水、暖、电等多个相关专业的角度分析人防设计的要求，总结人防设计的方法和步骤，以期望对人防设计的初学者有所帮助。

建筑师之所以感觉人防设计难于驾驭的原因，主要有以下几个方面：

（1）涉密性：人防工程分为国防工程和民防工程，一般建筑师只会接触到民防工程。人防设计含有涉密内容，可查阅的参考类书籍较少，因《人民防空地下室设计规范》仅针对民防工程，且只谈到设计标准和做法，而非设计原理，使建筑师不得不死记硬背规范、条文，而无法理解条文制定的原因和人防使用的要求。

（2）地方性：因为不同地区的战略重要性，以及人防工程管理“特殊性”的不同，所以国内很多地区要求指定当地人防设计院，对此部分内容进行单独设计，造成该地区民用设计院不会也不太关心人防设计。

（3）全专业性：人防设计需要设计单位的全专业配合。而不像其他设计专项内容，如消防、交通、景观、节能、无障碍等专项，只需要几个相关专业的配合工作。

（4）平战结合性：人防设计必须考虑平战结合。一套平面需要兼顾两项功能，平战功能的转换要求增加了设计的困难程度，甚至有些地区人防主管部门，要求递交人防部分的“平时使用”和“战时使用”两套图纸。

（5）顺序性：人防设计一般是平时功能先于战时功能，在平时功能已经设计好的图纸上，再进行战时功能设计，因而受到已经形成的、条条框框的约束，给人防设计带来很多困难。

（6）实践性：由于国际上已禁止进行地上核试验，且我国多年来没有经历过战事，人防功能的设计与施工没有经过实际的验证，因而无法确定很多细节是否能够与实际相符，造成不同地区对人防条文的理解和执行有偏差，也为设计增添了难度。

上述原因，使得人防设计的难度比其他建筑专项的设计难度增加很多。同时，由于设计人不了解人防的“战时如何使用”，造成人防工程的设计结果，对平时使用造成极大的浪费与不合理。欲使人防达到平时与战时的最优结合，必须理解人防工程的防护原理及战时使用功能原理，了解人防每个细部节点的功能与作用，才能将复杂问题简单化，从而使人防设计变得简单易行。

下面将根据人防的整体与细节功能需求，从六个方面对人防的使用原理进行浅析，使建筑师理解人防的使用要求，以总结人防设计的步骤和方法。

1.人防主体——使人与物资避免受到各类武器的伤害

人防主体是人防的围护结构，也是人防的最重要部分。它肩负着保护生命与财产安全的责任。人防主体应该既能防止核武器与常规武器爆炸时产生的冲击波对人体和物资的伤害，又能避免核弹的早期核辐射、放射性尘埃、生化武器产生的毒素与细菌等对人造成伤害，所以人防主体就像一个巨大的、坚固的、密闭的容器，以满足人们战时躲避武器的伤害，战后能快速恢复建设与发展的要求。人防主体主要包括人防底板、人防顶板、外墙（外围护墙）、临空墙等部位（图2-20），由于各部位对武器的抵抗能力不同，造成对各部位的要求不同。

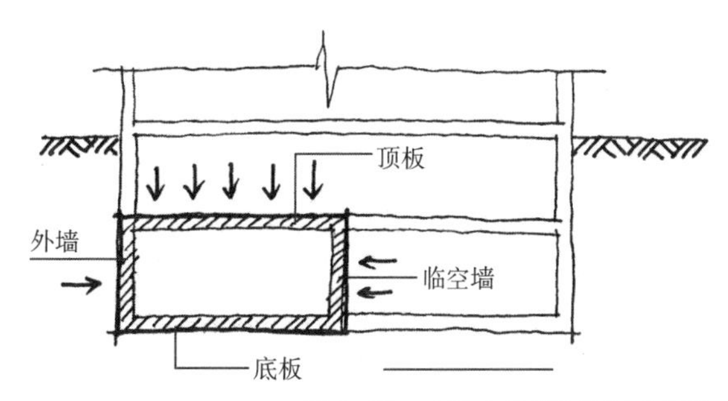

图 2-20　人防主体结构的组成部分

人防顶板是人防主体最薄弱的部位，最小厚度不得小于250毫米，以抵抗来自上部的强大冲击波，所以人防顶板不允许穿越任何无关的孔洞（包括水暖电各专业的管线），同时人防顶板必须使用防水混凝土浇筑，以防止化学武器的毒素与细菌的渗透。由于墙体和柱子对人防顶板的支撑力不同，也决定了人防等级的不同。多数情况下，由剪力墙支撑顶板的（剪力墙结构）地下室，适合建造5级人防，而由柱子支撑顶板的（框架结构）地下室，适合建造6级人防。

2.人防单元——使人与物资受到各类武器的伤害降到最小

人防主体一旦被武器破坏，其内部被保护的生命和财产将会受到损毁和伤害，为了最大限度地减少损伤数量，必须严格控制人防主体的规模。当需要建设的人防主体过大时，必须将主体分成两个或更多独立的单元，即防护单元。每个防护单元的内部循环系统（送排风系统、上下水系统、供电系统等）都是独立运行的（图2-21）。

当某个防护单元遭到破坏时，其他单元仍然能良好运转。同一防护单元内部为了防止弹药

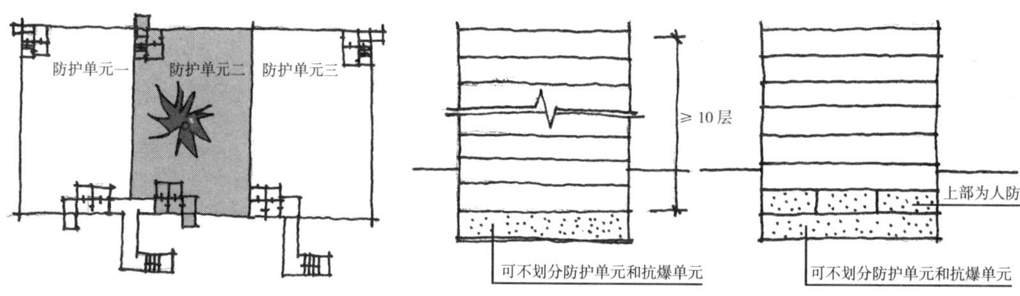

图 2-21　防护单元划分示意图

图 2-22　不划分防护单元和抗爆单元的条件

爆炸后，弹片等物体危及人的生命，应分别设置抗爆单元（每单元面积不大于500平方米）。人防主体的上部建筑层数为10层及10层以上，或其上部也为人防主体时，该人防主体可以不划分防护单元和抗爆单元，由于楼板的遮挡，可以不考虑遭炸弹破坏（图2-22）。

3.人防出入口——满足人与物资顺利地进入人防主体

人防工程形成封闭的主体后，需要有出入口来满足人和物资安全地出入人防内部。每个防护单元至少具备两个出入口。一个是室外主要出入口，能满足战前、战时和战后的使用，因而在战前和战后都不能先于人防主体受到损害；另一个是次要出入口，能满足战前使用即可，战时需要封闭或封堵，战后不作要求。由于出入口是整个人防封闭主体上的“缝隙”，所以口部成为人防防护的薄弱环节（图2-23）。

人防室外主要出入口的设置，首先应满足在战时不得被地面其他构筑物损害而对口部形成堵塞的要求，所以口部应按“防倒塌棚架”设计。在不影响平时使用的前提下，应优先选用与主体脱离的独立式出入口，当用地确实紧张的时候，可以采用附壁式出入口，但是出入口投影范围内的上方不得有构筑物（图2-24）。

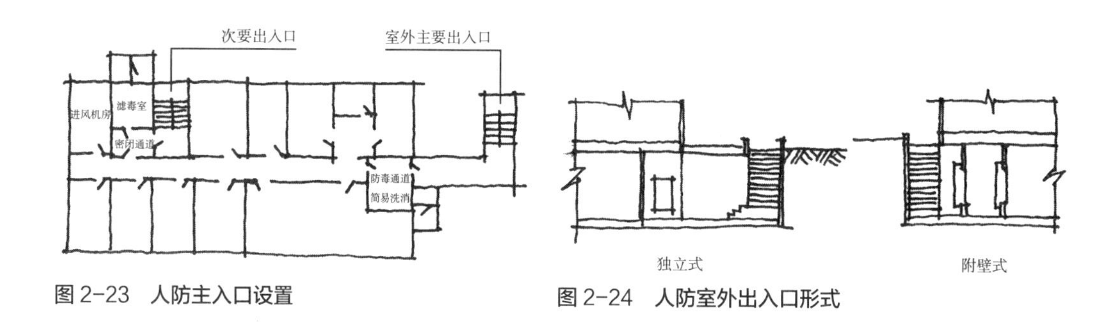

图 2-23　人防主入口设置

图 2-24　人防室外出入口形式

4.人防通风——保障人防内的掩蔽人员在战时正常呼吸

在人防主体和人防口部位置确认后，通风成为最重要的设计内容，因为掩蔽在主体内的人员，需要获得正常呼吸所必要的清洁空气。人防内部的空气通过超压排风（空气从压力高的一侧流向压力低的一侧）的形式进行流动，如表2-21所示：

人防空气流向表　　表 2-21

风向序号	风向路径	空气性质及变化
No：01	室外	污染空气
No：02	→进风井	污染空气
No：03	→进风扩散室	污染空气
No：04	→除尘室	过滤掉大颗粒尘埃后的污染空气
No：05	→滤毒室	过滤掉有毒气体后变成清洁空气
No：06	→进风机房	清洁空气
No：07	→防护单元主体	人员吸入 O_2 呼出 CO_2，O_2 含量高逐渐变成 CO_2 浓度高的清洁空气
No：08	→卫生间	CO_2 浓度高变成卫生间气味浓的清洁空气
No：09	→防毒通道	CO_2 浓度高、且有卫生间气味的清洁空气变成污染空气
No：10	→排风扩散室	CO_2 浓度高、且有卫生间气味的污染空气
No：11	→排风井	CO_2 浓度高、且有卫生间气味的污染空气
No：12	→室外	污染空气

由表2-21可以看出，位于防护单元主体以上的功能性房间均为进风系统的房间，位于防护单元主体以下的功能性房间均为排风系统的房间。根据空气流动的路径，可以看出风向序号相邻的房间应该相邻，以保证空气不会发生逆流。

由此可见，当人防主要出入口的位置确定后，排风竖井和机房位置紧邻人防出入口而确定（图2-25），这是因为战时有人要从室外主要出入口进入人防，而从室外进入人防的人员身上有可能携带细菌等有害物质，所以在完全进入人防之前，应在防护密闭门与密闭门之间的防毒通道"吹吹风、淋淋水"进行洗消，防止将室外沾染的毒剂带入人员掩蔽区域。因人防内的清洁空气十分珍贵，所以应尽量将人防内被掩蔽人员呼吸以后的、二氧化碳浓度高但没被污染的空气，作为"清洗"外来人员身上有害物质的"风源"。

排风竖井和机房位置根据主要出入口确认后，进风竖井、进风机房（图2-26）和滤毒室的位

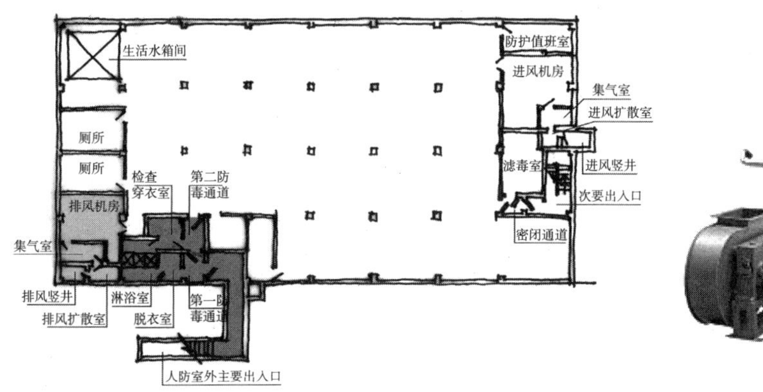

图 2-25　人防排风区域的确定

图 2-26　电动脚踏两用风机 *

置随之确定。进风部分功能房间应尽量远离排风功能部分，如果人防主体为矩形平面，进、排风井应尽量放在对角线的两个远端位置，因为战时通风为超压排风的形式，即通过进风形成空气压力，使清洁空气流向压力小的区域，最后通过排风口排出人防，如果进、排风区域距离过近，势必造成部分区域空气流通不畅，二氧化碳浓度过高，影响掩蔽人员的呼吸（图2-27）。

人防室外主要出入口作为战时使用的出入口，其口部通风形式也采用空气从压力大的一侧流向压力小的一侧，如表2-22所示：

人防口部人员与空气流向表　　表 2-22

风向序号	风向路径	风向与人流共享路径	人流路径	人员停留区域	人流序号
No：01	卫生间		→人防内部	区域四	No：07
No：02	↓	→第二防毒通道	↑	区域三	No：06
No：03		→检查穿衣室			No：05
No：04		→淋浴室			No：04
No：05		→脱衣室		区域二	No：03
No：06		→第一防毒通道			No：02
No：07	→排风扩散室		室外通道	区域一	No：01
No：08	→排风竖井				
No：09	→室外				

可以清晰地看出，风的流动方向与人进入人防的方向正好相反，可利用O_2含量低但没有被污染的清洁空气作为“风源”，吹掉欲进入人防内的人员身上携带的有毒气体和尘埃。表中所示的在人员停留区域之间设置密闭门，所有密闭门不能同时打开，当进入人员在每个区域内停留一定时间并接受“排风的洗礼”后，才可打开下一个密闭门，进入下一个区域并关闭身后的密闭门。第一防毒通道与第二防毒通道之间的密闭门只是方便平时功能的使用，在战时不允许打开（图2-28）。

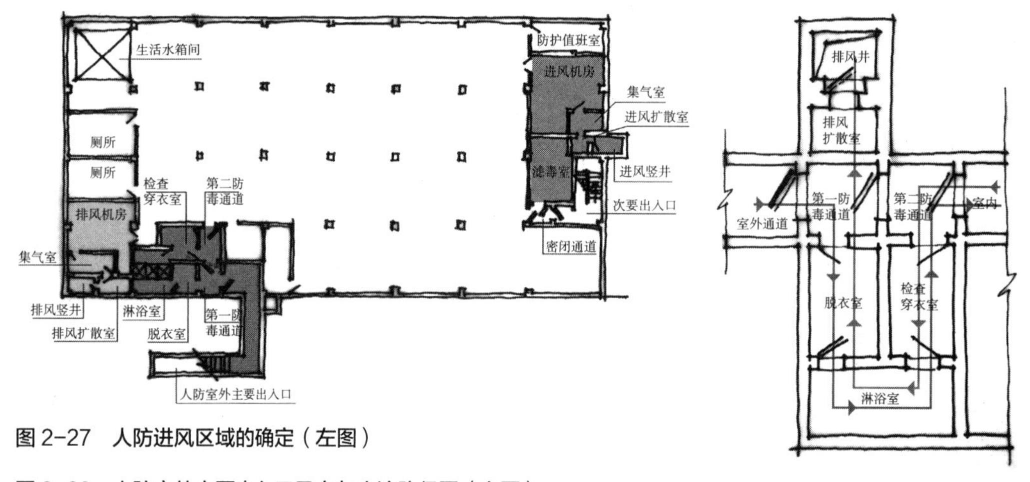

图 2-27　人防进风区域的确定（左图）

图 2-28　人防室外主要出入口风向与人流路径图（右图）

5.人防的水与电——满足人防内掩蔽人员在战时的基本生活需要

从上述内容得出，人防室外主要出入口确定后，与排风有关功能的房间，要临近主要出入口设置，同时卫生间也要靠近排风区域，所以人防的生活水箱间应贴近卫生间布置（图2-29），以利于洗浴的用水和废水能够冲洗厕所。

除人防医院外，其他人防工程的面积总和超过5000平方米时，应设置柴油电站。发电机组容量大于120千瓦时，宜设置固定电站；发电机组容量不大于120千瓦时，宜设置移动电站。

6.人防细部节点——关系到整个人防的运行良好

1）密闭通道与防毒通道

密闭通道是完全密闭的通道空间，可在战前或战后使用，战时不可使用，一般通过两道密闭门或一道密闭门和一道防护密闭门封闭。防毒通道也是完全密闭的通道空间，但是因为在战时使用，所以需要使通道内的空气压力大于室外空气压力，通过超压排风实现，避免细菌和毒气等进入，一般通过两道密闭门或一道密闭门和一道防护密闭门封闭（图2-28、图2-34）。

各类规范中带“防”字的房间，一般指该房间通过采用空气压力大于外部空间压力的措施，主动防止外部空间的气体进入该房间。例如，防毒通道、防烟楼梯间、防烟楼梯间前室、防火隔间、消防前室等。规范中带“闭”字的房间，一般指该房间通过封闭和密闭措施，被动阻碍外部空气进入该房间，如密闭通道、封闭楼梯间等。

2）扩散室与防爆波活门

为了削弱冲击波对直接接到风井上的风管产生的压力，在风井与风管之间增加扩散室或扩散箱，利用空间扩散作用减少冲击波的压力（图2-30）。位于人防风井和扩散室之间的墙体上采用防爆波活门进行分割。平时使用时将防爆波活门打开，通过活门洞口进风或排风；战时使用时将防爆波活门关闭，通过活门上的悬板缝隙进、排风（图2-31）。

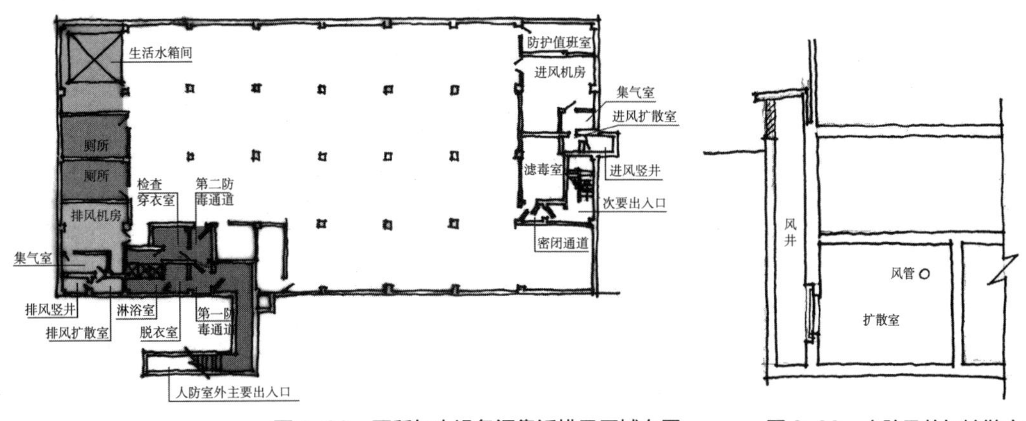

图 2-29　厕所与水设备间靠近排风区域布置

图 2-30　人防风井与扩散室

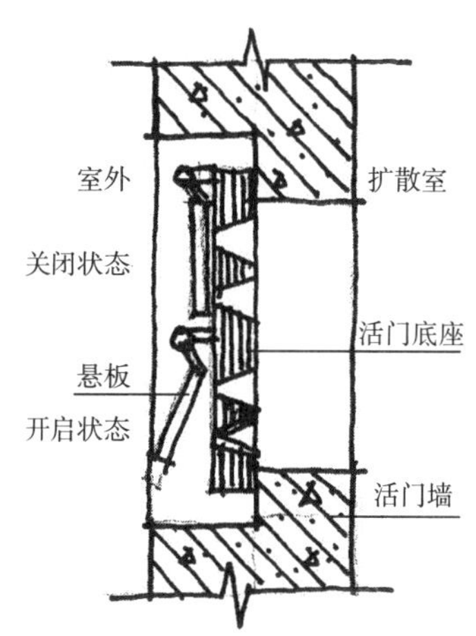

图 2-31　防爆波活门

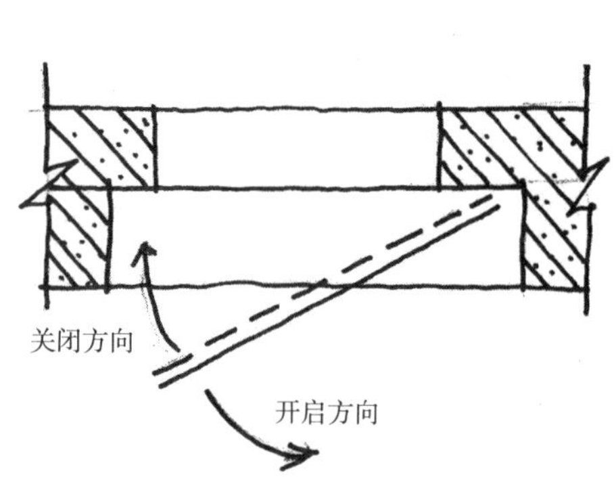

图 2-32　防爆波活门开闭方向

当风井受到冲击波的压力时，悬板在冲击波压力作用下将自动关闭，避免内部空间受到损害。冲击波过后悬板会自动打开，保持空气通道畅通。必须引起注意的是：防爆波活门只有逆时针开启和顺时针关闭一种开关方式（图2-32）。

3）集气室

因为防爆波活门的洞口尺寸面积有限，而有些风井平时和战时都需要使用，当防爆波活门的洞口截面积不能满足平时使用的风量要求时，需要增加集气室以扩大平时使用风量的截面积（图2-33）。

平时使用的风管接到砖砌墙体上，关闭集气室的普通门，打开防护密闭门和密闭门，以保证足够的风量进出集气室，并通过风管进出室内。战时关闭防护密闭门和密闭门，集气室不再使用。战时空气通过风井、防爆波活门、扩散室、风管依次进出人防主体，从而达到防护密闭的作用。

4）滤毒室与除尘室

滤毒室紧靠进风机房，位于其上风向（图2-34）。内部装有滤毒罐（即过滤吸收器），用来过滤烟气、毒气、蒸汽等有害气体，使进入人防主体的空气变成清洁空气。

除尘室位于滤毒室前端（图2-35），内部装有油网除尘器，是滤毒罐的前级保护装置。由于滤毒罐内的过滤材料非常密实，所以通过油网除尘器将空气中的大颗粒物质提前过滤掉，以免堵塞滤毒罐，减少滤毒罐的使用寿命。设置除尘室的前提是所需风量过大，滤尘器超过4块（4块及4块以下可管式安装），应采用立式安装，此时需设置除尘室。

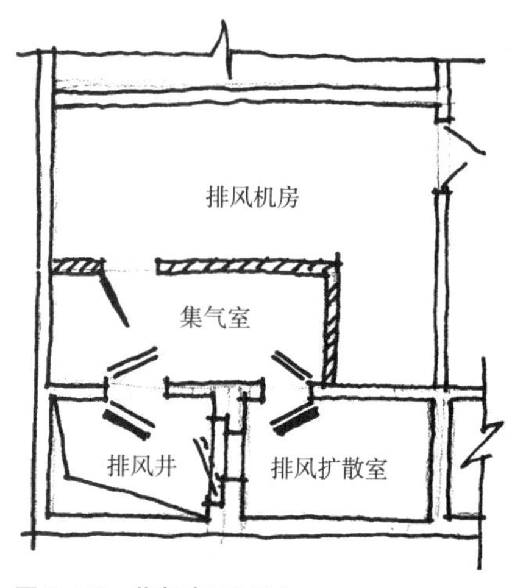

图 2-33　集气室平面图

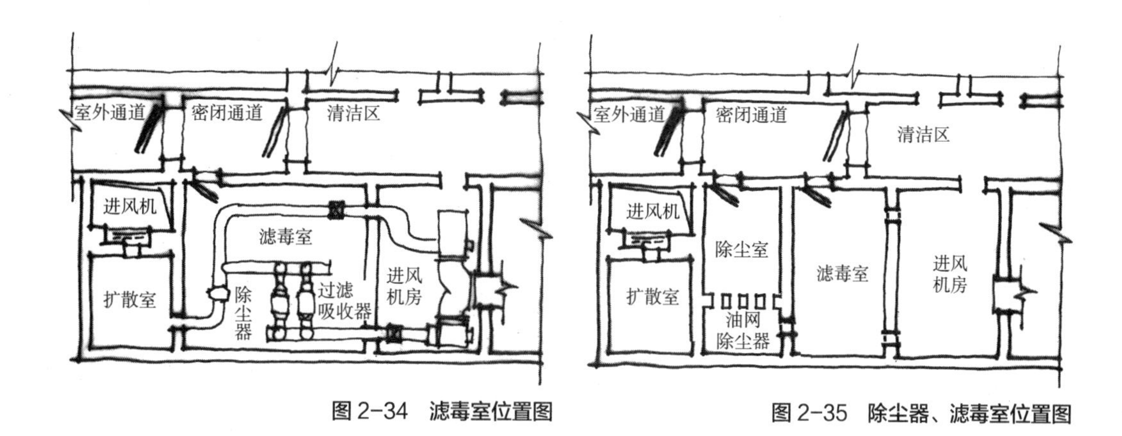

图 2-34　滤毒室位置图

图 2-35　除尘器、滤毒室位置图

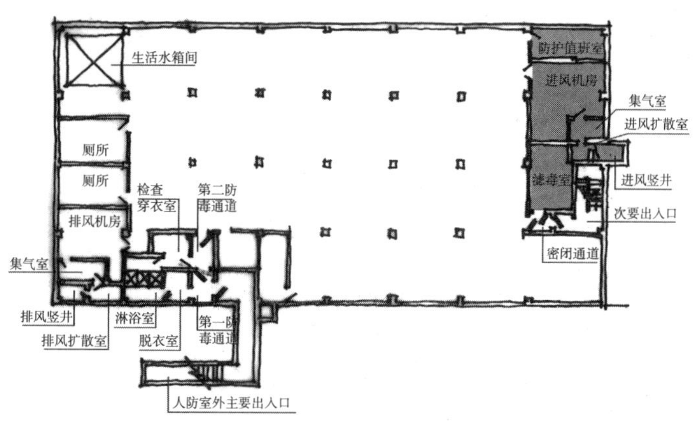

图 2-36　防化通信值班室

5）防化通信值班室

防化通信值班室是防化人员和通信人员值班的工作房间，其作用是为检测滤毒罐使用效率，并及时更换失效的滤毒罐，所以位置应当靠近滤毒室布置（图2-36）。防化人员更换滤毒罐后，应从“次要出入口”离开人防，而不能直接返回人防主体内。只有经过“主要出入口”的洗消后，防化人员才能再次进入人防主体。所以，人防次要出入口常常借用建筑内部核心筒的楼梯。否则，防化人员需要通过设置在风井内的爬梯，爬出地面，非常不便捷。

6）集水坑

人防口部设置集水坑，用于收集洗消被污染墙面、地面的废水。按规范规定应在进风竖井、进风扩散室、除尘室、滤毒室（包括与滤毒室相连的密闭通道）和战时主要出入口的洗消间（简易洗消间）、防毒通道及其防护密闭门以外的通道设置。

7.总结

综上所述，建筑师在进行人防设计时，可采用如下设计步骤：

（1）认真分析当地人防办的规定和对所设计项目的人防要求；

（2）计算和确定人防总体规模和范围；

（3）将规模较大的人防主体划分合理的防护单元；

（4）根据项目总平面图确定人防室外主要出入口位置；

（5）确定排风功能的房间（临近室外主要出入口）；

（6）确定进风功能的房间（远离室外主要出入口，临近次要出入口）；

（7）选择建筑内部的楼梯间，布置人防次要出入口；

（8）确定厕所和生活水箱间（临近排风区域）；

（9）确定防化通信值班室（临近进风区域）；

（10）根据人防规范和人防图集以及各专业的要求，进行人防细部节点的详细设计。

人防设计的整体和细节与人防的使用要求息息相关，单纯考虑某个细部的设计都可能影响整体的使用，所以为了保障人防设计能够满足人防的使用要求，应当在设计前，从建筑、结构、水、暖、电多个角度的整体系统对人防的使用原理进行分析，保障每个防护单元在战时都能独立地良性运转，避免遭受外界的破坏，才能使人防工程满足平战结合的要求，使人防设计合理、正确地完成。

参考文献

[1]人民防空地下室设计规范 GB 50038-2005[S].北京：中国计划出版社，2010.

[2]人民防空地下室设计规范图示05SF J10[S].北京：中国计划出版社，2008.

（2014年03月23日星期日）

人流设计
——建筑功能与空间设计的核心

原文《人行流线——建筑功能性设计的核心》发表于《建筑技艺》2018年第10期。在建筑使用过程中，不管是使用功能性要求还是空间视觉性诉求，均离不开人行流线的分析。所谓“步移景异”的本质即：人在行走过程中，由于视觉变化而引起的心理感受。

建筑设计作为一门与人们生活息息相关的综合学科，涵盖的内容极其广泛。其中包含的文化、艺术、功能、安全、节能等方面设计内容，无一不对建筑师的工作提出宏观全面和微观细致的要求。特别是随着社会的发展，不断涌现出新的建筑类型，从而对建筑设计提出新的问题和挑战。

不管是传统建筑还是新型建筑，建筑的功能性不容忽视。所以在进行建筑功能的设计过程中，“人行流线”成为建筑功能性设计的核心。人行流线是人们在建筑中穿行的路线，其设计是否合理，直接影响到人们的日常使用是否方便、快捷。人行流线设计的前提是人性化，即“人性化”必须在人行流线的设计中充分体现。

本文将通过对几个不同类型建筑的具体实例进行分析，再现人行流线在建筑设计中的重要性。

1.住宅建筑卫生间流线分析

住宅是人们日常生活中接触最多的建筑类型，人行流线需要根据动静分区的要求，来体现客厅、餐厅、厨房的开放性和卧室、书房、卫生间的私密性，而每个独立功能房间的功能性同样需要强调人行流线的便捷性。

以住宅卫生间为例，作为住宅中最小的使用空间，人行流线的设计是否合理将直接影响住户日常使用的方便性。住宅卫生间一般包括洗手盆、坐便器、淋浴三大件，有些卫生间兼具洗衣功能。根据使用频率多少，对卫生间设施进行排列，其顺序应是：洗手盆＞坐便器＞淋浴＞洗衣机。依据上述排列顺序来确定设计原则，即使用频率高的洗手盆，应距离卫生间入口最近，以方便住户快捷使用，不应绕过不常使用的淋浴空间等，才能到达洗手盆的位置，而使用频率低的淋浴空间和洗衣机则应尽可能地布置在距离卫生间入口较远，或卫生间内部的角落位置，避免对使用频率高的洁具产生不必要的干扰。

某住宅项目不同户型的卫生间设计方案（图2-37），其弊端是：洗手盆远离卫生间入口，增加了使用时的不便。如果将卫生间修改为便捷的形式（图2-38），其人行流线的人性化特点突显，有些快捷的洗刷动作，在卫生间的门半开时即可完成，甚至能够解决侧身只冲洗一只手时的问题。显然，完善后的平面布局明显考虑了人性化的人行流线，将洁具按照使用频率高低

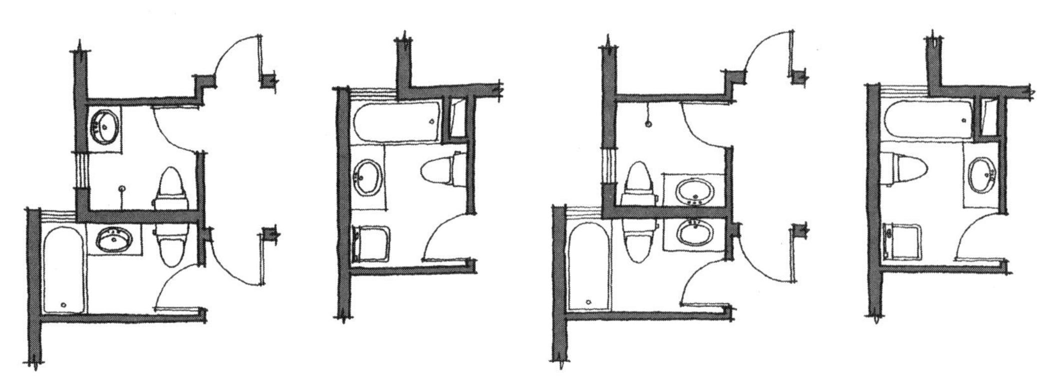

图 2-37　住宅卫生间布置图（原版图）　　图 2-38　住宅卫生间布置图（完善图）

依次排开，并逐次靠近入口，为使用者提供更多便利。

同样，按照分析使用频率高低的方法，对诸如厨房的厨具，客厅的家具、电器，以及各类房间的人行流线进行人性化的设计，才能利于住户更方便地使用。

2.商业建筑商业动线分析

现代商业建筑空间变化丰富多彩，商业店铺布置琳琅满目，建筑师为营造繁华的商业氛围，达到让顾客流连忘返、目不暇接的效果，设计无处不用尽心力。然而很多建筑师却忽视了商业建筑最核心的设计，即人行流线设计。建筑师常常将人行流线也设计得复杂多变，甚至设计很多的商业支动线，并冠以不同内容的主题，使顾客进入商场犹如进入迷宫一样，经常找不到想去的店铺。

人行流线在商业建筑中常常被称为“商业动线”，即顾客在商业建筑中走动的路线。商业动线常用“单动线”或“环形动线”两种方法。动线设计得越单一、越清晰，越能节省顾客的体力，并使所有的店铺依次排列在动线两侧，方便顾客便捷到达，避免顾客走回头路。商业动线设计的简洁并不意味着呆板，利用动线的曲折和动线节点上的中庭、广场等空间的变化，同样能达到“步移景异”的商业空间效果。

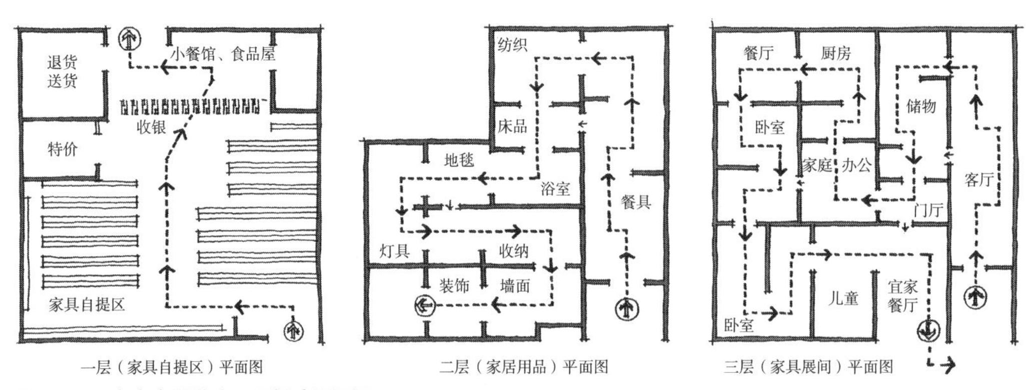

图 2-39　宜家家居北京四元桥店平面图

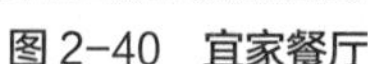
图 2-40　宜家餐厅

图 2-41　宜家瑞典食品屋

宜家家居的商业动线设计，可谓商业建筑中的经典案例。由宜家北京四元桥商场的动线平面图（图2-39）可以看出，商业动线虽然曲折但不多变，每层都是“单动线”布局，从三层整体布局来看则是闭合的“环形动线”。购物的起点是三层的入口，终点是一层的收费处。动线设计得单一、清晰，而顾客只需沿着地面标识的动线方向前行，就能看到所有货品的展示，且不会被遗漏。同时在动线的中间点（三层动线结束处）设置宜家餐厅（图2-40），在动线终点（一层收银台外侧）设置小餐馆和瑞典食品屋（图2-41），为疲劳的顾客提供休息和补充能量的空间，以此延续顾客在宜家家居的购物时长。如此煞费苦心的人性化流线设计，必然为其商业繁荣带来巨大贡献。

3.展陈建筑参观流线分析

除超大型博物馆、展览馆、艺术馆等展陈建筑，需要根据不同的主题展厅，分别设计不同的人行流线外，一般规模的展陈建筑为减少参观者的疲劳感，也尽可能地将人行参观流线设计成简洁明了的“单行线”形式，并沿着参观流线，布置展品和营造符合展览主题的空间组合形式。

许多建筑师为塑造丰富空间、光影效果，刺激参观者视觉和心理感受，而忽视其生理感受，将参观流线设计得纷繁复杂，交叉多变，造成参观者晕头转向，徒走很多无用路线，失去人性化设计的宗旨。成功的展陈建筑设计是围绕其简捷的单一参观流线，根据时间或重要节点，将反映展览主题的内容依次布局，同时将流线上的空间设计得张弛有度，使参观者的情绪可以随着空间跌宕起伏。

丹尼尔·里伯斯金设计的柏林犹太人博物馆，非常精彩地诠释了展陈建筑参观人行流线的设计方法（图2-42）。从整个博物馆的导览图，可见其参观流线单一、清晰。参

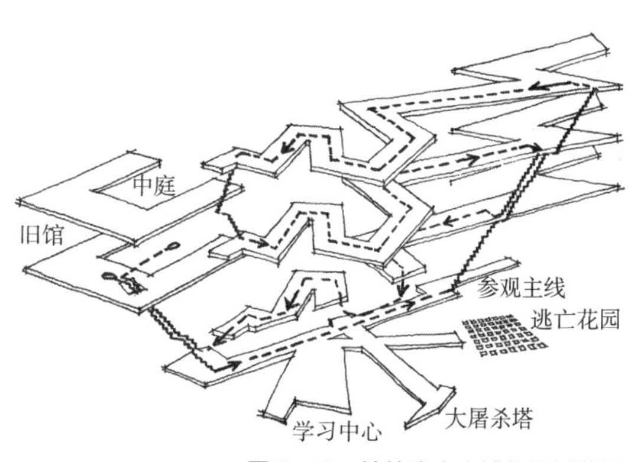

图 2-42　柏林犹太人博物馆导览图

图 2-43　大屠杀塔

图 2-44　逃亡花园

图 2-45　后续参观主流线

观游客从建于1735年的旧馆进入后，经过地下室通道方能进入新馆。进入新馆后的空间，首先是拉斐尔·罗斯学习中心，通过多媒体循环播放的形式，使参观者快速了解德国犹太人的历史和文化；紧接着就是根据二战时期犹太人面临的“死亡”“逃亡”“共生”三个选择而设计的“大屠杀塔”（图2-43）、“逃亡花园”（图2-44）、“后续参观主流线”（图2-45）。

经过入口处建筑空间的塑造，使参观者在没有看到展品时，已经被环境气氛所感染，并带着对这段历史的压抑、撕裂、彷徨的情绪开始了整个参观的路程。当经历苦难的挣扎、呼喊的氛围，最后回到参观流线的终点，看到明媚的阳光，洒落到旧馆的玻璃中庭，紧张的情绪瞬间得到疏解。只有这种单一的参观路线，才能使观者情绪得到延续和升华，达到博物馆展览的最终目的和效果。

4.综合体与超高层建筑人行流线分析

对于综合体和超高层建筑来说，人行流线设计更为重要。因为流线不仅仅体现在便捷性上，更重要的是要避免不同人行流线发生交叉，使不同功能使用人群的私密性和开放性要求都能得到保证，减少不同人群之间的相互干扰和影响。

综合体和超高层建筑常常包括商业、办公、酒店、住宅（公寓）等功能，其中商业的开放性最强、私密性最弱，而住宅则对私密性的要求最强。商场购物的顾客、夹着公文包上班的文

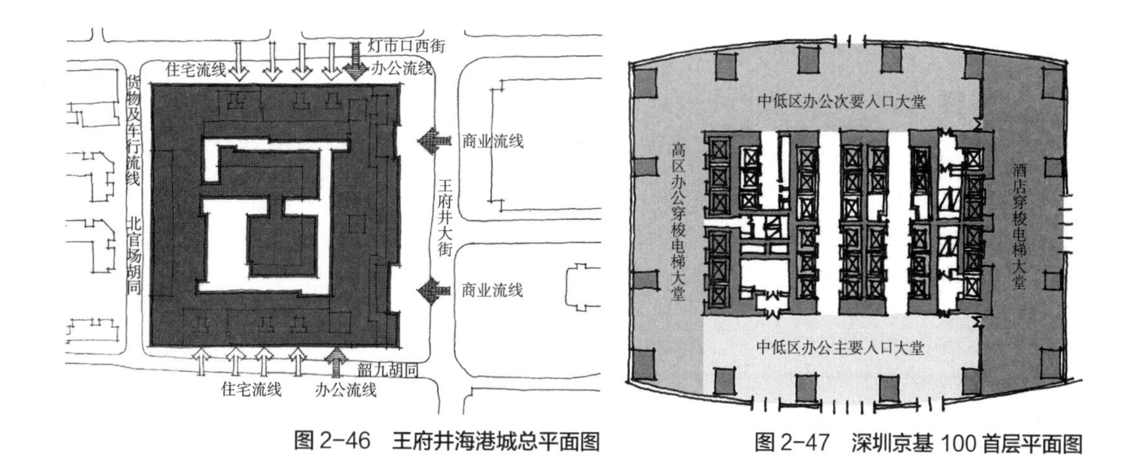

图 2-46　王府井海港城总平面图

图 2-47　深圳京基 100 首层平面图

职人员、拖着行李箱入住酒店的房客、提着菜篮子回家的住户等不同人群，应分别途径不同的流线，避免因流线交叉，而造成建筑使用功能上的缺陷。

王府井海港城是位于王府井步行街上的典型商业综合体，一栋建筑兼具商业、办公、住宅三种功能，不同类型人流需分开设置（图2-46）。面对王府井大街一侧，必然成为商业人流的出入界面，南北两侧街巷靠近王府井大街一侧，设置办公人行流线，远离王府井大街一侧布置私密性最强的住宅人行流线，西侧道路则作为商业货流和车行通道。不同人流各行其道，互不干扰，保证建筑的各功能区域，拥有最大限度的独立性。

深圳京基100超高层建筑上部为酒店，下部为办公。因为使用人数较多，且含有酒店和办公两种不同的使用人群，所以建筑首层设置多个大堂（图2-47）。在首层即将不同人流分开。酒店大堂位于首层东侧，仅仅起到一个过厅（扩大电梯厅）的作用。访客可通过酒店穿梭电梯直接到达酒店空中接待大厅，再办理酒店入住手续；首层西侧为高区办公穿梭电梯大堂，通过高速电梯，将办公人员送到空中的电梯转换大厅，然后换乘高区电梯到达高层办公区；南北两侧为中低区办公大堂，可直达办公层，防止大量人流集中造成拥堵。办公大堂与酒店大堂严格区分，杜绝人流交叉和相互干扰。

由此可见，综合体和超高层建筑由于使用功能多样化，因而使用人员的要求也各不相同，所以，应当在建筑室内或室外的正负零标高处，将人行流线区分开来，规避不同使用人群在建筑内部共用竖向交通设施。只有严格区分竖向交通体系，才能便于物业管理和运营，为使用者提供方便。

5.结语

综上所述，建筑空间“丰富”并不意味着人行流线“丰富”，恰恰是人行流线设计得越简单化，越能体现建筑设计的“人性化”特点。

除上述几个建筑类型外，其他建筑类型同样如此。越是功能性强的建筑，人行流线的设计越重要。例如，剧场、体育等观演建筑对观众和演员、运动员流线的要求更为严格。而医疗建筑中的医患分流、洁污分流以及肠道门诊、发热门诊等个别特殊科室的布局，更是要求在设计过程中，将人行流线进行清晰梳理、合理分设。

在建筑设计中，还有一些辅助功能的人行流线也必须考虑周全。例如，所有建筑都需要考虑的消防设计，建筑师不但要将自己假设为火灾中的逃生人群，设置安全、快捷的逃生通道流线，还应将自己假设为消防队员，设计合理的、安全直达的消防灭火和救援流线。此类人行流线的设计更是人命关天，不容忽视。

所以，建筑师在进行设计过程中，首先应换位思考，把自己设想为建筑不同功能的使用人群，同时考虑在使用过程中的行走路线，为使用者提供最大便捷、高效和人性化的人行流线，并将此贯穿于整个建筑设计中。

（2017年11月23日星期四）

防烟设置

——减少建筑公摊面积的必修课

原文《浅析影响建筑公摊面积的防烟系统设置条件》发表于《建筑技艺》2020年第10期。建筑师常常为减少公摊面积而查阅《防排烟标准》，然而《标准》是按照暖通设计师工作逻辑编写的，所以往往感觉有些凌乱，本文根据建筑师的工作习惯将标准重新梳理，以使内容更容易理解和记忆。

建筑中的公用部分需要被整栋楼的使用方共同分摊，因而建筑师常常被要求严控公摊面积，提高建筑使用系数。所以，将公摊面积最小化成为建筑师设计住宅、办公类建筑的首要责任之一。

在防排烟系统设计中，充分利用自然通风的防烟形式可以省去井道和机房所占据的面积。然而，防烟楼梯间及其前室采用自然通风的设置条件较为复杂和苛刻，所以常常成为建筑师们争论的焦点。本文根据《建筑防烟排烟系统技术标准》（以下简称《防排烟标准》）的规定将设置条件进行对比、分析、归类，以便于建筑师在设计过程中能根据设置条件快速、准确地选择防烟形式，从而优化设计以提高用户的使用效率。

“防烟楼梯间”是高层建筑设计中经常遇到的疏散楼梯形式，由“楼梯间”和“前室”两部分组成（前室又分为独立前室、合用前室、共用前室、消防前室、三合一前室）。楼梯间是建筑物内部人员疏散的通道，消防前室、合用前室是消防队员进行火灾扑救的起始场所。因此，发生火灾时首要的就是控制烟气进入上述安全区域。在设计中一般采用“自然通风”或“机械加压送风”两种方式来保证安全区域的大气压力高于周边环境气压。由于“机械加压送风”需要利用送风机，将室外新风通过“加压送风井”送入楼梯间和前室，因而机械加压送风系统与自然通风系统相比，需要有“加压送风井”和“加压送风机房”等附属建筑空间，无形中挤占了建筑的有效使用面积。因此，需要在设计中依据规范要求尽量采用自然通风系统，或尽最大可能减少风井截面积。

根据《防排烟标准》3.1.2条规定，建筑高度大于50米的公共建筑和建筑高度大于100米的住宅建筑，其“防烟楼梯间”和“前室”均应采用机械加压送风系统。即建筑高度达到上述界限后，即使具备自然通风的条件，也不允许利用自然通风进行防烟，所以防烟系统占据的公摊面积是不能被取消的。换言之，自然通风防烟的形式只能出现在建筑高度小于50米的公共建筑和建筑高度小于100米的住宅建筑中。需要注意的是当采用“三合一前室”，即剪刀楼梯间的共用前室与消防电梯前室合用时，不论建筑高度是多少，都应采用机械加压送风方式的防烟系统。

为了在设计中尽量减少建筑公摊面积，对“防烟楼梯间”和“前室”能够“不设置防烟”或“采用自然通风进行防烟”的四种情况和相应的设置条件分别归类总结，以复核设计时选择防烟方式的准确性：

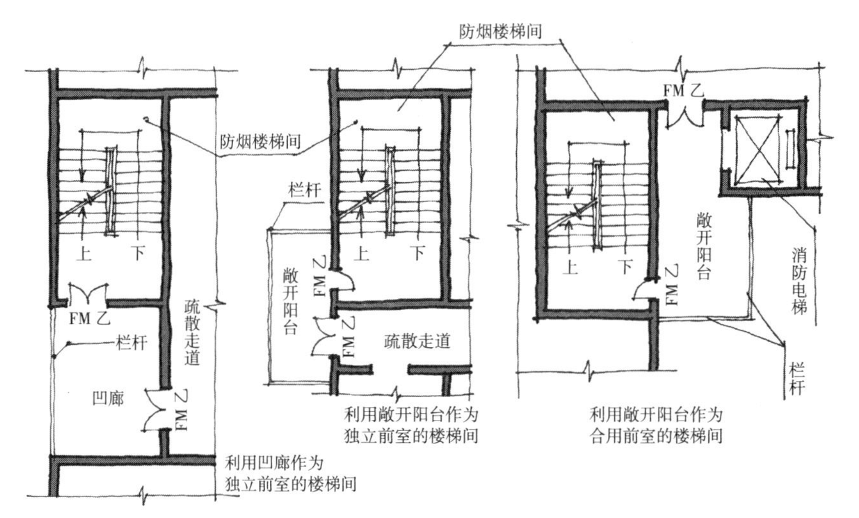

图 2-48 **防烟楼梯间不防烟条件 1**

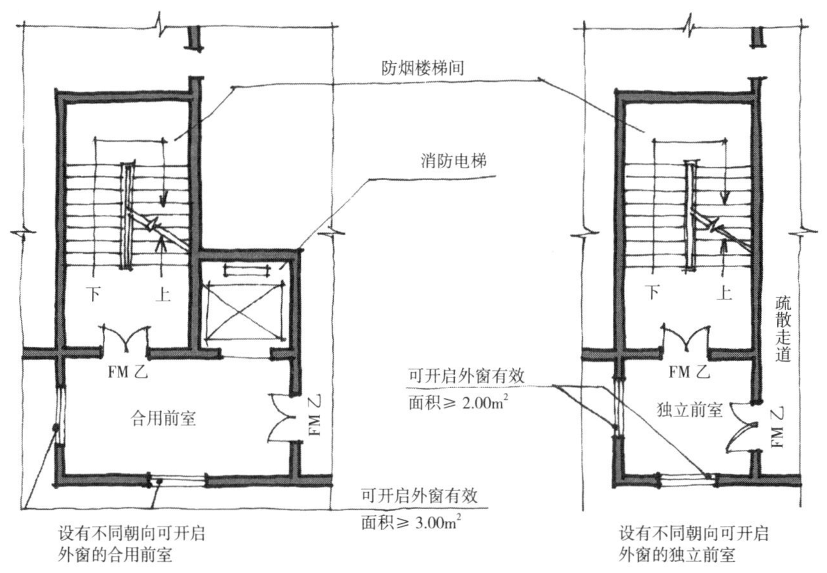

图 2-49 **防烟楼梯间不防烟条件 2**

1.“防烟楼梯间”不设置防烟系统（既不用机械加压送风，也不用自然通风）的条件：（1）独立前室或合用前室采用全敞开的阳台或凹廊（对室外大气环境完全敞开）（图2-48）；（2）独立前室或合用前室设有两个及以上不同朝向的可开启外窗，且独立前室两个外窗面积分别不小于2.0平方米（共计至少4.0平方米），合用前室两个外窗面积分别不小于3.0平方米（共计至少6.0平方米）（图2-49）。上述条件不满足时，楼梯间需要采取防烟设施（自然通风或机械加压送风）。

2.“防烟楼梯间”采用自然通风防烟的条件：（1）在楼梯间最高部位设置面积不小于1.0平方米的可开启外窗或开口，可以采用自然通风系统；当建筑高度大于10米时，尚应在楼梯间外墙上每5层内设置总面积不小于2.0平方米的可开启外窗或开口，且布置间隔不大于3层

（图2-50）；由于采用防烟楼梯间的公建高度大于32米，住宅高度大于33米，所以此条必须遵守；（2）前室采用自然通风方式时，可开启外窗面积需要满足要求，但不需要不同朝向的可开启外窗，此时的防烟楼梯间可以采用自然通风防烟，但楼梯间必须满足上一条的规定（图2-51）；（3）独立前室、共用前室及合用前室采用机械加压送风方式时，送风口设置在前室顶部或正对前室入口的墙面，楼梯间可以采用自然通风系统，否则楼梯间应采用机械加压送风系统（图2-52）。上述条件不满足时，楼梯间即使具备可开启外窗的条件，也需要设置机械加压送风系统。住宅建筑中常常有多个户门开向前室，做到送风口正对每个户门十分困难，因而在住宅建筑中，如果前室无自然通风条件，且有多个户门开向前室，楼梯间即使有可开启外窗，也需要机械加压送风（图2-53）。

3．“前室”不防烟（既不用机械加压送风，也不用自然通风）的条件：楼梯间设置机械加压送风系统，独立前室仅有一个门与走道或房间相通时，独立前室可以不用防烟（合用

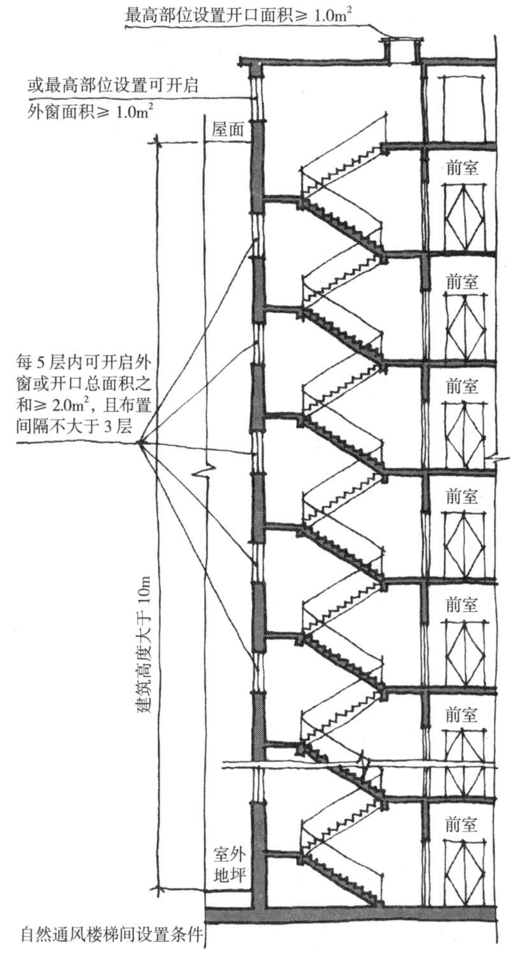

图2-50　防烟楼梯间自然通风防烟条件1

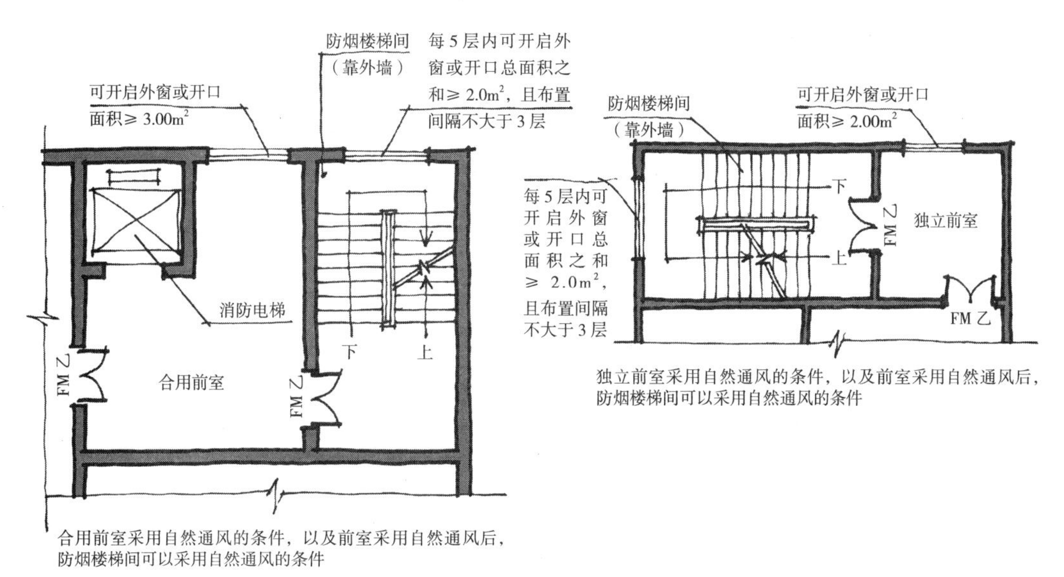

图2-51　防烟楼梯间自然通风防烟条件2

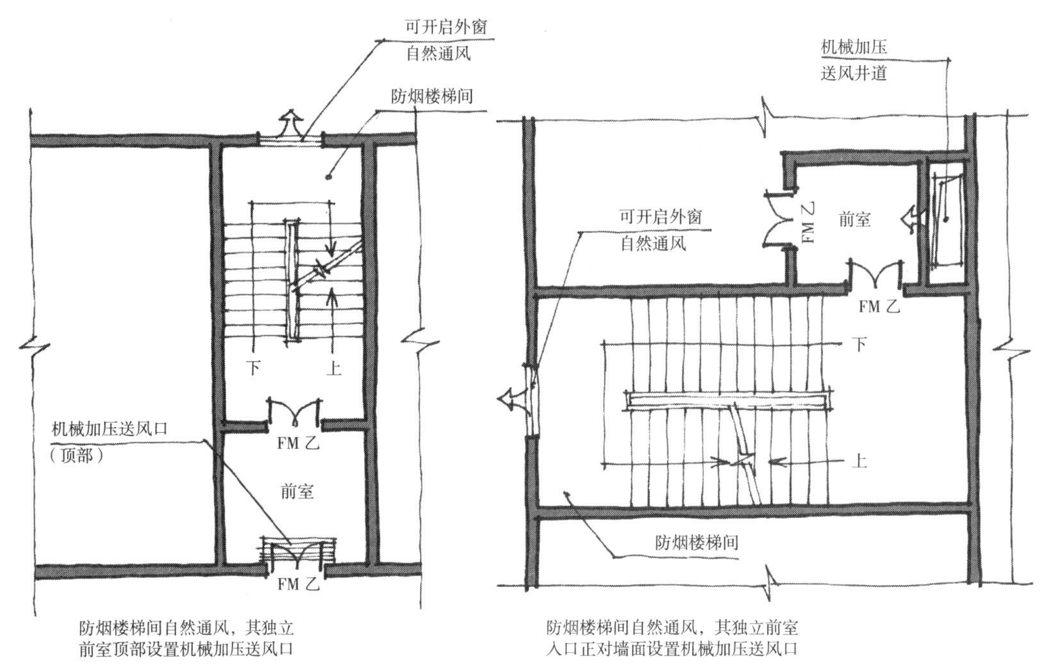

图 2–52　防烟楼梯间自然通风防烟条件 3

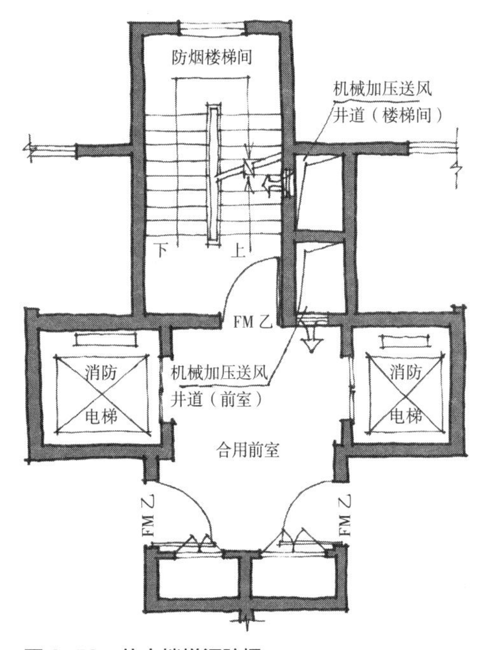

图 2–53　住宅楼梯间防烟

前室、共用前室均不符合本条规定）（图2-54）。前室不需要防烟的条件仅此一条。此种情况一般不会出现在住宅建筑中，因为开向前室的往往不会只有一个户门。当独立前室有多个门时，楼梯间、独立前室应分别独立设置机械加压送风系统。

4.“前室”采用自然通风防烟的条件：独立前室、消防电梯前室可开启外窗或开口面积不应小于2.0平方米，共用前室、合用前室不应小于3.0平方米（图2-51）。前室采用自然通风的条件仅此一条。需要注意的是：前室只有一个方向可以开启外窗时，楼梯间必须防烟（自然通风或机械加压）。如果要使楼梯间不用防烟措施，前室的可开启外窗必须具有不同的朝向（图2-49）。

当符合上述防烟设置条件时，可以采用“自然通风”或“不防烟”的方法，从而省去送风井和送风机房的设置，有效降低建筑公摊面积。除了上述条件外，“防烟楼梯间”和“前室”均需机械加压送风，并且对每个部位应分别独立设置机械加压送风系统。

《防烟标准》3.1.6条关于“封闭楼梯间”的规定，同样影响公摊面积的计算。即封闭楼梯间应采用自然通风系统，不能满足自然通风条件的封闭楼梯间，应设置机械加压送风系统。

当地下、半地下建筑（室）的封闭楼梯间不与地上楼梯间共用且地下仅为一层时，可不设置机械加压送风系统，但首层应设置有效面积不小于1.2平方米的可开启外窗或直通室外的疏散门（图2-55）。合理利用首层可开启外窗和疏散门可以有效降低公摊面积。

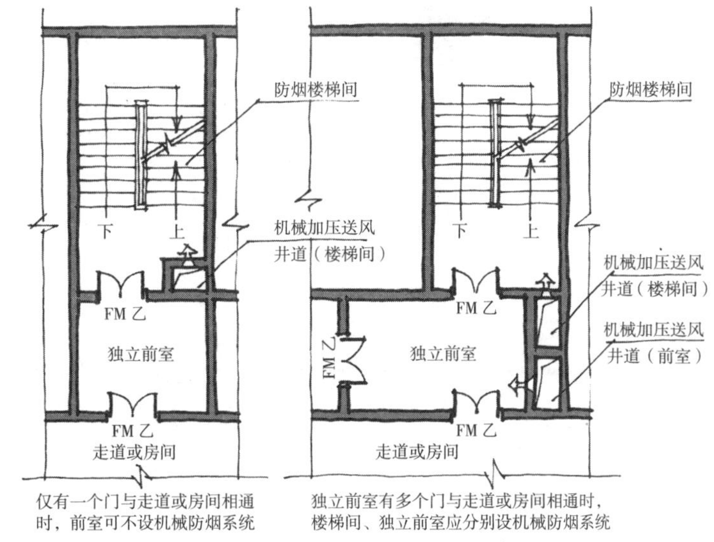

图2-54 前室不需要防烟的条件

由于《防排烟标准》中“防烟楼梯间”和“前室”的防烟设置条件常常互为条件、互相限制、错综复杂，当判断设计条件非常困难或设计人意见不统一时，本文建议采用一个简便的方法，即当防烟成为必须设置的条件，且不能判断自然通风设置条件是否满足规范要求时，可不将公摊面积作为首要的考虑因素，放弃自然通风设置并全部改为采用机械加压送风设置。因为采用机械加压送风，必定会更加安全。

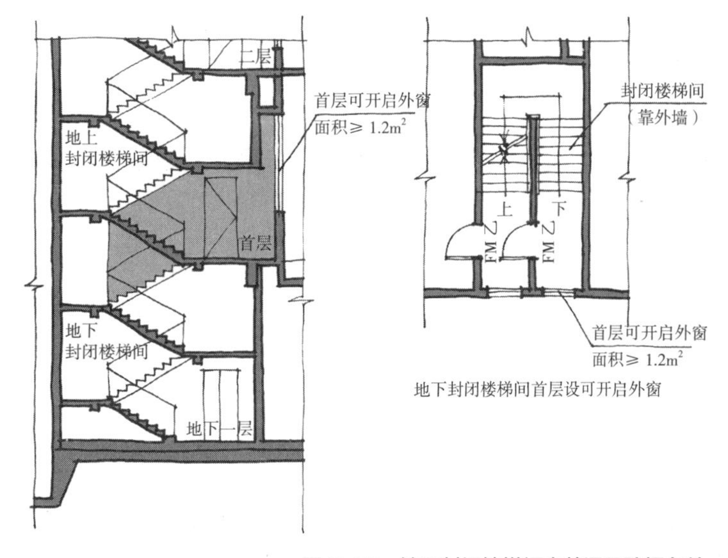

图2-55 地下封闭楼梯间自然通风防烟条件

毕竟生命安全高于一切。

参考文献

[1]《建筑设计防火规范》GB 50016-2014（2018版）.

[2]《建筑防烟排烟系统技术标准》GB 51251-2017.

[3]《建筑防烟排烟系统技术标准》图示.

（2020年06月21日星期日）

十年技艺：

汇总了十年来在《建筑技艺》杂志上刊登的文章，

虽然算不上开创性理论，

却也可提供一些技术性思路。

十年拙笔

动静相宜

——商业建筑设计背后那点内幕

原文《商业建筑动态因素分析——以王府井海港城设计为例》发表于《建筑学报》杂志2015年第12期。本文在原文的基础上增加了部分内容，并力求用更加通俗的语言，将商业建筑设计的复杂问题化繁为简，以便能更容易理解问题的解决方法。

商业建筑与其他类型建筑有众多不同点，“商业盈利”是商业建筑设计的首要考虑因素。本文将以北京王府井海港城商业综合体设计为例，分析商业建筑的“生命体”特征，以及与盈利有关的“动态”和“静态”因素，从而归纳大型商业建筑设计需要关注的问题和细节。

1.商街缘起：商业建筑生命体的“生存环境”

王府井大街位于北京故宫东侧600余米，自明代起便初具规模，后经一系列演变，逐渐成为名满天下的百年商业步行街。海港城项目位于王府井大街中段（图3-1），基地呈正方形（图3-2），东侧紧邻王府井大街，与东堂（图3-3）和天伦王朝酒店隔街相望。项目同时与贯穿王府井大街地下的地铁8号线唯一站点无缝链接，其商业重要性、旅游价值性、交通便捷性凸显。

由于旧城区的建筑限高和日照计算等条件限制，项目呈东高西低、逐层退台形式，其中高层部分为“凹”字形平面，南北两侧为住宅，东侧为办公（图3-4）。地上1~3层为室外商业街，地下1~2层为室内商业街，地下3~5层为汽车库。

海港城作为一个新的商业项目出现在王府井大街，周边商业环境对其“生存”的优劣，具有双刃剑的作用。一方面，王府井大街商业项目繁多，早已形成闻名于世的商业氛围，每天

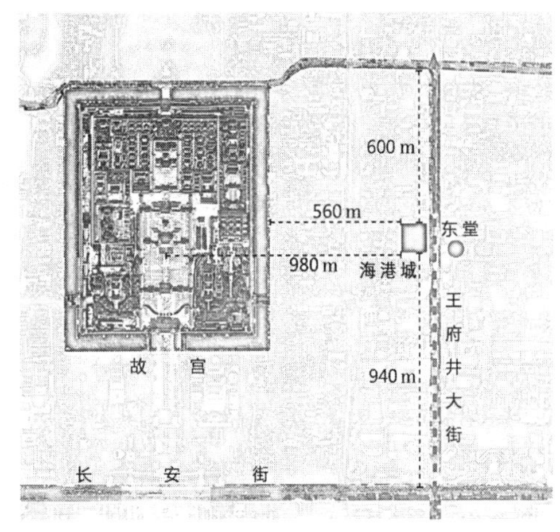

图 3-1 项目区位图

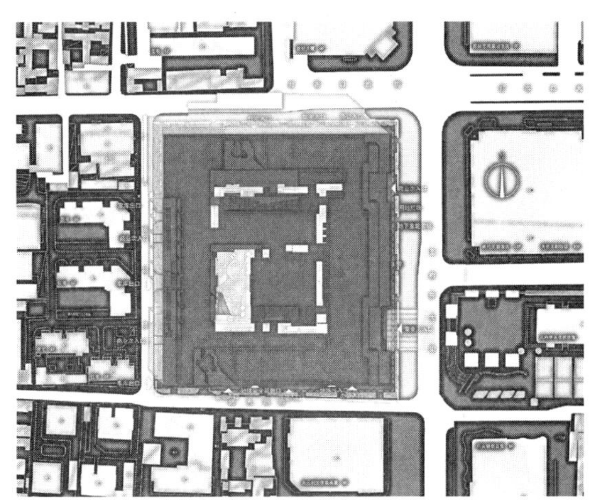

图 3-2 海港城总平面图

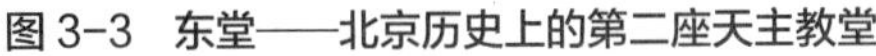
图 3-3　东堂——北京历史上的第二座天主教堂

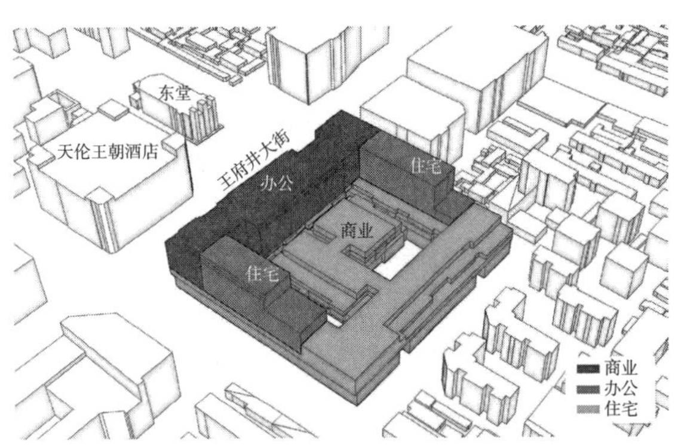

图 3-4　功能分区图

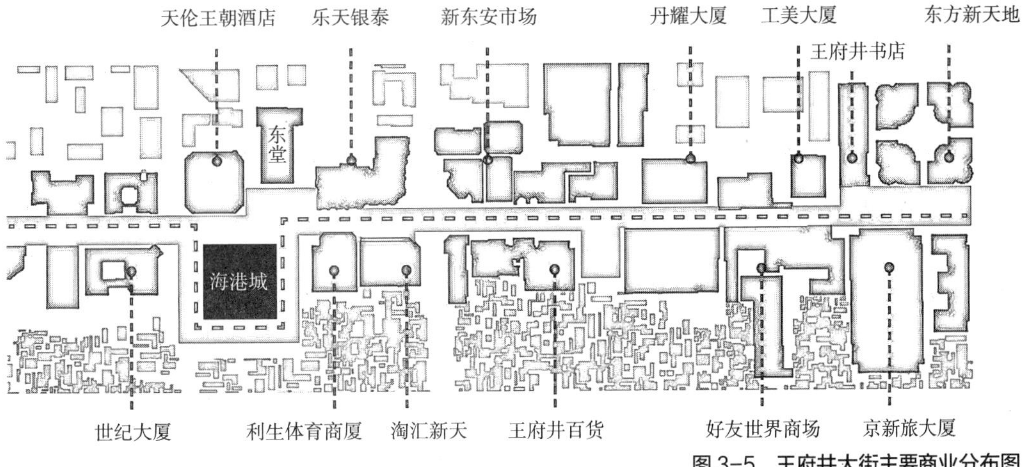

图 3-5　王府井大街主要商业分布图

60万人次的消费客流，为海港城“生存”提供基础客源保证；另一方面，周边拥有众多“大而全”的巨型商场，现有项目已经形成激烈的商业竞争态势，海港城作为新项目加入竞争行列，其生存环境并非一片沃土，而是异常严峻。为提高项目竞争力，保障其“存活”甚至“健壮”，设计前需分析周边生存环境，寻找别出心裁的商业形式。

王府井大街的商业主要包括两类：一类是百货类，另一类是专卖类。专卖类商业的商品类型比较单一，主要有王府井书店（书籍类）、工美大厦（工艺品类）、天元利生（体育用品类）等。百货类主要有大而全的王府井百货和新东安商场、奢侈品牌集中的乐天银泰、中低端百货的好友世界和丹耀大厦等（图3-5）。

上述王府井商业均为集中式大型商场形式，没有反映王府井古老室外步行商街形式。同时，通过大量市场调研发现，上述商业的首层营业收入多，柜台租金高，而二层以上的商家收入和柜台租金逐层锐减。由上述信息分析得出：（1）王府井大街缺少室外商街形式和“快时尚”集中业态；（2）沿街店铺价值大而楼层柜台价值低。海港城项目应利用现实生存环境，避开已经存在的商业竞争，寻求易于生存的捷径。基于此分析结果，现方案设计将地上三层商业，由原集中大型商场的方案形式，改为三层室外商业步行街形式（图3-6）。

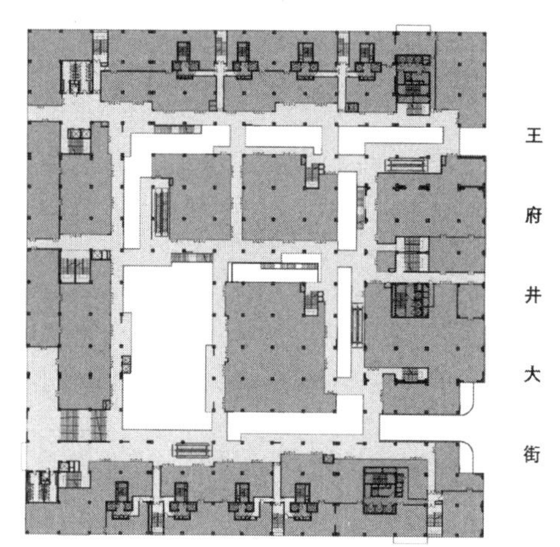

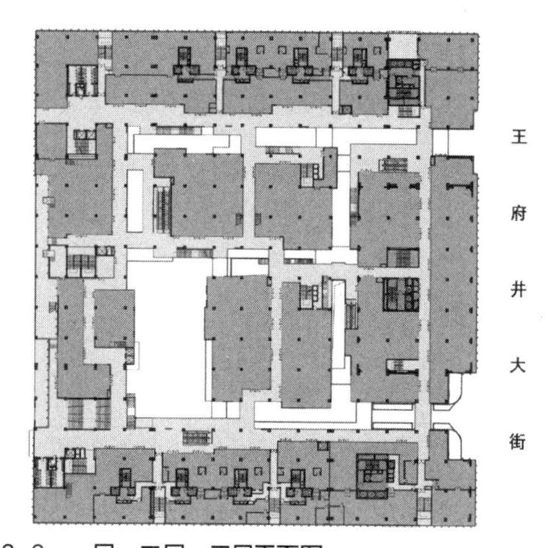

图3-6　一层、二层、三层平面图

升华为立体的“商业天街”模式，一方面弥补王府井大街没有大型室外商街形式的缺失，同时布置中、高端集中的“快时尚”精品类商业业态；另一方面又最大化地增加沿街店铺，使店铺沿街界面长度达到2300米左右，顺应沿街店铺价值最大化的需求。其“双刃剑”恶劣一面的生存问题迎刃而解，使海港城在商业生存和竞争环境中赢得先机。弥补缺失、顺应需求成为商业建筑设计首要考虑的因素。

2.商业元素：商业建筑生命体的“生命特征”

商业建筑包含几个重要的基本元素：商业动线、商业空间与界面、商业中庭与广场。这些体现生命特征的元素，是生命体“存活”的根本，即保障商业建筑盈利的根本。王府井海港城在设计过程中，将这些商业元素充分研究并贯穿于整个方案设计之中。

1）商业动线：消费者在商业建筑中行走的路线

如果将商业建筑看作一个巨大的生命体，商业动线将成为生命体循环系统的血管，而在商业动线上游走的消费者则是血管里流动的红血球，消费者的钱袋可视作红血球所携带的氧气（图3-7）。常识所知，如果维持生命体存活，则血管必须畅通并形成回路，使红血球将氧气带到机体的每个部分。如果不能形成回路，局部机体将会因为缺氧而坏死。同样，商业动线也必须形成回路，使顾客能够轻松到达每个店铺，并通过消费来提供“养分”，否则有些店铺会因为“供血不足”而造成冷铺现象，久而久之，势必拖累周边业态，对整个商业体产生不良影响。

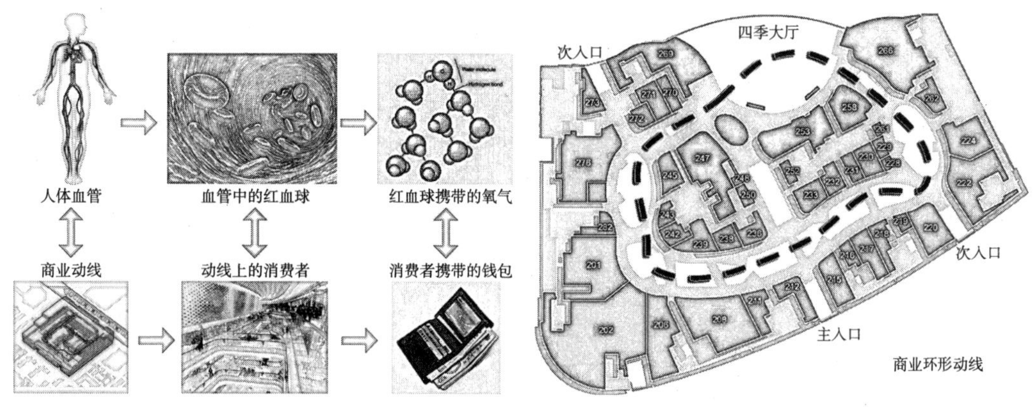

图 3-7 商业动线的生命特征

图 3-8 商业环形动线示意图

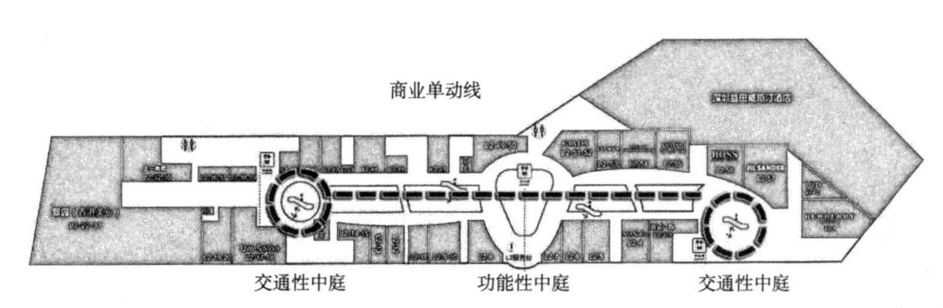

图 3-9 商业单动线示意图

如果商业建筑总进深和总面宽较大，一般采用环形动线形成回路（图3-8）。如果商业建筑比较狭长，一般采用单动线形式，并在动线两端形成“交通性”中庭，通过自动扶梯或观光电梯的开敞交通方式，形成竖向上的回路，完成循环（图3-9）。动线不可采用“尽端路”形式或“鱼骨式”形式，因为顾客心理上不接受回头路，看到前方不能通行，一般不会继续前行，因而尽端路两侧的店铺必定会门庭冷落（影城、超市、早教类等目的性消费业态除外）。

海港城地上的室外商街和地下的室内商街均采用环形动线，既可以内部自成一体，形成回路，又可与外部的王府井大街形成回路，避免顾客走回头路。动线的起始端位于东堂的中轴线与王府井大街交汇处，结束端位于北侧出入口，从而使整个项目的商业动线与王府井大街融为一体，形成封闭的商业步行街系统（图3-10）。海港城二层、三层商业动线均为环形动线，通过转角处的自动扶梯，在竖向上联系，使得所有商铺均能共享“养分”（图3-11）。商业动线端部通过自动扶梯或开敞楼梯链接上下层，形成竖向环形动线（图3-12）。

2）商业空间与界面：商业动线两侧的商家形象和展示店招，形成商业空间和界面

当商业动线过长或混乱时，消费者会因步行过多或找不到通路，容易产生疲劳感，进而导致情绪烦躁。所以，在商业建筑设计中应当遵循一个原则：设计简单并易于寻找的商业动线，以减少顾客的步行距离，而商业空间和界面设计则需尽可能的丰富。使顾客目不暇接并转移注意力，即将对腿部疲劳的注意力转移到视觉浏览的注意力上去，力争使顾客走最短的路程，却能接受最多的商业信息，刺激视觉感官，忘却疲劳感。犹如健身活动加快体内血液循环，使机体获得更多养分一样。只有简化商业动线，丰富商业空间和界面，才能使消费者流连忘返，刺

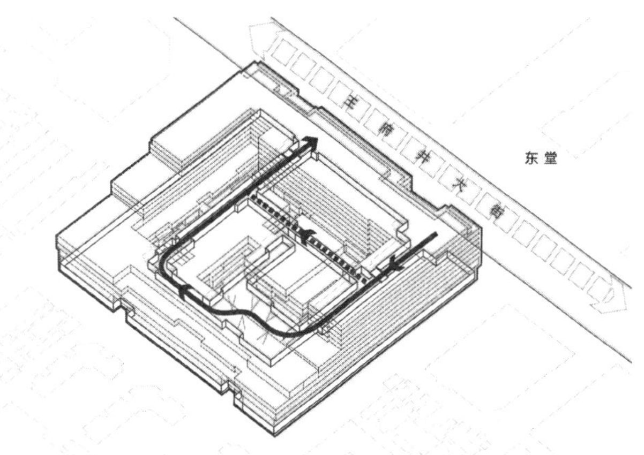

图 3-10　海港城环形商业动线

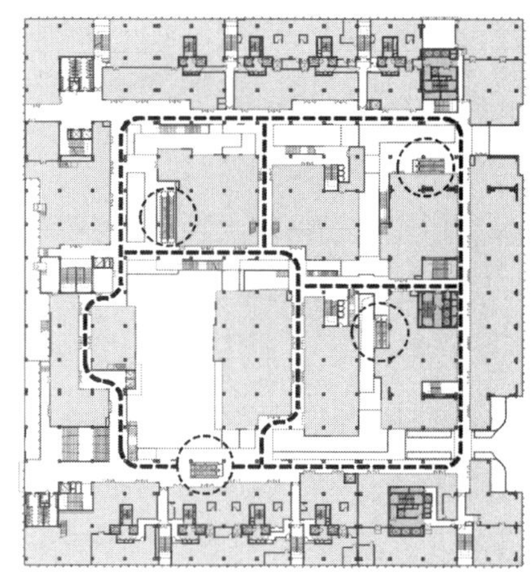

图 3-11　海港城二层、三层环形动线及竖向

图 3-12　动线尽端敞开

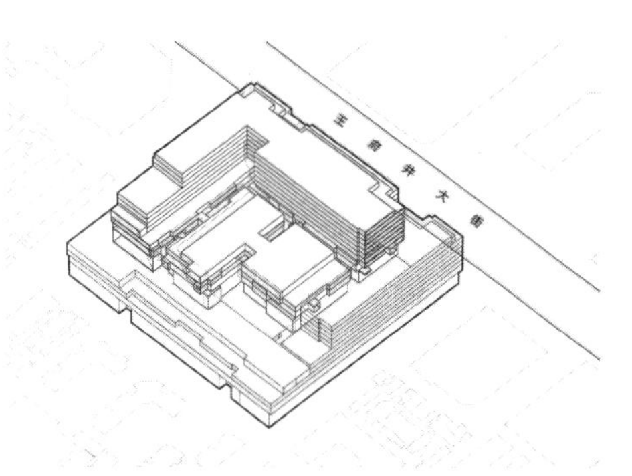

图 3-13　商业界面与空间的丰富

激其加大消费力度，增加对商业机体的“供血”，提升商业项目的繁荣。

海港城地上三层商业街为避免单调的商铺阵列，在动线两侧通过出挑和退台的空间设计手法，增加商业空间界面变化，丰富商业氛围，使顾客感觉到步移景异，从而扩大顾客单位距离上的信息量，增强顾客的好奇心及愉悦感，减少其逛街疲劳感（图3-13）。同时，为每间店铺提供与周边不同的商业空间，形成个性鲜明的商业形象，使顾客能够体验别出心裁和与众不同的消费氛围，为商业各个部分的机体提供“满血”的支撑（图3-14）。

3）商业中庭与广场：商业建筑的休闲、展示空间

中庭和广场是商业建筑中的唯一的“静态”因素，其作用表现在为消费者提供购物过程中临时休息的场所，以增加其在本商业中的停留时间，延续其购物时长，并聚集人气，同时也为商家提供展览、展示空间，举行商家新产品推广活动等。中庭与广场的人流聚集较多，能带动周边商铺的价值，所以一般设置在商业建筑内部的较深处，既可以将顾客引入内部，为内部商铺提供更多的“氧气”，同时又减少“静态”因素对商业动线的影响，避免靠近主要出入口处，造成人流过于集中。中庭和广场应围绕商业的主题进行设计，以体现本商业的独具匠心。

海港城的室外中心广场位于东堂的中轴线上，远离王府井大街，靠近项目西侧，形成抑扬顿挫的序列空间（图3-15）。广场既为顾客提供行进中收放自如的空间感受，又克服内部商铺

图 3-14　商铺各具个性展示空间

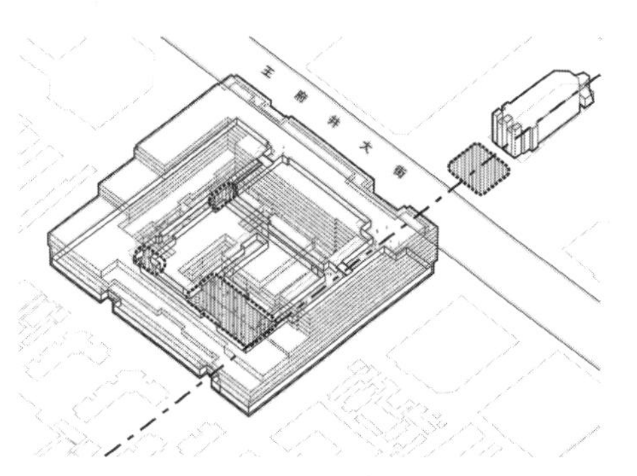

图 3-15　广场与东堂遥相呼应

图 3-16　内部中心广场

因远离王府井大街，人流减少而造成商业价值降低的弊端，从而为距离王府井大街过远的店铺进行“补血”。广场的尺度在30~50米见方，通过景观和外摆营造适合消费者人体尺度和视觉舒适的感觉，并与东堂前广场遥相呼应，为整个项目提供一个商业展示和顾客休息的高潮空间（图3-16）。

3.商业后台：商业建筑生命体的“新陈代谢”

一个生命体除吸纳生存所需养分的入口外，还需要排泄生存所产垃圾的出口。同样，商业建筑作为一个不断发展的“生命体”，除向消费者提供外在靓丽的、展示商品的一面，以保证能够获得消费者提供的足够“养分”外，为维持商业建筑生命体良好的“新陈代谢”，其货物出入口等大量的辅助性通道也必不可少。

对于大型商业项目来说，至少应有一个界面作为其后台良性运转的保障。某些大型商业项目为单纯追求四周沿街的商业价值，忽视辅助性通道作用，其做法要么减少辅助出入口，造成“新陈代谢”障碍，要么在商业中穿插设置辅助性出入口，造成商业界面不连续，两种做法都会对整个项目造成致命损害。因而，一个大型商业建筑必须做出牺牲，将商业的人流量最少、商品展示性最差的一个界面，作为其辅助性通道的“新陈代谢”排泄口，方能最优化其靓丽的一面。

海港城将商业的主要界面面向王府井大街，而将辅助性通道和出入口，布置在远离王府井大街的、项目西侧的北官场胡同，以保障项目商业界面的连续性不被打断。这些辅助性通道包括地下车库出入口、人防室外出入口、商业货物出入口、垃圾通道出口、消防疏散出口、设备吊装口、锅炉房泄爆口等（图3-17）。另外，由于海港城作为综合体项目，包含有住宅、办公功能，其私密性与商业的开放性极易发生冲突，因而将住宅和办公的入口，设在人流相对较少的、北侧的灯市口西街和南侧的韶九胡同。北侧和南侧街道即使作为商业动线，也是尽端式

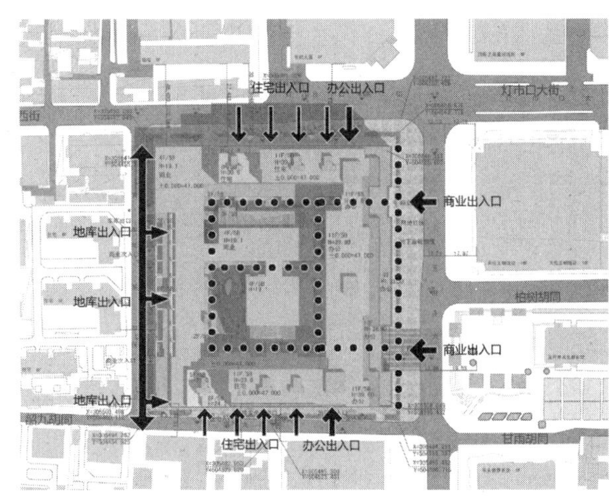

图 3-17　商业界面与辅助界面的划分

"鱼骨形"动线，商业价值不高，因此果断放弃此界面商业用途，仅作为住宅和办公出入口使用，通过分流不同使用功能的人群，避免不同功能人流交叉，便于使用管理，并提升项目各功能的品质。

4.商业主题：商业建筑生命体的"竞争技能"

自中华人民共和国成立以来，商业建筑先后出现过供销社、杂货商店、百货商场、大型超市、购物中心、步行商业街、主题商业、电商体验店等不同阶段、相互穿插的商业模式和形式，这是因为我国商品经济得到极大发展的结果。商品消费已不再是单纯的买卖关系，曾经被热捧和追求的体验式消费，也已被商家发挥得淋漓尽致，因而仅仅依靠"体验式"消费业态，已经无法再现商业的特色和优势。商业建筑顺应时代发展，并充分适应其生存环境，"存活"自当不成为问题，而如果不被淘汰，则必须具备强有力的"竞争技能"。这种技能被国内一些脱颖而出的成功商业项目所充分运用，即体现在商业建筑"主题性"的与众不同之上。具体实例如表3-1：

主题商业特点　　表 3-1

商业项目	商业主题	商业特点
北京侨福芳草地	艺术	商场成为艺术与商业的结合体，顾客在体验消费的同时，受到艺术品熏陶与感染
上海新天地	怀旧、时尚	"石库门"的本土建筑特色与商业结合，形成上海滩时尚消费的名片
上海 K11 购物艺术中心	艺术、自然	以美术展为中心，开设绿色生态创意园，使商业与艺术、自然、人文融入一体
南京水游城	水乡	以时尚设计手法，将江南水乡的小桥流水引入现代建筑，使商业与地域特色融合
武汉群星城	绿色、互动	梯田式空中花园与商业氛围相互渗透，中央半开敞圆形广场形成巨大的互动舞台
深圳欢乐海岸	文化、时尚	曲径通幽和蜿蜒水系的塑造，将海派文化与岭南文化融入室外商业步行街
成都宽窄巷子	传统、前卫	独有的川西建筑院落与前卫的艺术装饰搭配，营造卓尔不群的商业街区

表3-1所示的"主题性"商业项目，不但在周边商业竞争中形成优势，而且能辐射全城消费群体，甚至有些项目已经成为所在城市的商业名片。所以，塑造体现生命体特征的商业"主题性"，将使商业项目拥有鹤立鸡群的竞争技能。

图 3-18　胡同文化与现代商业相互结合

图 3-19　传统商街与时尚元素相互渗透

图 3-20　塑造“天上街市”的商业空间

图 3-21　海港城商业主题——王府天街

海港城作为新建项目，在设计中不断寻找体现个性的“主题”。纵观王府井大街的商业，体现老北京商业街和胡同文化的商业项目少之又少，仅有的王府井小吃街，尽管其业态低端、形象简陋，但仍然赢得消费者青睐，这是顾客希望体验古老传统商业氛围的原因。海港城的“主题性”设计围绕胡同文化和传统商街尺度展开（图3-18、图3-19）。通过时尚元素与传统元素的结合，将老北京文化与现代商业融为一体，并通过竖向空间的变化，形成“天上的街市”，塑造海港城独有的商业主题——“王府天街”（图3-20、图3-21）。

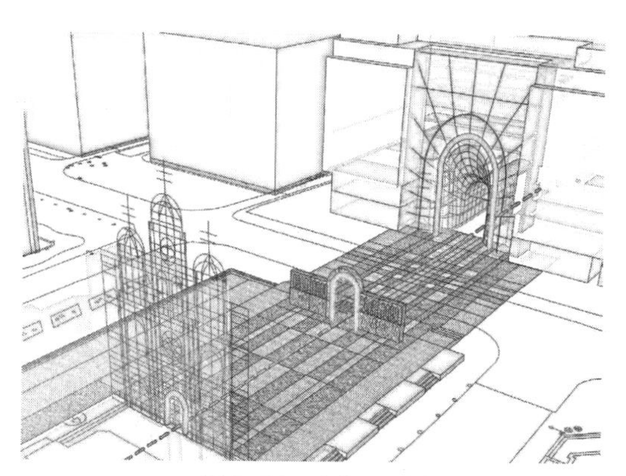

图 3-22　主入口形成东堂拱券的延续

由于项目涵盖商业、住宅、办公三种使用功能，其复杂性使得建筑外立面更宜采用简洁大方的现代主义风格，以保证建筑的整体统一性。主入口采用巨型镜面幕墙拱门，与东堂拱形元素遥相呼应并反射周边商业氛围，使项目与周边环境相互渗透，互为一体，再现老北京古老商街的文化“主题”（图3-22）。

5.结论

综上所述，商业建筑作为一种重要的建筑类型，与其他建筑类型有很大区别。大部分建筑类型，如办公、住宅、酒店、医院、剧院等，其功能性一旦确定，随着建筑的设计、施工、使用，其功能要求基本能贯穿建筑的寿命。而商业建筑则有所不同，因为人们对商品消费的观念和习惯是不断发生变化的。如果说其他类型建筑是“静态”的，那么商业建筑则是“动态”的，这种“动态”变化的因素，也是经常看到商业建筑内部不断调整、装修、改造的直接原因。

商业建筑更像一个巨大的生命体，只有为商业运营提供好的“胎体”，才能保证商业项目长久发展。而保障一个商业建筑良好地“存活”，并产生持续的、可观的利润，需要业主根据市场的要求，不断调整业态、改变环境、增强消费吸引力，来提供生命体所需要的养分。因此，商业建筑设计不应只停留在满足现行各类规范、应时消费习惯等所需要的“静态”内容，而应在设计中考虑消费者心理和生理的基本需求，提供商业建筑作为生命体发展，所需“动态”因素要求的条件。

商业建筑作为一个生命体，包含许多“动态”可变的因素。进行商业建筑设计时，首先应分析项目基地的“生存环境”；然后针对生存环境的优势和劣势，有的放矢，合理布局，并将体现商业建筑“生命特征”的商业动线、商业空间和界面、商业中庭与广场等保障商业盈利的基本元素融入其中；最后寻找商业项目的“主题性”，以提高商业的“竞争技能”，形成区别于其他商业的特色，从而使项目能在商业竞争中立于不败之地。

（2015年03月16日星期五）

事与愿违

——规划很丰满！建筑很骨感！

城市的建设与发展离不开科学的规划，人们日常生活工作的方便快捷与舒适，也离不开科学的城市规划。然而，有些理想前卫的城市规划理念，只是停留在那些胸怀鸿鹄之志的梦想之中，当梦想照进现实的时刻，却发现“现实”与“理想”之间，有着巨大的差距。正可谓：理想很丰满，现实很骨感。

笔者有幸参与了“某超大型片区住宅”的建筑设计工作。工作中发现许多先进的城市规划理念，在建筑设计的落地过程中却困难重重，特别是对于未来该片区的使用、运营和管理，感觉会产生难以预料的后果。焦虑之感，油然而生！“某片区”主要是大型住区，其中一半左右为安置住宅，整个片区可容纳17万人口，由国内顶级的九家设计院，同时展开紧张的建筑设计。从某种意义上而言，是“造城”级别的规划、设计与建设。

本文针对该项目规划与建筑、理想与现实之间相互冲突的几个问题，分述如下：

1.开放式街区

片区路网的总体规划，借鉴了欧美发达国家城市“小街区”“密路网”的规划方式，可以大大减少交通拥堵的现象。同时，建筑高度控制比较适中，大部分限制在30~45米，地块容积率基本控制在2.0左右，从而避免因人口密度过大，造成城市空间拥挤的现象发生。这些规划思想与当今中国大部分城市相比，都具有先进的意义。然而，总体规划为了增强住区邻里之间的沟通和交流，规定所有住区都是开放性的，即不再设置住宅小区的围墙和大门，使所有小区完全打开，任何人都可以随意穿行。此种规划理念是否合适，作为建筑师的笔者疑虑重重。

在判断此种规划理念是否合理之前，首先应该分析一下建筑的属性。在所有的建筑类型当中，住宅的“私密性”是最强的，没有之一。保护住宅的私密性等同于保护个人的隐私权。片区建筑大部分为住宅和底层商业，而商业又是所有建筑中“开放性”最强的类型，没有之一。使私密性最强的住宅与开放性最强的商业完全融合在一起，且不加任何分隔措施，造成各类人流相互交叉，其结果是：未来住宅和商业建筑的使用，必将受到严重的相互干扰和影响。

图3-23　巴塞罗那鸟瞰*

欧洲许多美丽的城市都采用小街区、密路网的规划方案，最为典型的当属塞尔达规划的巴塞罗那（图3-23）。每个街区为110~130米见方，即每隔

图 3-24　巴塞罗那兰布拉斯大街

图 3-25　巴塞罗那街区内部庭院

图 3-26　爱尔兰都柏林 · 梅林广场 *

图 3-27　梅林广场周边联排住宅

一百多米就有一个红绿灯控制十字路口，既避免严重堵车的现象，又防止车速过快的隐患。住宅大部分沿街而建（图3-24），街区内部为开放性庭院空间，通过特殊设计使外部行人穿越庭院时不太方便，或者只设置一个内部庭院出入口，从而最大限度地保证住宅的私密性（图3-25）。

再如，爱尔兰都柏林的梅林广场周边住宅（图3-26）。长方形城市广场四周设置城市道路，沿道路旁边布置联排住宅，住宅对城市广场形成围合，而住宅的户门则直接开向城市道路，不可谓不开放（图3-27）。梅林广场周边的联排住宅据说为了使喝醉酒的家人能够找到回家的大门，每家每户的户门都涂成不同的颜色，最终“都柏林之门”变成闻名世界的旅游景点（图3-28）。到访游客的不断合影和留念对居民的生活造成很大影响，安全感极度降低，此类不能保护居民私密性和安全性的住区规划形式，不学也罢。

如果说失去围墙和大门的住宅小区，仅仅是失去了私密性，并不算是最严重的结果。而失去对小区统一管理的途径，则恰恰是小区居民有可能无法忍受的问题。比如2020年发生的新型冠状病毒肺炎疫情，如果没有围墙和大门，如何在每个单元门口（而非小区大门）设置保安和管理人员，防止肺炎肆无忌惮地传染，将成为整个区域不得不面临的困难。

由此看来，开放街区的思想是先进的，然而任何规划理念和设计手段都需要“度”，如果超越“适度”，将会适得其反。

2.地下室连通

该片区的规划要求每个地块内的地下车库，需要从城市道路下方穿越并相互连接。通过“将所有地下车库连通”的方式，实现“地下垃圾转运”（后续详谈）和“物流地下配送”的规划构思，同时达到减少地面车辆拥堵、美化城市形象的目的。

从城市规划角度看，地下室连通是一种解决地面交通压力非常有效的方式。特别是对于类似北京国贸CBD地区的城市中心区域，由于地面交通压力巨大，仅靠空中立交已不足以解决地面以上各类车流拥堵的现象。因而，将区域内地下室相互连通，成为世界上很多特大城市的中心地区（Downtown）用以解决地面交通压力的主要方法之一。

然而，地下室连通的方法是否适合住宅小区，值得商榷。

首先，该片区的总体容积率不大，人口密度不高，同时因为采用前述小街区和密路网的规划方式，地面交通一般不会拥堵，因而采用地下室连通以减少地面交通压力的作用失去了意义。

图 3-28　都柏林之门

其次，地下室连通更适合于CBD这些商业、金融、办公等相对开放性强的建筑类型，而该片区主要以住区为主，地下室连通同样意味着住宅小区围墙和大门的消失。任何陌生人都可以通过连通的地下室，到达所有小区的每个单元地下电梯厅入口，即使采用门禁管理的方式，也会发生尾随进入电梯的可能性。而且，前述新型冠状病毒肺炎疫情一旦发生，地下室连通反而会为病毒的流动传播提供更加有利的条件，加速疫情的扩散，管控难度急剧增加。

再次，该片区《物流专项规划》理念是将人们所有的快递物品，从城市边缘的大型物流转运站开始，使用无人驾驶货车在地下智慧物流廊道中，运输到城市的十多个地下社区配送中心，然后通过快递小哥或机器人在地下室完成最后一公里的行程，将货物送至用户所在单元地下电梯厅处。对于市民来说，地面快递车辆大量减少了，市容市貌整洁很多，但是对于快递小哥来说，却只能是一种“暗无天日”的工作。

最后，住宅小区下面的车库，从某种意义上来讲也具有私密性（或者称为私属性），因为住宅小区的车库大部分为固定车位，其设计方法与公共建筑的访客车位（非固定车位）略有不同。由于该片区不允许有地面停车位，所以供地面商业网点使用的车位，也必须与居民车库共用坡道。不同车流进入连成一片的地下车库后，再分别去寻找各自的车位，最后寻找升上地面的电梯厅（很容易忘记车辆所停位置）。此种停车方式，又将不同性质的人流与车流混在一起，无疑增加有效管理的难度。

“地下室连通”的规划思想虽然先进，但是对于该片区来说，有些方法并不会达到预期效果，甚至有些理念会事与愿违。况且地下室连通的投资成本大大增加，因而此类规划方法需要慎之又慎。

3.垃圾转运

该片区规划将垃圾的转运过程置于地下室。地下车库内每70米步行辐射范围内，设置一个垃圾投放点，每位住户都需要将生活垃圾，放在地下车库的垃圾投放点；物业使用收集车将垃圾投放点的垃圾收集后，运至垃圾收运站；用中型垃圾车再将垃圾收运站的垃圾，通过固定的出入口坡道运出地面，最终运到垃圾处理场。

垃圾地下转运的规划理念，使整个片区的地面层再也看不到垃圾，市容市貌得到极大的净化。然而，垃圾地下转运的方法有可能带来与美好愿景背道而驰的后果。

地下车库是一个通风不畅、湿度较大、温差变化很小的空间，这些正是容易大量滋生细菌和病毒所需要的条件，而且丧失了室外太阳光紫外线杀灭细菌和病毒的自然优势。尽管可以增加地下室的排风、除臭措施，但是将垃圾放入这种环境，必然会加快细菌与病毒的繁殖速度。原本希望给居民一个美好的地上生活环境，地下垃圾场却成了细菌与病毒的“优质培养场”。地下室空气流通不畅，使每一位进入地下车库的人都大大增加了染病的概率。一旦发生类似新型冠状病毒的传染病，含有病毒的垃圾在地下车库的传播速度，会远远大于地面的传播速度，后果将不堪设想。

地下车库需要通过送风机进行新风的补充，因而在地面会有许多排风井。地下室的垃圾味道和带有细菌病毒的空气，必然集中从排风井排到地面，高浓度有害气体使排风井周边成为非常危险的区域，甚至比普通地面垃圾站更具有危害力。此外，垃圾中有许多的易燃易爆物品，一旦这些垃圾在地下室引起火灾，必然给消防扑救增加了很大困难。

为了满足垃圾车的高度，使之能够在地下车库穿行，整个片区的地下车库层高做到4.5米（常规下4.5米是可以做立体停车的层高，普通停车库只需要3.5米的层高），这势必带来土建成本的大量增加。由于该地区的地下水位较高，增加层高意味着土方量增加、施工降水量增加、抗浮配重加大、护坡桩加长、地下室外墙面积和防水面积增加……所有这些都提高了工程造价。

整个片区的地下室有几百万平方米的建设规模，而所有地下室为了满足垃圾车及前述物流车的高度，必须全部多挖1米的深度，这些“真金白银”埋入地下，却带来“最不想得到”的结果，细思极恐。因此，“垃圾地下转运”规划策略的可实施性及未来的运营结果，仍需要科学论证，必须三思而后行。

综上所述，科学的城市规划，对于城市居民生活、工作的品质会有极大提高，因而需要加强规划管理技术措施，以保证全体居民的切身利益。然而，规划前卫的理想很丰满，建筑落地的现实很骨感。正因为城市规划的宏观性，使很多规划细节处理方式绝对不能具备“试错性”，一旦规划措施出现偏差，将会对城市造成不可估量的、灾难性的损失。所以，现代社会需要跨学科的研究，以保证成果的科学性、合理性、落地性、正确性。只有规划编制、城市设计、建筑设计相互携手共进，才能为我们的居民建设安全、舒适、美好的家园。

（2020年03月18日星期三）

知难而进
——规划条件使得设计进退维谷

在【控规高度】中曾经提到规划编制、城市设计与建筑设计应进行专业之间的跨界沟通、并行协同设计，才能保证项目建设自始至终地良性循环。

许多规划师在编制规划文件、确定用地经济技术指标时，已经意识到这一点，因而常常与建筑师进行沟通，以保证建设用地能准确、高效地使用。协同设计既能避免因“经济技术指标”过高而导致建筑设计达不到要求，又能避免因“经济技术指标”过低造成用地浪费。然而，如果规划编制没有统筹、完整地考虑用地条件，往往容易致使建筑设计左右为难，同时也造成某些资源的浪费。

本文从参与的一个项目设计过程中，分析跨专业协同设计的重要性。

象地万玺大厦位于北京市门头沟区的核心位置，用地东侧紧邻大峪大街。北侧住宅、西侧学校、南侧办公楼的现状均已形成。用地规划指标为：用地规模5200平方米，容积率2.0；控制高度30米；建筑密度45%；绿地率30%。

设计过程中发现，建设用地的各种指标之间以及一些规划要求相互之间存在冲突，使得建筑设计过程中遇到许多始料未及的困难，因而不得不迎难而上，多方面调整建筑布局，以满足这些限制的要求。下面是设计过程中针对各方面限制做出的相应调整或采用的对策。

1.建筑退线

规划条件的退线要求是：建筑退南、北、西用地边界5米，退东侧道路西红线10米。然而在规划条件的其他要求里规定：用地南侧增加一条内部道路，宽度15米。此条规定意味着15米范围之内不可建设，从某种意义上讲，这条规定使“建筑退南侧用地边界5米”的规定形同虚设，前后条件矛盾。附加退线要求，使得此范围内既不能有建筑物，也不能布置绿地，必然为绿地布局和绿地率计算带来困难。（图3-29）

2.日照间距

在用地北侧有两栋现状住宅楼，根据《北京地区建设工程规划设计通则》的双控要求，既要满足大寒日两小时的日照要求，又要满足间距不小于建筑高度1.0倍的要求。在上述两项要求均已满足的条件下，规划进一步要求新建建筑东侧外墙的延长线，必须距离现状住宅的山墙不小于0.5米。如此一来，新建建筑实际后退东侧道路红线达到18.5米，比要求的退线10米多出整整8.5米的范围不能建设。日照间距和延长线的要求，进一步缩小了可建设的范围。（图3-30）

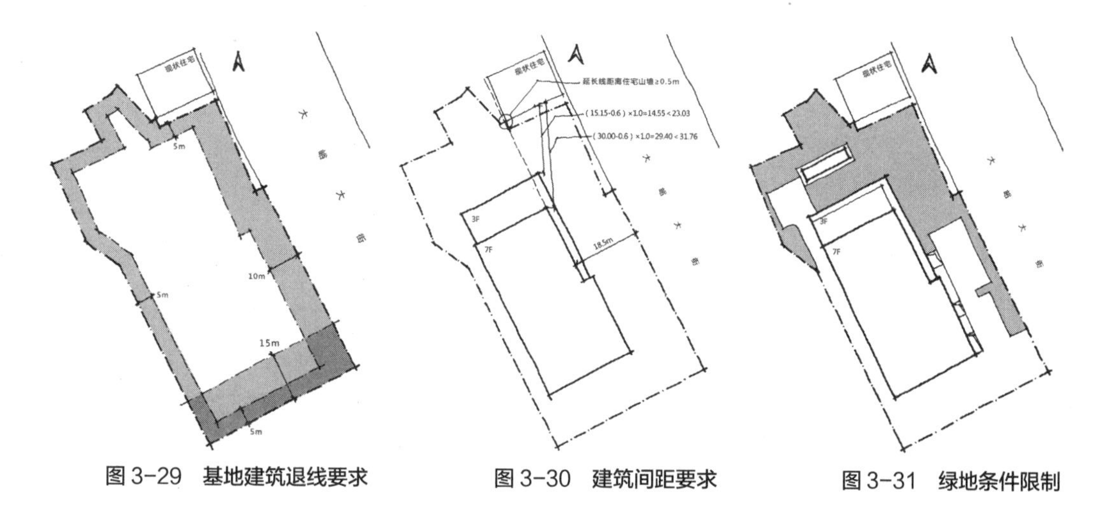

图 3-29 基地建筑退线要求　　图 3-30 建筑间距要求　　图 3-31 绿地条件限制

3.绿地率

30%的绿地率对于住宅项目而言，并不太高。但是对于类似本项目的沿街商业办公建筑来说，肯定是过高了。目前很多项目的规划编制，均采用“一刀切”的高绿地率。对于一些商业项目，过多的树木大量遮挡商业店招，过多的草地致使顾客的注意力不断放在脚下，因而高绿地率意味着人为地削弱商业氛围。为满足绿地率的要求，只能采取如下的设计方法。首层商业店铺前面原本应该是广场或者景观铺地，然而却被绿地代替，直接影响了店铺的商业价值，这是高绿地率要求下的无奈之举。（图3-31）

4.消防车道

因为建筑高度达到30米，所以本项目属于“高层建筑”的范畴，故需要消防车道的设置。然而30%的绿地率要求，使得“环形消防车道”没有条件设置。如果沿建筑两个长边设置消防车道，则无法完全满足绿地率30%的要求。西侧消防车道无法达到距离建筑5米的要求，如果强行要求5米的间距，项目最后会因总进深过小而形成“刀片”建筑，无法合理使用。东侧消防车道如果设置在用地范围之内，绿地率依然达不到要求，万般无奈之下，经与消防局沟通，将东侧消防车道设置于市政道路之上。（图3-32）

5.消防登高扑救场地

宽大的消防登高扑救场地在本项目弥足珍贵的用地指标中显得十分奢侈。在用地范围内，无法设置连续不断的扑救场地。同样，为了使有限的用地面积满足绿地率的要求，将部分扑救场地设置在场地南侧要求的退线15米的道路上，利用规划条件要求并充分发挥道路本身的作用（也是无奈之举）。从生命和财产安全的重要性上看，消防应当高于绿化，然而消防没有体现在规划条件里，而绿地率却在规划条件里有最低要求，所以当二者发生冲突时，只能先满足绿地率的要求，才能考虑消防因素，这显然是本末倒置的。（图3-33）

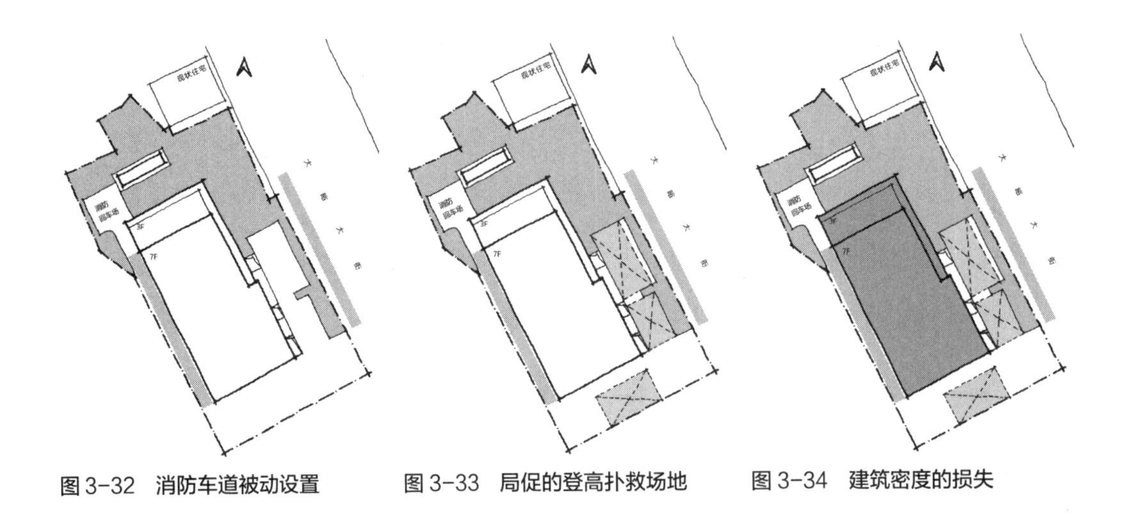

图 3-32　消防车道被动设置　　图 3-33　局促的登高扑救场地　　图 3-34　建筑密度的损失

6.建筑密度

本项目用地规模偏小，而如此大的绿地率，必然带来建筑密度的牺牲。建筑密度对于商业建筑的效益至关重要（详见【建筑密度】），而商业建筑的效益又直接影响项目对城市的贡献及繁荣。本项目规划条件要求建筑密度不大于45%，按照此指标计算，首层商业面积建设可以达到2340平方米，而最终实际的建筑密度仅为31.7%，损失达到约690平方米，也成为所有规划条件中唯一牺牲的指标。为了弥补损失，方案将地下一层局部设置为商业，通过观光电梯与地面连接，以塑造该区域应有的繁荣商业氛围。（图3-34）

7.车库坡道

由于要求的消防车道、消防登高扑救场地、绿地率的面积不能减少，使得地下车库坡道无处布置。万般无奈之下，只得挤占建筑首层面积，在项目西南侧设置1个双车道地库坡道。由于该项目位于城区中心位置，因而停车极为困难。项目交通影响评价报告指出：除达到指标要求的停车数量外，应尽可能地多设置地下车位，缓解城市压力。而地下车库停车数量超过100辆，则需要2个车库坡道。1个坡道的设置已经勉为其难，2个坡道则是可望而不可及，所以即使有条件增加停车位，也只能控制在100辆之内。因为部分规划指标的要求不合理，使得缓解城市交通压力的愿望显得“心有余而力不足”。（图3-35）

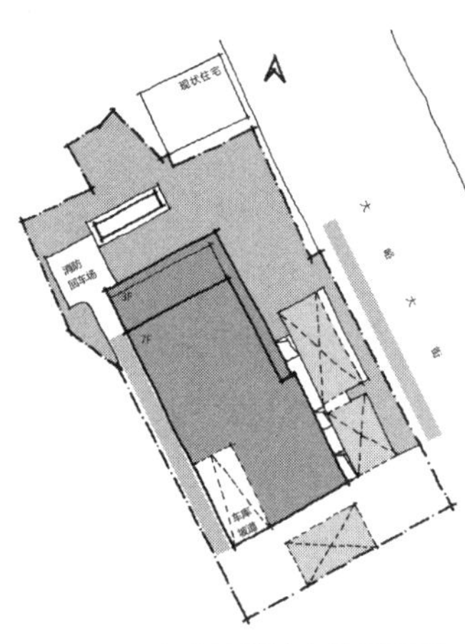

图 3-35　车库坡道挤占首层面积

由此看出，在本项目地块规划条件编制过程中，项目可实施性方面考虑欠妥（或者规划和建筑专业之间缺乏沟通），致使后续设计的工作从一开始就处于“修补”状态。上面各类条件犹如一个个横在面前的关隘，必须有“过关斩将”的设计方法和途径，方能将项目的建设落地实施。好在设计团队不厌

图 3-36　实景合成效果图

其烦地尝试各种途径，并克服一道道不能回避的困难，使项目在满足各方要求下得以顺利开工建设（图3-36）。

通过上述内容可以看出，如果在地块控规编制过程中，规划师和建筑师能及时互通有无，类似的项目将会从各个方面发挥最大优势，对外可以为城市做出更大贡献，对内可以使甲方获得更多收益，从而能进一步反馈社会。所以，各专业之间的跨界沟通与协作，对于项目的品质提升、与城市的融合具有极大的帮助，这一点毋庸置疑。

“建筑使用者”为“城市使用者”做出贡献，是应该的（也即舍小家为大家）。而如果“建筑使用者”做出牺牲，却依然没有使“城市使用者”受益，则一定是在某些环节上出现了问题。因此，规划师应多关注一些“建筑使用者”的感受，建筑师应多关注一些“城市使用者”的需求。

【题外】

现在一些地方主管部门已经开始要求：在进行地块控规编制中，必须提供相应的概念建筑设计方案进行推导，然后确定经济技术指标的最终限值，以杜绝指标之间的矛盾和浪费现象的出现。此种措施不仅为规划师的工作提供了准确性，也减少了将来建筑师拆东补西的无奈之举，同时能满足开发者的合法诉求，并最终为城市的发展赢得了合理性和可持续性。必须为这些主管部门的工作前瞻性点赞！

（2019年04月07日星期日）

图示语言——……Less is more……

【汇报心得】一文中曾经谈道语言表达能力对于建筑师的重要性。然而，对于建筑师来说，最重要的、最基本的依然是方案设计与图纸表达能力。很多情况下，建筑师没有汇报方案的机会，只能通过图示语言向甲方业主传递设计思想，设计图纸承载着“此时无声胜有声”的重任……

本文是团队小伙伴们于2018年共同完成的一个度假酒店项目设计，也是一个难得的、甲乙双方产生共振的设计方案。酒店地处北京市怀柔区“石门山风景区”内。基地位于景区山坳平地中心，东邻沙河，公路高架桥自东南侧穿过。由于现有酒店客房的数量已不满足日益增多的游客需求，项目设计由此而来（图3-37、图3-38）。

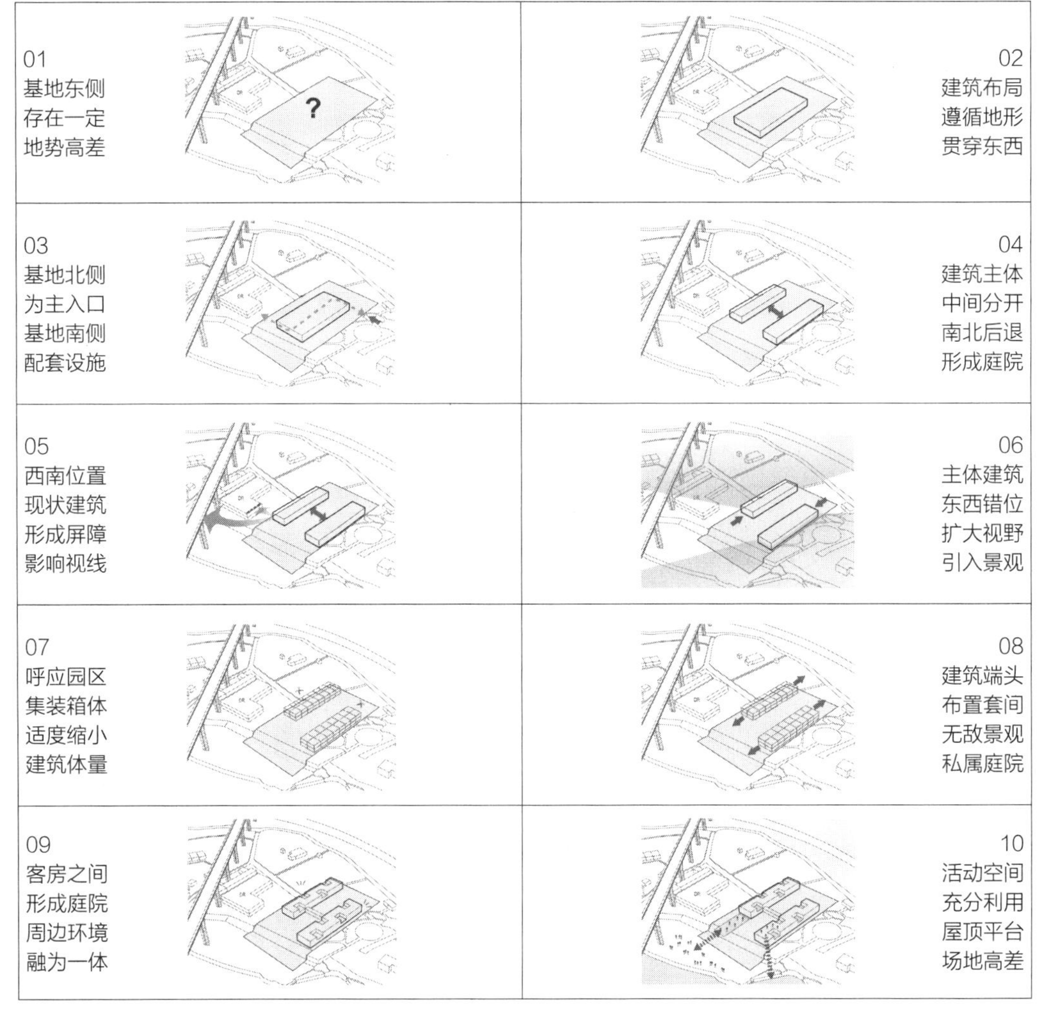

图 3-37　建筑布局推导过程图

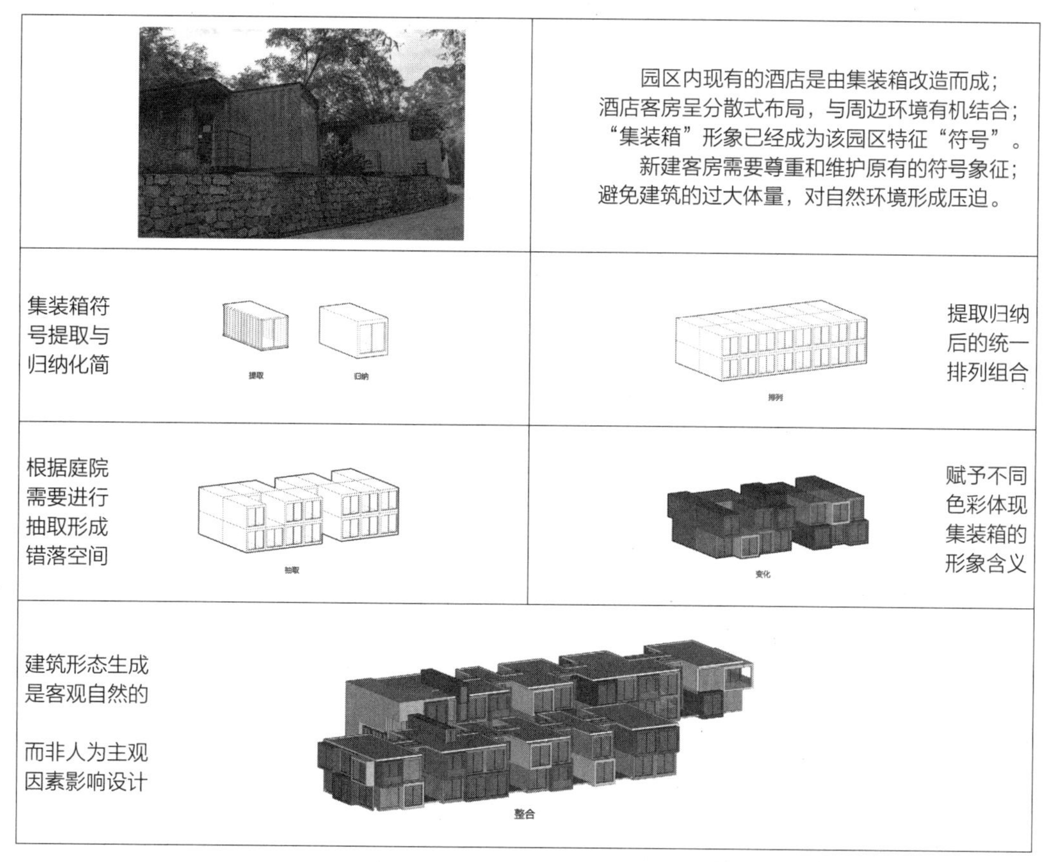

图 3-38　建筑形态设计基础与依据

在大自然面前，“环境”是主角，“建筑”是配角，如何让建筑做好大自然的“绿色”衬托，则是建筑师的责任（图3-39、图3-40）。

本文图示为主，文字为辅。Less is More……

图 3-39　建筑布局与形态尊重自然

图 3-39　建筑布局与形态尊重自然（续图）

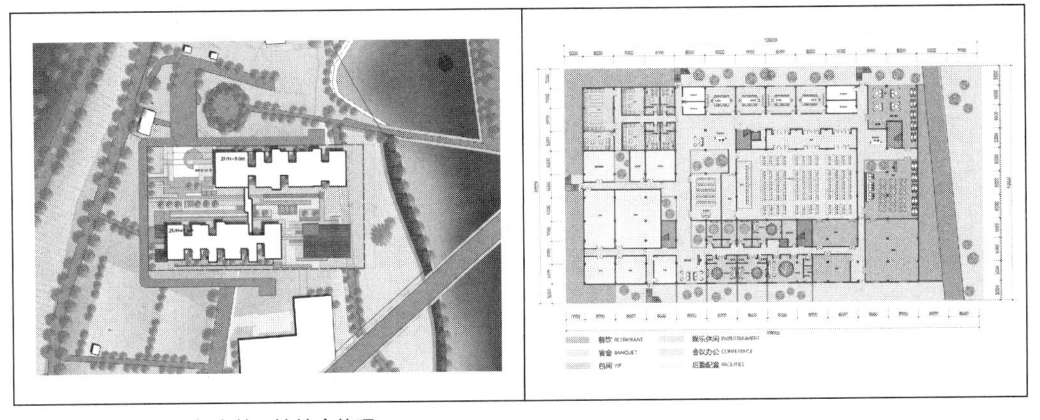

图 3-40　建筑布局与自然环境结合体现

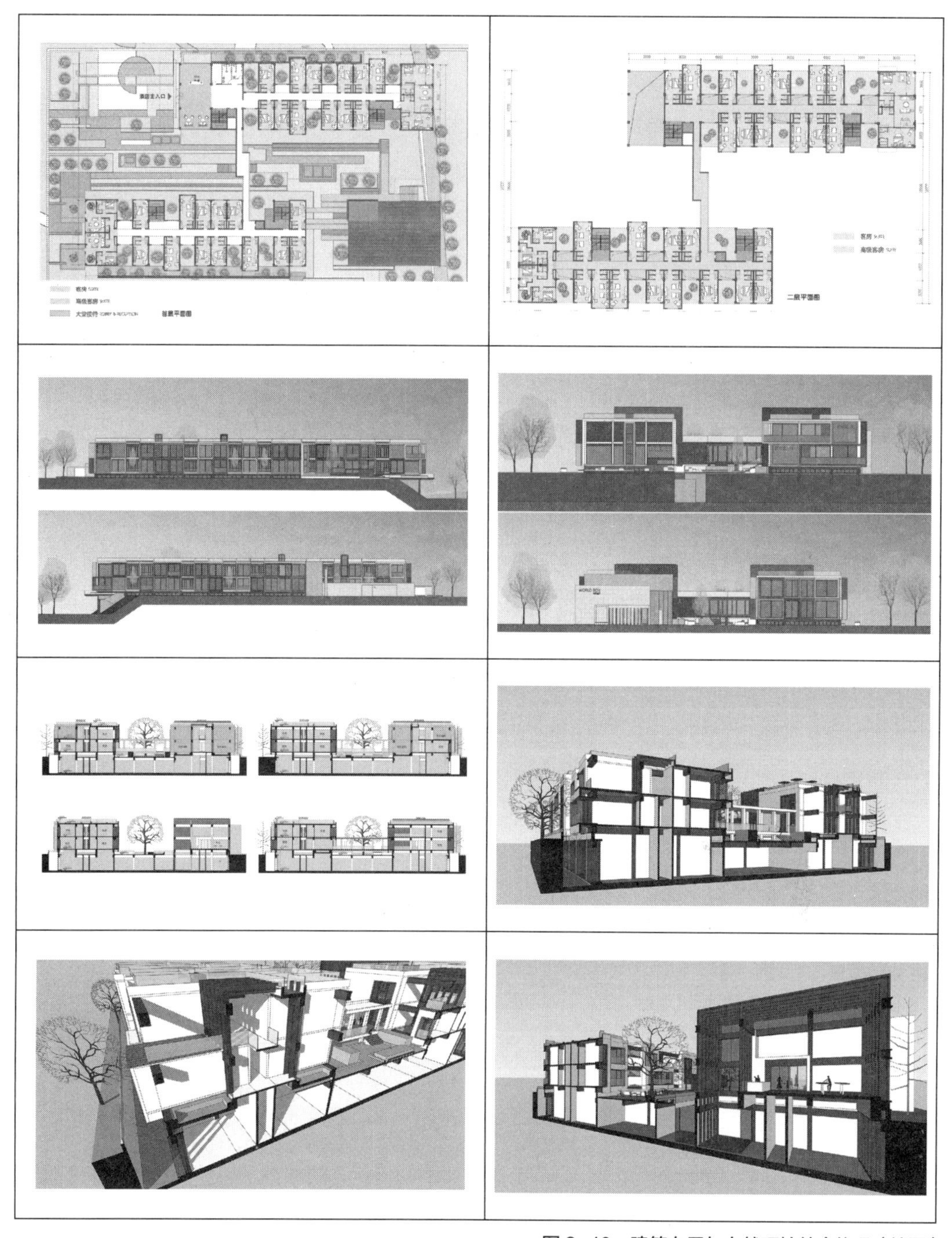

图 3-40　建筑布局与自然环境结合体现（续图）

（2020年07月11日星期六）

设计悲哀

——……屡战、屡败、屡战……

建筑设计是一个古老的、传统的服务行业，即：作为甲方的业主出资聘请作为乙方的建筑师，为自己设计所需要的建筑。

由于需求和审美的取向不同，在设计过程中，甲乙双方常常因意见不一致而发生争执。因为甲方在设计关系中处于主导强势的地位，所以很多建筑的最终设计结果并非乙方建筑师的原创。建筑师的设计理想在甲方的各类要求面前常常败下阵来，这也致使建筑师成为一个“屡战屡败、屡败屡战”的职业。

团队接手了一个带有科普性质的博物馆项目设计。博物馆位于一个小型山体旁边，山体的一部分被无序地人工挖掉。目前开挖行为已被停止，并准备恢复山体原有的植被，仅保留少量“断层面”作为科普基地使用。

原创方案将“用地环境”和“功能要求”作为设计的切入点，使整个建筑随地形变化而起伏有序，并与旁边的山体能够自然融合，降低建筑体量对周边自然环境的影响，弱化建筑自身形象（图3-41）。同时，充分发挥屋面空间的作用，使游览的人们能够通过不同方向的台阶和坡道到达屋顶，将屋顶设计成室外的景观庭院，为游客提供休憩、远眺、交流的空间。因为既要满足甲方业主的各种要求，又要肩负建筑师的社会责任。整个设计从绿色、环保、生态、节能等角度出发，每个节点无不细致入微地精心设计。

然而，由于种种原因、种种原因、种种原因……最终的效果既出乎意料，又在意料之中（图3-42）。

图 3-41　原创方案　　图 3-42　实施方案

"意料之外"是因为满怀激情的设计，最终被各种原因修改成平庸的"垃圾"，失望情绪充斥心中，发誓不再去现场看这栋建筑。许多人看到类似的建筑垃圾，总将责任归罪于建筑师身上，然而却不知很多情况下，都是因为建筑师弱势话语权的无奈。

"意料之中"则是许多建筑师的作品都是上述这个过程，因而也就不感意外了。屡战屡败，屡败屡战已经成为建筑师的职业特点，所以只能默默收拾行装，期待下次机会，放马再战……

即使有时战而胜之，胜之背后的心酸也只有建筑师自己知晓。

"华诚博远·王泉工作室"设计的"济南蓝石溪地农园会所"可谓一个成功的案例（图3-43）。"中国建筑学会"建筑创作银奖、"WA中国建筑奖"技术进步奖、"金堂奖"年度设计选材推动奖、中国室内设计年度十佳休闲空间……这栋小小建筑获得设计奖项太多，以至于有"烫手"之感。它不但成为济南历史上第一个获得建筑学会大奖的作品，而且成为当地休闲度假和企业活动的热点选址之一，并为甲方带来丰厚的投资回报（图3-44）。

然而，成功背后的设计"故事"却鲜为人知。

接到这个项目伊始，王泉工作室做了一个令甲方大为诧异的决定：免收设计费。如此不合常规的作法，令甲方十分不解。于是工作室解释：如果兑现免收设计费承诺，必须同时满足一个前置条件，即：建筑的功能、规模和造价由甲方确定。除此之外，整个建筑的设计效果，必须由设计方全权决定！如果出现甲方中途干涉项目的视觉效果内容，工作室将中断免费条款，

图 3-43　济南蓝石溪地农园会所 *

图 3-44　会所室内外一体化设计 *

图 3-45　室内外墙体片石的选择 *

按正常标准收取全部设计费用。

此决定对于甲方极具诱惑力，故非常顺利地按照上述约定进行协议签署。设计过程相对顺利，整个设计团队激情四溢，由于没有外在干涉，设计效果一气呵成，自一而终，几乎没做任何修改，效率极高。

当然，过程中也有插曲。比如，在进行墙体片石的尺寸选择时，甲方想坚持自己对尺度的理解和意见，争论之下，工作室只能以最初的双方约定作为"要挟"，最后以甲方放弃干涉意见的结果告终（图3-45）。也正是这一坚持，使得该项目获得了"金堂奖·设计选材推动奖"。

"蓝石溪地会所"成功了，不但使甲方知名度获得极大提升，也为该项目带来相当可观的经济效益。然而，其成功却以乙方牺牲自己的设计费为代价，设计背后的"悲哀"暴露无遗，毕竟建筑师要靠设计费生活，此类创作不可能让建筑师饿着肚子一直无私奉献下去。"蓝石溪地会所"案例说明：非专业甲方如果能听取专业设计方的意见，会使项目成本降低、效益增加，项目成功的概率也会成倍放大。然而事实恰恰相反，其结果却往往归咎于建筑师的无能。

战、败、战……再战、再败、再战……（偶尔成功）……屡战、屡败、屡战……这个过程不断磨砺建筑师的个性，也将始终伴随着建筑师的整个职业生涯。

对建筑师的不易与执着，请多给予一份理解和支持！！！

（2018年10月02日星期二）

建筑更新
——当代中国建筑师面临的挑战

【2009年秋】

与几位志同道合的建筑师伙伴，用了半个多月的时间走遍了美国的东、西海岸和一些中部地区。期间游学了几十位大师的近百件建筑作品，不同的作品带来不同的感受，然而，最深的感受主要来自两个方面：

第一个感受是，看到美国各个城市的美术馆、艺术馆、博物馆等各种展馆数不胜数。大到理查德·迈耶设计的洛杉矶盖蒂中心（图3-46），小到丹尼尔·里伯斯金设计的旧金山当代犹太博物馆（图3-47），再到无人不知、无人不晓的赖特设计的纽约古根海姆博物馆（图3-48），几乎每个城市的每个街区都有此类的展馆。由此，对比当时国内正在进行的各类大规模建设，两国建筑类型的不同已经显现出来。当时国内正在进行大量建设的是住宅、办公、商业等建筑类型，主要用以提升国人的生活、工作、消费等物质生活水平。虽然也有不少大规模的展馆在建设，但大多数是各地政府出资修建，代表的是城市的“颜值”，这些展馆的“形象”也许比“内含”更加重要。而美国的展馆则大多由机构、企业或个人修建，并将收藏的大部分艺术品免费对公众开放，用以提高人们的精神和审美需求，可谓取之于民，用之于民。当时强烈地预感到中国未来建筑发展的方向，必将会向发达的美国靠近。然而，这一天比想象中来得要快，现如今的当代中国，各类非政府建设的展馆如雨后春笋般出现，给建筑师提供了释放思想的大舞台，相信伴随着中国的进一步高速发展，会有更多的展馆呈现在国人面前。

图 3-46　洛杉矶盖蒂中心

图 3-47　旧金山当代犹太博物馆

图 3-48　纽约古根海姆博物馆

另一个感受则是，看到美国有许多建筑都是在旧有建筑的基础上进行改造或扩建而来。而由此对比当时国内的建设，也显现出完全的不同。国内大部分建筑都是在旧城区中心拆迁后的重建建筑或城市边缘的新建建筑，而对很多散落在各地的、具有历史价值的建筑没有进行更多、更好的保护，也许大拆大建本就是国人的“传统建筑作风”。所以，当时的另一种预感是随着中国新建建筑量的日益饱和，以及整体国民素质的提高，人们将重新审视建筑的历史价值、社会价值与经济价值，因而会有很多功能已经不在的建筑，将被更新改造后再利用，而不是彻底拆除后重建。然而，如同第一个感受一样，由于国内很多城市的功能得到更新，很多旧有建筑如各类工业厂区等退出原住地，而这些厂区又带有深深的历史烙印和价值。国人已经意识到过去的大拆大建是对历史建筑的亵渎，所以如同在美国看到的那样，越来越多的旧有建筑得到精心的保护。但是，为了使旧有建筑拥有新的功能，发挥新的作用，必须对旧有建筑进行保护性的改造或者扩建。所以，旧有建筑的改扩建设计方法成为当代中国建筑师面临的挑战。

上述两种当年对“未来”的预感，即当时对中国与美国关于“各类展馆”和“旧有建筑改扩建”的不同感受，近十年已经在国内慢慢变为现实，而且各种各样的展馆和越来越多的既有建筑改造作品不断涌现。在国内有很多政府主管领导也越来越重视旧有建筑的价值，然而却有不少人因为非专业的原因走向了另外一个极端，即对旧有建筑视为“圣物”，只能修旧如旧、恢复原样，不得有任何触碰、更新和改造。

相信在建筑师的努力下，中国的展馆建筑和既有建筑更新改造会越来越精彩。

【2017年夏】

去西班牙游学大师的建筑作品时，对于当年在美国的感受有了更深刻的感悟。特别是对于旧有建筑的更新改造，耳濡目染了多种多样的设计方法。至于具体采用何种方法，建筑大师们都是对原有建筑的特点和环境进行了科学研判后才做出的选择。

图 3-49　马德里展馆区 *

最为精彩的是在马德里阿托卡火车站附近，三位普利兹克奖得主对三个旧有建筑进行的“展馆”改扩建项目（图3-49），分别采用了“接建”“贴建”“叠建”三种不同的设计方法，可谓经典至极。简述如下：

（1）始建于1787年的普拉多美术馆由维拉努埃瓦设计，是18世纪末古典主义建筑重要作品之一（图3-50），1819年正式对外开放。2002年由拉斐尔·莫内欧（1996年普奖得主）设计的美术馆扩建新馆部分则是典型现代主义建筑风格（图3-51）。在现代主义新馆与古典主义旧馆之间，充分利用地形高差并通过一条宽敞明亮的甬道连接，使两者之间联系更加方便（图3-52）。新建部分对旧有建筑的独立性不产生任何影响，且在建筑空间和立面柱廊上实现了时代的延续性，属于“接建”的扩建建筑设计方法。

（2）索菲亚王后艺术中心原为建于18世纪的圣·卡洛斯医院，是一座典型的古典主义建筑（图3-53），1992年艺术中心改造完成后正式对外开放。原有医院方正的室内布局对于展馆的流线改造提供了方便，但是后来由于规模不足，艺术中心进行了国际设计竞赛招标。让·努维尔（2008年普奖得主）的扩建工程设计最终战胜了包括扎哈·哈迪德在内的众多明星事务所的方案，并于2005年落成开放。新的扩建工程采用了巨大的、多重的“灰空间”（图3-54），是对原有建筑的补充与提升，为参观者提供了更多的游走和休闲空间，同时，在新旧建筑之间通过巨型“灰空间”进行过渡（图3-55），两者之间的“贴建”设计成为既有建筑扩建的重要方法之一。

图 3-50　普拉多美术馆

图 3-51　普拉多美术馆扩建新馆

图 3-52　普拉多新旧馆之间的连接部分

（3）赫尔佐格和德梅隆（2001年普奖得主）设计的马德里卡伊莎当代艺术博物馆是由一座拥有百年历史的发电厂改造而成。建筑没有在原有的基础上进行更新，而是将整座建筑举起并架空，俨然是对摆脱重力的现代科技手段的“炫耀”，建筑的主入口位于架空层的核心部位（图3-56）。进入展馆大门后没有设置门厅，而是通过“万花筒”般的楼梯，直接将游客引入内部的展览空间（图3-57）。原发电厂的砖墙被保护起来并复原于新建筑表皮，并在建筑上部采用锈蚀的耐候钢板延续历史的沧桑感，形成对工业化时代的历史追忆（图3-58）。设计师在建筑入口的另一栋建筑山墙部位设计了一个巨大的竖向绿植花园，其与架空的设计方法形成对自然规律的“违背”。整个建筑展现了人工与自然、历史与未来的衔接，而建筑的改造设计则创新性地采用了“叠建”的设计方法。

上述对既有建筑进行更新的案例和设计方法，均为当代中国建筑师面对国内大量改造项目开拓了思路，提供了借鉴。

【2019年春】

在距离对既有建筑更新改造的初始感悟，恰恰过去整整十年时，团队接到一个更新改造项目的竞标设计。

图 3-53　索菲亚艺术中心旧馆

图 3-54　索菲亚艺术中心扩建新馆

图 3-55　索菲亚艺术中心新旧馆交界处

图 3-56　马德里卡伊莎博物馆入口

图 3-57　马德里卡伊莎博物馆入口楼梯

图 3-58　马德里卡伊莎博物馆入口广场

项目位于某城市中心位置，除了南侧一个大型住宅小区外，北侧还有一个包括商业、会展、办公、酒店、公寓等多种功能的综合体。其中最为重要的是用地内含有一座雕像和一栋具有历史保护价值的工业厂房（图3-59），需要将其功能改造后变更为商业与会展相结合的用途。

项目用地西侧为城市干路，东侧为即将实施的城市轻轨且将兴建一座轻轨站点。厂房位于整个用地内的中部，东西长87米，南北长183米，占据整个用地面积的35%；同时，西侧广场有一个同样需要保护的塑像不得改动。除去上述两个限定条件外，项目用地的北侧为现

图 3-59 项目用地现状图 *

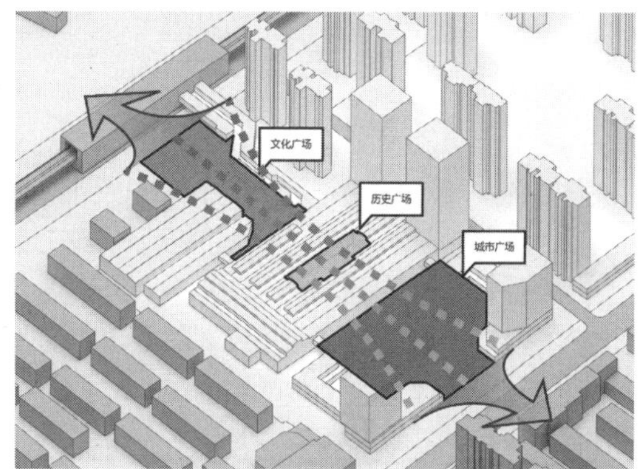

图 3-60 三个广场的空间序列组合

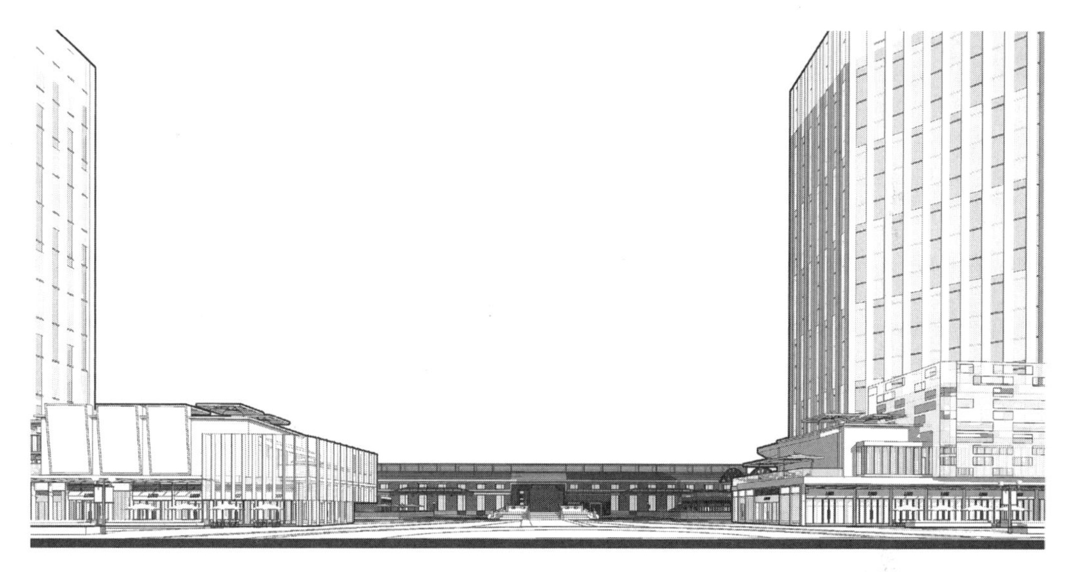

图 3-61 西侧城市路沿街展开面

状住宅，日照条件的限制以及项目建筑密度≤50%（除去厂房外，新建建筑的建筑密度仅剩15%）、绿地率≥20%的规定，使得项目设计被各类条条框框限制得困难重重。

在设计过程中，团队经过多次研讨后，先将项目“化整为零”分为以三个广场为中心的组合空间，然后将三组广场“化零为整”形成收放相间的序列空间（图3-60）。

西侧“城市广场”以雕像为核心，周边环绕布置退台商业建筑，对雕像形成围合的城市广场空间。广场面向西侧城市道路开口，开口部位尽量敞开，一方面突出雕像周边空间的开阔，另一方面使旧厂房尽可能多地展示出来，作为背景以衬托雕像时代感（图3-61）。对于新建建筑裙房的高度进行严格控制并使其低于雕像的高度，以示对雕像人物的尊重（雕像高度为12.26米，二层裙房的建筑高度为5.1+4.9+1=11米）。“城市广场”的南北两侧设计成下沉式庭院，与地面围绕雕像的两层裙房一起，形成三层叠落的围合广场（图3-62），进一步提升和烘托雕像高大伟岸的形象，同时地上建筑的退台也使厂房形象得到更多的展现，与新建建筑一起形成“城市广场”的背景墙，为市民提供具有历史感的“城市客厅”（图3-63）。

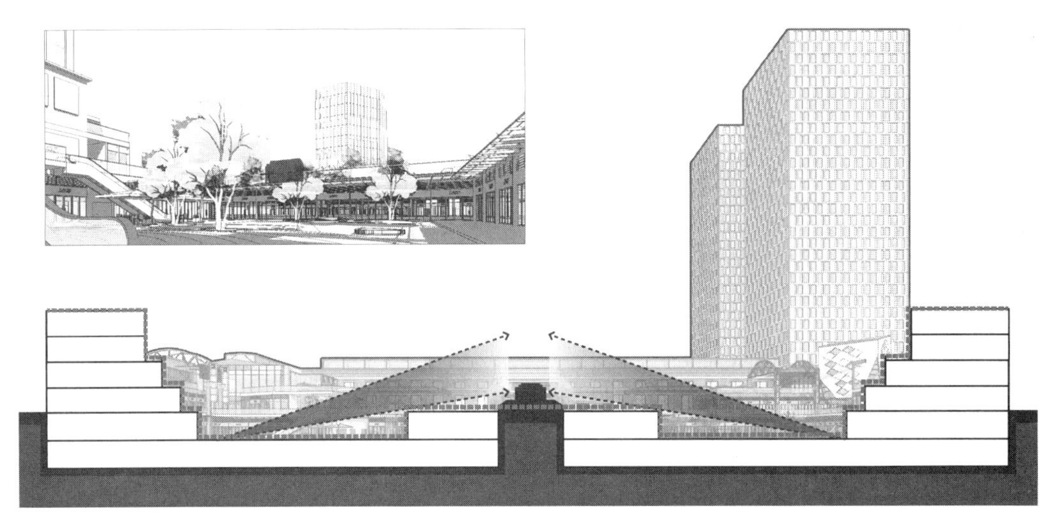

图 3-62　城市广场剖面示意图

图 3-63　“城市客厅”

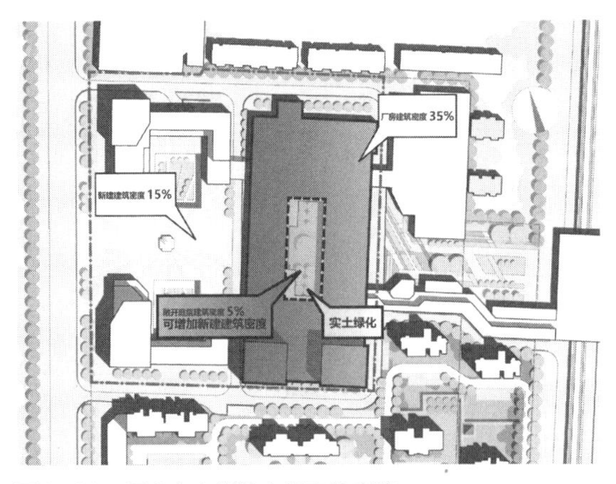

图 3-64　厂房中心塑造内部室外庭院

中间“历史广场”则由旧有的工业厂房改造而成。将厂房中心的部分挖空，形成商业展览馆内部的小型庭院绿化空间。既可以增加实土绿化面积，又可以将减少的“建筑密度指标”增加到新建建筑中去（图3-64），同时还可以解决因厂房进深过大而造成消防疏散距离过长的问题，可谓一举多得。

中心的室外庭院也作为内部展示空间在外部的延伸，为会展、商业提供了休

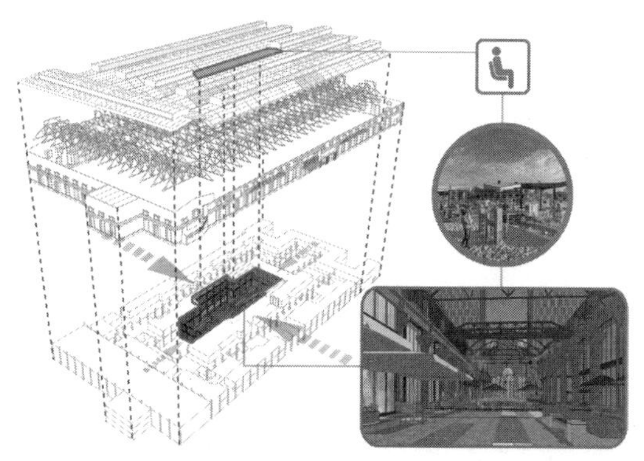

图 3-65　中心庭院塑造的历史广场

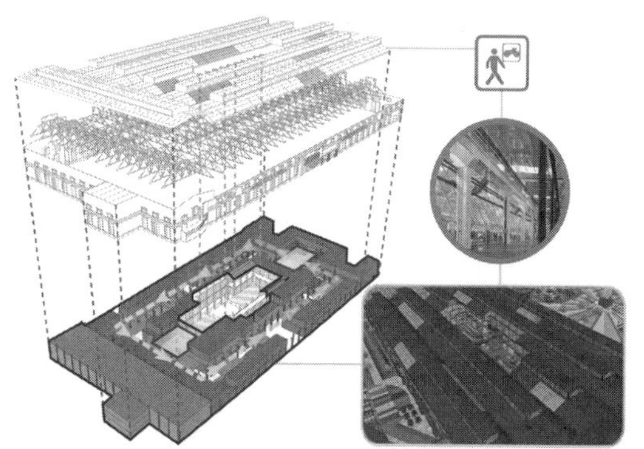

图 3-66　内部环形动线围绕中心广场设置

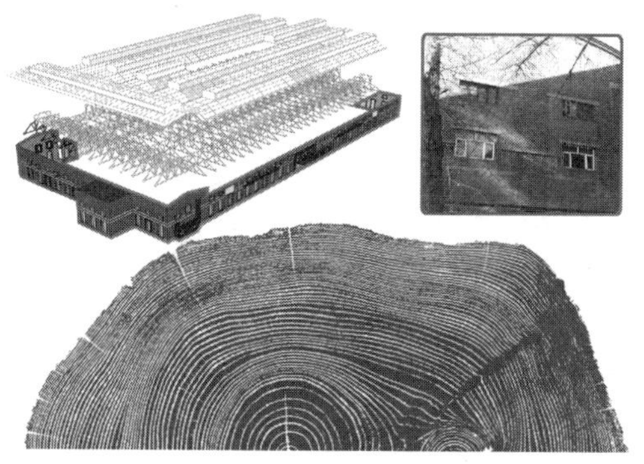

图 3-67　立面材料的年轮式文化传承

图 3-68　细部节点反应内部钢架结构特点

憩、交流、户外展示的场所（图3-65）。内部展览形成环形动线，在南北两侧形成室内中庭，为顾客营造情绪收放空间，并与室外庭院形成序列变换（图3-66）。厂房的外立面基本保留原有风貌，特别是对于其不同年代进行的修补痕迹，在其内部进行结构加固，在其外部用点式玻璃幕进行保护，形成“年轮”式的文化历史传承（图3-67）。对于厂房建筑破旧不堪的门窗和转角细节，则采用耐候锈蚀钢板进行替换，从色彩和质感上继续渲染厂房的历史厚重感（图3-68）。

方案最重要的创新部分是采用“叠建”式的既有建筑改造方法，在位于厂房南侧三跨进深的位置，设计了两座高80米的高层办公楼，解决了建筑密度不足、绿地率紧张的问题。同时，其日照阴影基本覆盖在厂房屋面上，也是最佳的日照解决方案。

东侧“文化广场”与相邻用地保留的小型厂房一起组成项目的东侧城市空间广场。由于东侧为轻轨站点，大量的城市客流需要途经此地，因而文化广场肩负着展现城市形象的重任（图3-69）。底层架空的空中转折走廊将轻轨站点与会展三层直接相连，极大地缓解了地面交通压力，同时克服了此区域空间狭窄的先天不足（图3-70）。文化广场结合景观布局，陈列了许多原厂房内使用的机械设备，形成室内展览空间向室外的延续。原有厂房的结构构件在改造中充分显露，使整个广场体现一种对工业文化的回忆（图3-71）。

上述三个广场沿东西方向相互串联，并最终将西侧城市道路与东侧城市轻轨衔接，为整个城市的市民提供了历史追忆、文化熏陶、休闲交流、时尚消费等丰富多变的组合空间和场所。

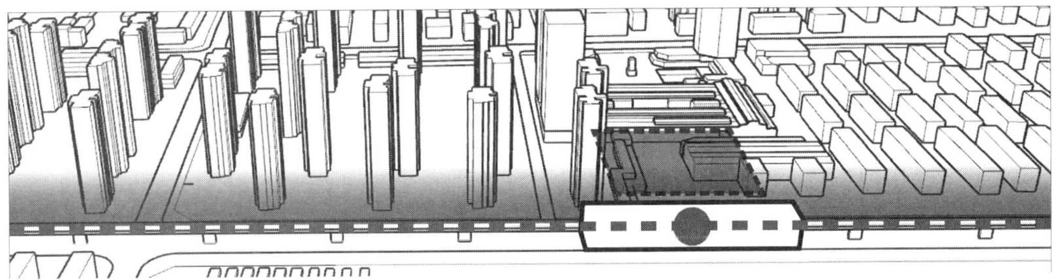

图 3-69　东侧文化广场入口

图 3-70　架空廊道缓解人流压力

图 3-71　工业文化的室外展示广场

【题外】

整个项目的方案设计完成后，受到业主方的许多争议，争议的焦点主要集中在方案需要改造工业厂房南侧的三跨空间，并在其上方直接建设两栋高层公寓的改造理念方面（图3-72）。一部分业主方感觉政府主管部门将认为如此改造，会对具有历史价值的厂房产生巨大的“破坏”，违背了对历史建筑的有效保护。而竞争对手将高层公寓布置在雕像的南侧，与工业厂房

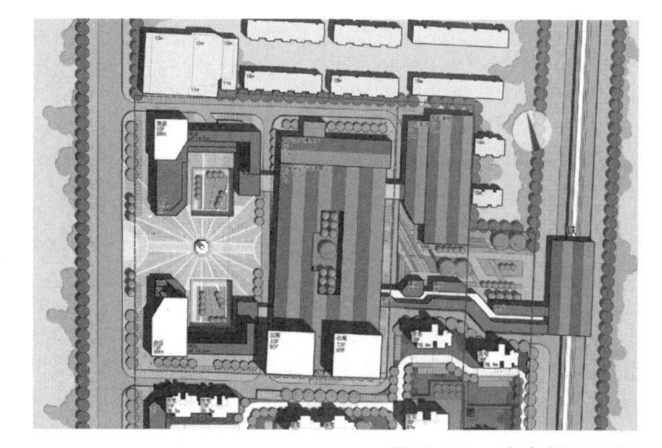

图 3-72 方案总平面图

的西南侧保持了一定的距离，以示对既有建筑的保护。

向市政府及各部门领导的方案汇报则彻底改变了反对者的最初观点，并赢得了所有人的认可。由于用地紧张的要求，使得高层建筑的建设不可避免。方案汇报的内容与逻辑如下：

（1）通过日照计算，在用地的西北角建设一栋高层酒店，且为了保证用地北侧的住宅不被遮挡，该酒店必须做切角处理以满足大寒日满窗日照2小时的要求。

（2）由于主席雕像面向西侧城市主路，为了使广场和城市形象保持中轴对称的格局，在用地西南角布置一栋体量和高度与酒店大体相当的办公楼，以保证西侧城市界面的均衡。

（3）上述高层建筑布置完成后，可建设高层位置只剩下雕像南侧的剩余空地（竞赛对手的方案正是将高层公寓布置在此处，也是正常推理的结果）。然而，我方提出的观点令所有人无法反驳，即：既然用地北侧外的百姓住宅不能被新建建筑遮挡日照，难道雕像就允许被新建建筑遮挡？况且如果雕像处于建筑阴影之中，也就意味着雕像周边的大部分广场将处于南侧高层建筑的阴影之中，这对于北方市民的室外活动空间来说几乎是不能被忍受的。但是，如果将雕像南侧的用地空出，使广场得到充足的日照，则近一半的建筑将无法建设。我们团队的方案将高层公寓置于厂房南侧（图3-73），难道真的是对历史建筑的“破坏”吗？在做出最终结论之前，我方列举了一个经典案例作为理论的支撑。

图 3-73 高层公寓“叠建”于厂房之上

图 3-74　易北音乐厅建成之前 *

图 3-75　易北音乐厅建成之后 *

图 3-76　项目整体鸟瞰图

（4）“鸟巢”的原创建筑师赫尔佐格和德梅隆在德国汉堡设计的易北爱乐音乐厅，在既有建筑的上方“叠建”了一个崭新的音乐厅。汉堡作为第二次世界大战时期德军最大的军港，在战争后期受到盟军的大量轰炸，大多数重要的建筑物被夷为平地。项目位于港口与河道交汇处的所在地有一座仓库，在盟军的轮番轰炸中幸免于难（图3-74）。当确定在此新盖一座类似“悉尼歌剧院”标志性建筑的音乐厅时候，所有人都认为仓库将会被拆除，然而建筑师的创意出乎所有人的预料。仓库不但没有被拆除，反而被很好地保护下来并得到结构的加固，然后在其上面建设了一座全新的音乐厅，形成从过去到现在的生长延续（图3-75）。此种既有建筑的改造方式不但没有使历史建筑受到“破坏”，反而使之得到尊重，同时也使新建音乐厅得到升华。

（5）反观我方团队的方案，只是在厂房南侧局部的屋面以上进行加建，不但形成对历史建筑的良好保护，也延续了历史的发展，同时还解决了前述各类条条框框的用地条件限制，所以应该是解决问题的最佳方案（图3-76）。

当方案汇报结束后，设计构思不但获得政府各主管部门领导的赞同和认可，那些曾经持反对意见的业主也转变了思想。尽管后来由于种种原因，团队被迫退出了项目的进一步深化设计，但是从项目的未来发展看，我方设计人仍然希望该设计理念能得到后续团队的坚持，毕竟雕像和既有的工业厂房对于整个城市的市民来说，是一笔的宝贵历史遗产。

【未来】

正如十年前游学时的思考和预感，未来中国建筑师面临的设计将会有大量既有建筑改造的项目，因为旧有建筑的情况各不相同，所以更新改造的方法必须有很强的针对性，只有建立在大量数据对比，以及解决不同限制条件之上的方法，才可谓正确的选择。

（2019年09月21日星期六）

建筑运维
——建筑设计应涵盖的跨界范畴

“建筑师负责制”一直难以在国内得到推行，原因各种各样。国际建协规定建筑师的业务服务范围包括：建筑策划→建筑设计→施工配合→竣工验收→使用后评估。庄惟敏院士的《建筑策划与评估》中指出，与国际上建筑师服务领域和内容相比，我国建筑师的工作内容存在“掐头去尾”的情况。即我国建筑师往往缺失建筑策划和使用后评估阶段的工作，这也是建筑师负责制难以推行的重要原因之一。

除了“前策划”与“后评估”，建筑运维设计的工作同样需要建筑师参与。特别是对于一些靠人流提升价值的建筑类型而言，运维设计工作尤为重要。本文通过一个综合体设计的实际案例，分析建筑运维设计的必要性。

1.项目背景

2014年春，长春新星宇广场进行设计招标，要求对“田”字形的四块用地进行商业综合体的整体设计。经过各方专家激烈的讨论和层层筛选，我方团队因含有“建筑策划”内容且具有创新性和落地性，最终脱颖而出成为中标方案（图3-77）。其中的东北侧用地按照原创方案落地实施，即现状的“欧亚三环购物中心”（图3-78、图3-79）。而其他用地则因为各种原因，未能实施。

2020年秋，新星宇公司希望将东南侧用地（新星宇广场四期）重新打造成一个新的地标式综合体建筑。经过与多家设计团队合作后，均未获得最终满意的方案。因而又前来与我方团队合作，我方再次将“建筑运维”的理念运用到设计工作中，最终的方案赢得业主的一致好评。现将两次方案的特点以及建筑设计之外的工作（建筑策划与建筑运维）分析简述如下：

2.原方案回顾

项目建设用地位于长春市东西向“南环城路”与南北向“亚泰大街”交汇处的西南角，综合体包括集中商业、室外商业街、办公楼、公寓楼、酒店等业态。原方案将约10万平方米的欧亚购物中心布置于昭示性最强的用地东北侧，使之成为综合体的发动机，以带动整个项

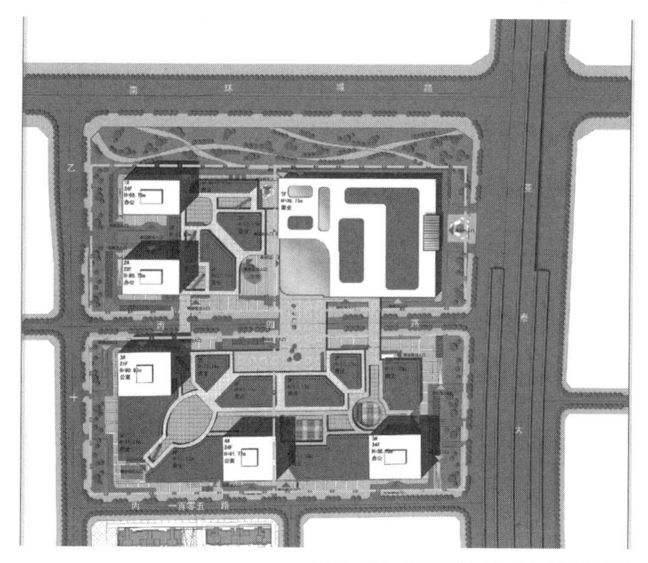

图 3-77　长春新星宇广场总平面图

图 3-78　欧亚购物中心效果图

图 3-79　欧亚购物中心实景照片

图 3-80　新星宇广场鸟瞰

图 3-81　新星宇广场室外商业街

图 3-82　欧亚购物中心共享中庭

目的活力（图3-80）。

欧亚购物中心的南、西南、西三个方位布置了室外商业街（图3-81），与欧亚购物中心的中庭形成连续的、闭合的环形商业动线（图3-82）。因为整个用地呈西北高、东南低的跌落地势，而商业建筑对高低错落的标高和台阶非常“避讳”，所以方案根据此特点采用“三首层”设计概念，使顾客从三个不同的室外标高，都能毫无障碍地进入购物中心和室外商业街（图3-83）。“三首层”的设计理念既解决了商业动线上可能出现台阶的弊端，又增加了“首层商铺”的规模，极大地提高了商铺的商业价值，为整个项目的租售带来新的利润增长点，同时也为商业氛围提供了丰富、多变的活动空间。

欧亚购物中心的四季中庭并非居中设置，而是与其南侧架空的室外活动广场形成互动的共享空间（图3-84）。既可以应对气候的变化，又可以提供不同大型活动所需要的公共空间（图3-85）。整个综合体以四块用地中央的架空中心广场为核心，将所有商业布置在其周边的环形商业动线上，并在动线上设置多个小型的主题广场，为整个综合体的业态布局提供了丰富的可实施性，也为商家和顾客的互动提供了便捷的可达性与可视性。

后来，因为种种原因，用地西南侧地块的点式公寓被板式住宅所替代，西北侧用地成为邮

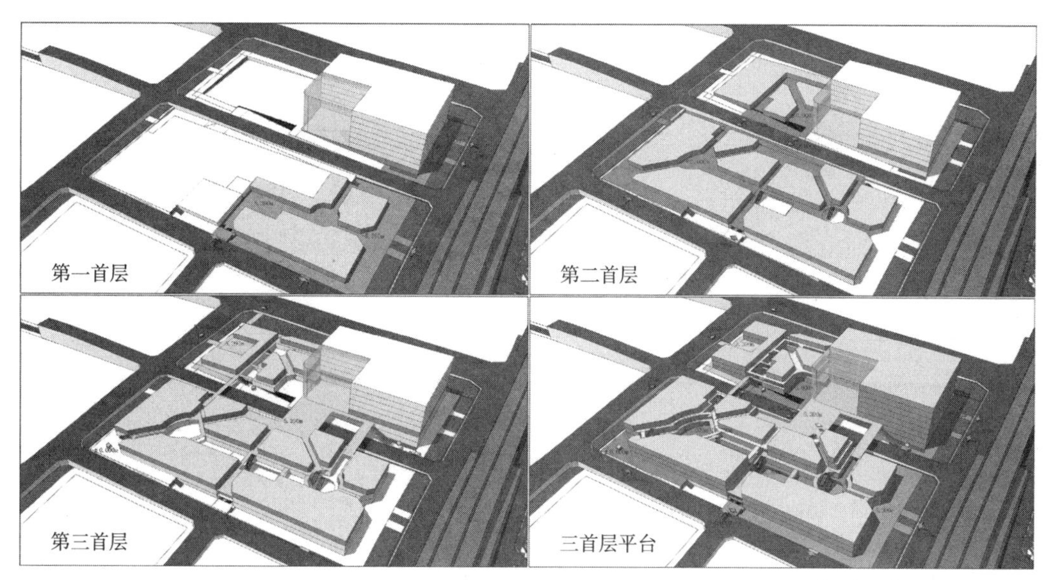

图 3-83 “三首层”商业设计理念

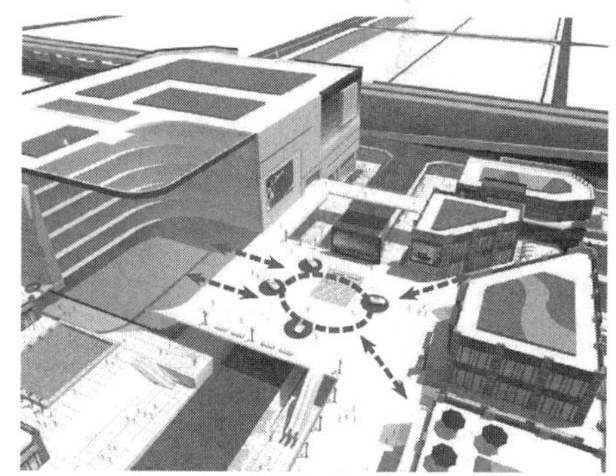

图 3-84 欧亚购物中心四季中庭

图 3-85 新星宇广场中心广场

储银行入住的办公楼。一系列变化使原创方案未能得到完整地实施，项目的整体性也未能得以保持。鉴于此种变化，新的方案从已经形成的现状入手调整设计方向，既要充分利用现有建筑的有利条件，规避不利条件，又要考虑对现有建筑的影响和支撑。

使新方案成为地标性建筑成为摆在设计面前的挑战。

3.新方案展望

新星宇广场四期为“办公+公寓+酒店+室外商业街”的综合体。位于欧亚购物中心南侧的未建设用地，仅为27.5亩，容积率却高达4.0，建筑高度必须做到100米才能满足指标要求。建筑布局主要受限于以下几个方面：

（1）西侧：高层住宅主体已经施工完毕，新建项目必须考虑对西侧住宅的日照影响。

（2）南侧：室外商业街位于项目内部，需要南侧高层部分提供开口宽度，以给予足够的光照条件。

（3）北侧：正对欧亚购物中心超市入口，由于项目处于建设过程中，超市入口通达性较差，没有发挥应有的作用。

（4）东侧：紧邻亚泰大街高架桥和辅路，需要强化商业入口导向性，提升项目的可识别性。

（5）周边：均为“板楼”林立的钢筋混凝土森林，冰冷的城市界面体现出“不友好”的生活氛围（图3-86）。

针对上述被动约束条件，方案在总平面布局上进行逐一应对（图3-87），通过不同的设计方法依次解决面对的困难，其主要策略如下：

（1）西侧：布置东西向高层公寓板楼，减弱西侧住宅山墙对项目的整体形象的影响。同时，东西向公寓的南侧做层层退台处理，以满足西侧住宅的日照要求。

（2）南侧：布置南北向公寓板楼，同样处理成退台形式，形成对西侧公寓退台的延续，同时使南侧形成“V”形开口，满足阳光对用地内部中心室外商业街的光照要求（图3-88）。

（3）北侧：将欧亚购物中心南侧超市入口，纳入室外商街入口轴线中，使顾客能便捷到达目的地，同时使两个项目的客流能最大限度地共享，也是对6年前中标方案构想的延伸处理（图3-89）。

图 3-86　新星宇广场四期周边板楼林立的现状

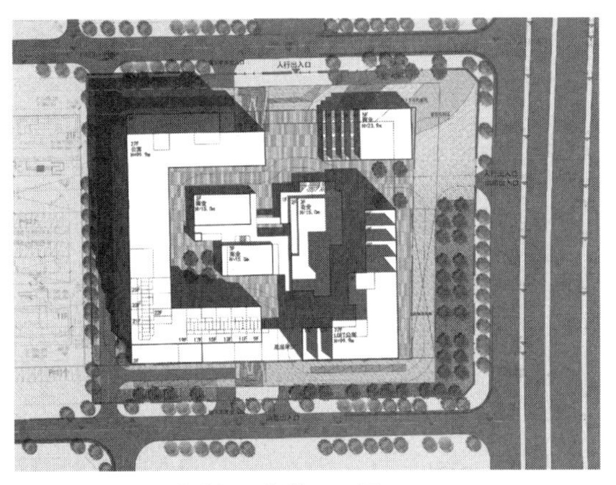

图 3-87　新星宇广场四期总平面图

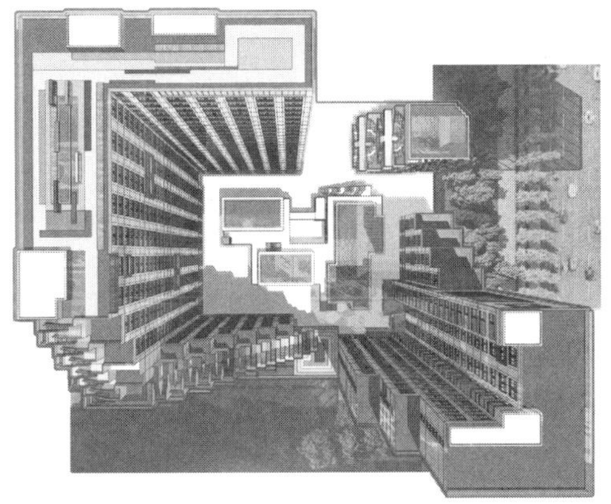

图 3-88　通过退台处理解决西侧与南侧日照问题

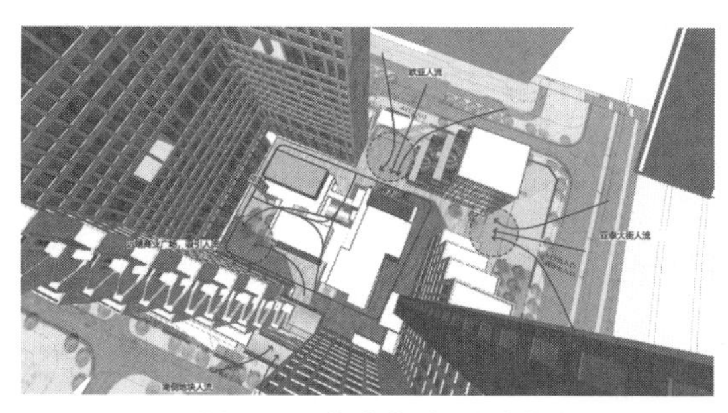

图 3-89　新方案对原方案的人行流线延续

图 3-90　主入口“精神堡垒”

图 3-91　新星宇广场四期鸟瞰图

（4）东侧：面向亚泰大街，在与欧亚购物中心之间，建设独立性“精神堡垒”，通过小体量商业楼与周边高大建筑形成强烈对比，塑造序列引导空间，强化项目标志性（图3-90）。

（5）周边：通过转折的、锯齿形的、多变的、围合建筑形象，为周边冰冷的建筑环境提供亲和的城市空间与丰富的城市界面（图3-91）。

上述新方案的应对措施虽然已将不利因素一一化解，然而如何成为“标志性”建筑，绝非是通过建筑立面设计所能达到的，这需要“创新思维”赋予建筑新的模式。

团队在进行方案设计时，从建筑运维角度出发，充分利用建筑立面竖向上的特点，赋予建筑“运动”“健康”“向上”的设计主题。其中，建筑运维设计功不可没，主要包括了攀岩、速降、登高、观光、秀场五个方面，现分述如下：

（1）速度攀岩：由于北侧为高层建筑主体，为避免阻碍欧亚购物中心消费客流，将整个山墙部分退让至欧亚出入口轴线以外，方案将山墙设计成高度达到100米的攀岩墙，项目一旦

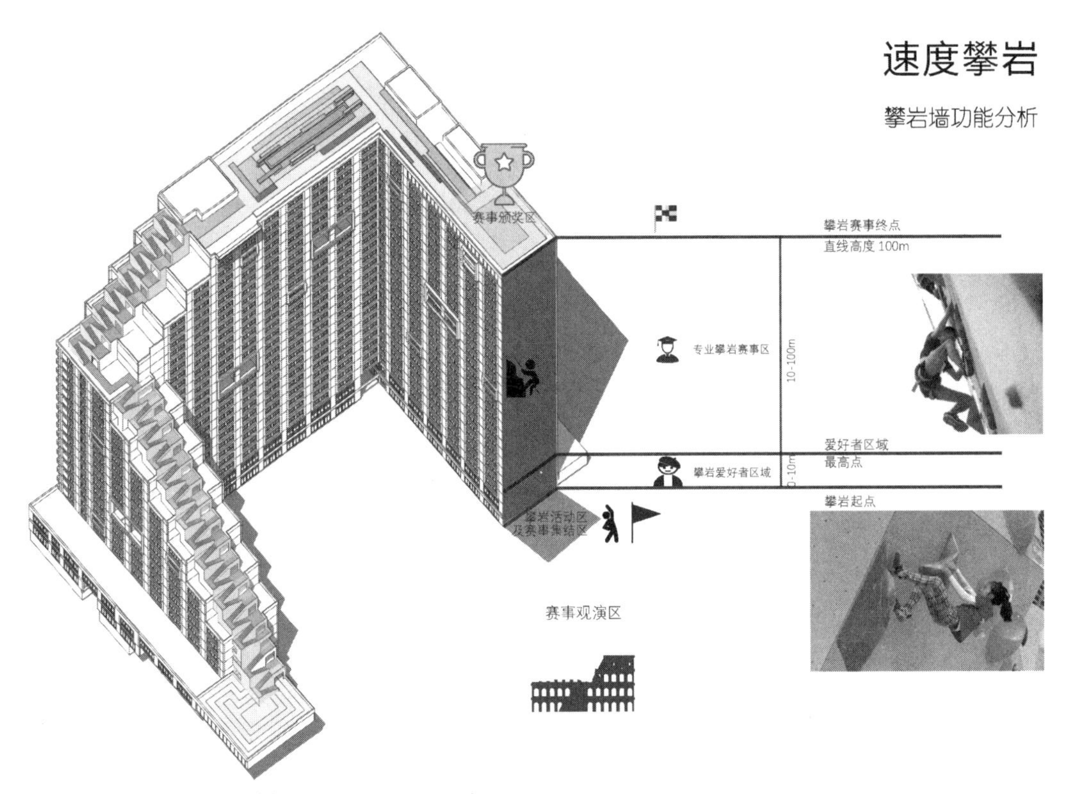

图 3-92　速度攀岩运维分析图

落成将成为世界上最高的人工攀岩墙。由于攀岩墙正对亚泰大街，其“运动”主题在建筑竖向上显露无遗。攀岩墙又分为专业组与业余组两个部分，可以定期举办全国性的速度攀岩大赛，为项目知名度的提升提供了表演的舞台。（图3-92）

（2）绳索速降：攀岩毕竟属于“受众”较少的运动，特别是对于上肢力量欠缺的人群，更是让人望而却步。而绳索速降则属于大众运动，并且是技术难度最低的极限运动之一。即使没有飞檐走壁的“轻功”，单凭绳索一根，只要有强大的内心和勇气，从高空中急速下降，也不是不可能完成的任务。利用建筑山墙进行绳索速降场所的建筑运维设计，为项目的“健康”和“运动”主题增加了厚度。（图3-93）

（3）攀登大赛：将建筑山墙退层部分，设计成“之”字形的户外楼梯，为举办攀登大赛提供了精彩的舞台。上海“东方明珠”每年举办的元旦登高大赛，已形成全民健身的体育节日，寓意着“新年步步高，节节向上攀”。此外，中央电视塔、南昌绿地中心、无锡国金中心、厦门世贸海峡大厦……一系列登高大赛已成为全民参与的传统赛事。然而，几乎所有攀登赛事都是在封闭的楼梯间内举行，建筑运维设计方案使新星宇广场提供的比赛环境与众不同，即“且行且赏”的室外攀登的高质量比赛环境。（图3-94）

（4）登高观光：登高大赛毕竟不能天天举行，但是户外楼梯却每天都可以为游客提供登高观光的活动场地。观光游客可以沿着色彩斑斓的“彩虹天梯”步步登高，一直抵达100米高

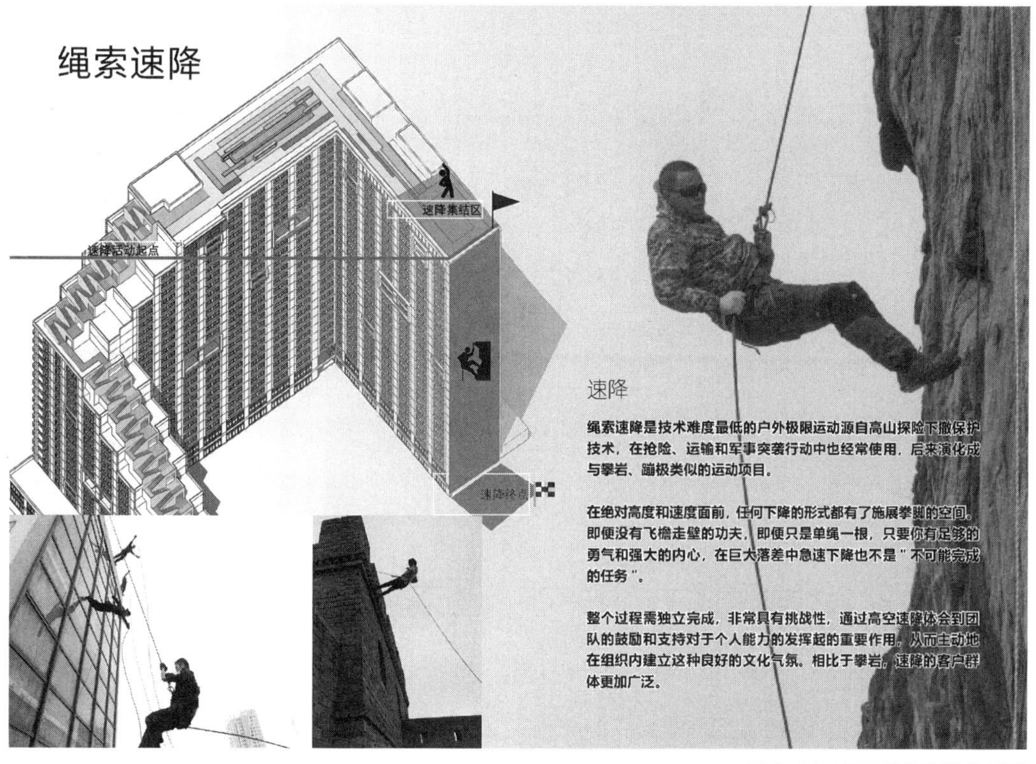

图 3-93　绳索速降运维分析图

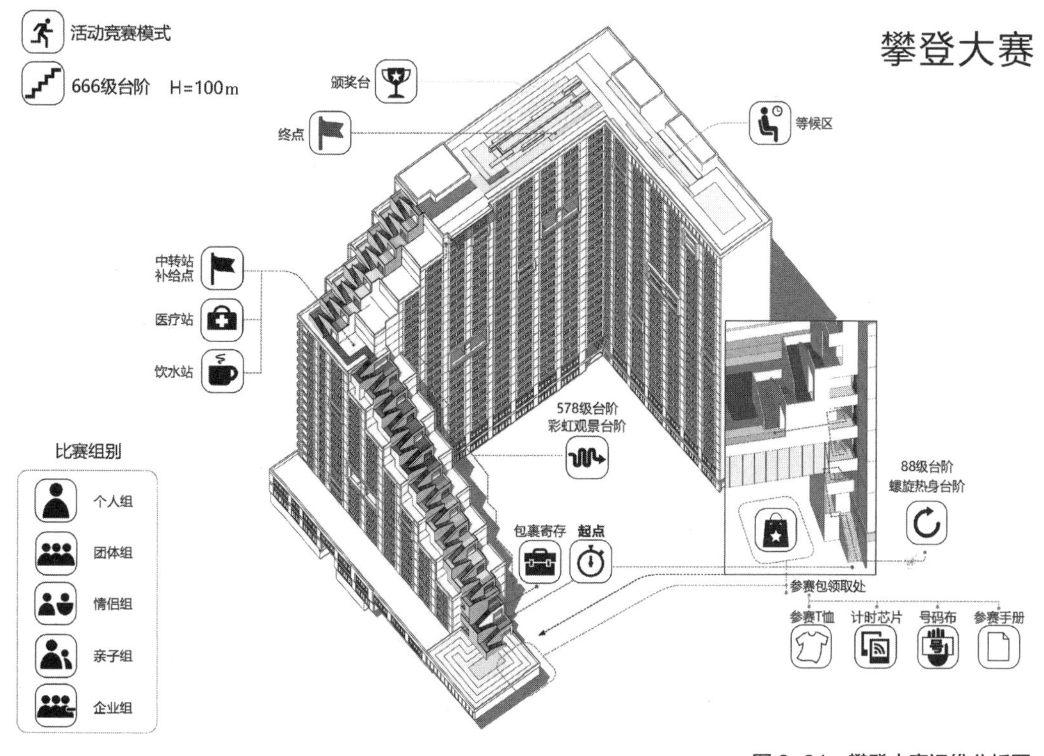

图 3-94　攀登大赛运维分析图

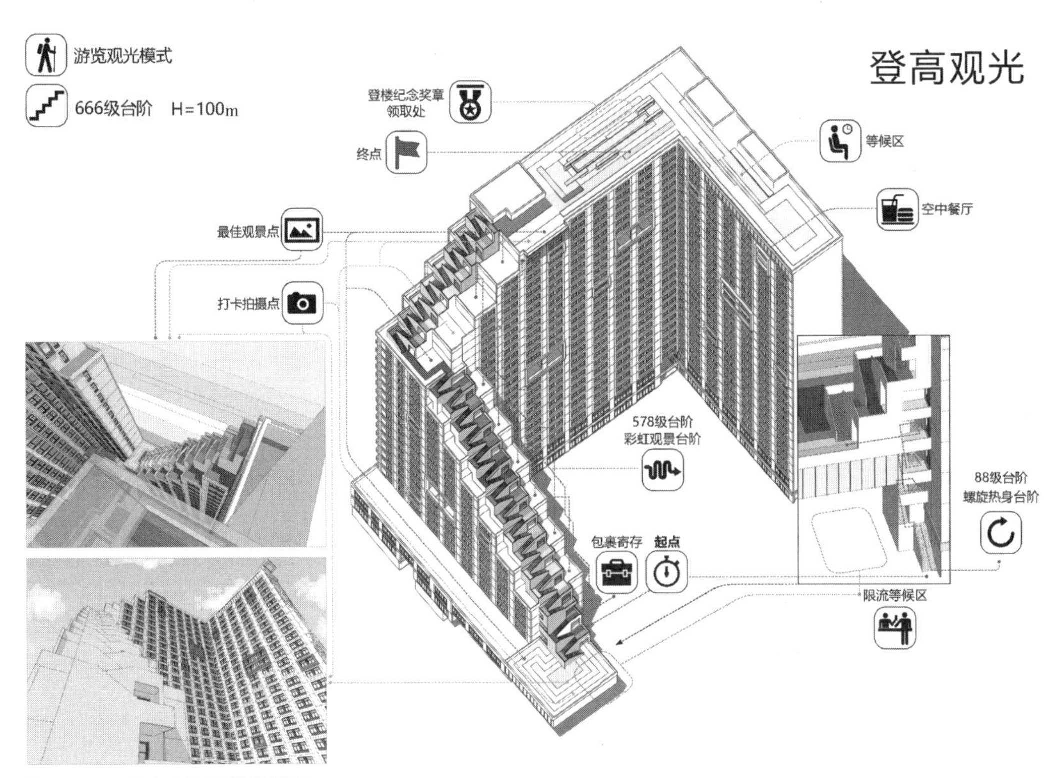

图 3-95 登高观光运维分析图

的建筑屋顶，然后在主体屋顶北侧的观景平台，远眺南环城路北侧的世界雕塑公园。在每一个转折处都提供有步移景异的“打卡”留念观测点，最后，或通过直达电梯下到地面，或去顶层的空中餐厅用餐，继续享用登高远眺的活动空间。（图3-95）

（5）数字秀场：古老的商街中，商铺的“店招”与商街平行，其昭示性较差，为了使顾客在很远的地方能够看到店铺位置，往往采用与商街垂直的幌子。新星宇广场东侧建筑主体的山墙朝北，与亚泰大街垂直，犹如1面巨大的“幌子”，拥有得天独厚的数字秀场角度。山墙部位设置巨幅数字显示屏，使亚泰大街北侧1公里外即可以看清。显示屏最低点据地50米，高于欧亚购物中心的建筑高度，使之免于被遮挡。显示屏作为现代化的数字秀场，不但可以播放与运动、健身、科技等相关的主题视频，而且可以播放广告等商业内容，其商业价值更是不可估量。（图3-96）

上述五点建筑运维设计，创造了新星宇广场综合体与众不同的活动场所，使项目从一般建筑往往通过立面形象好坏被定性的习惯中脱离出来，形成标新立异的评判标准。运维设计的细化必定为项目带来巨大的人流，从而最终使项目的价值得到提升。

除此之外，在建筑细节处理上同样围绕前述五点展开：

（1）由于商业人流与公寓人流分属开放性和私密性两种人行流线，因而设计中需要分开设置，减少因人流交叉产生的相互干扰（图3-97）。公寓人流止于高层建筑主体过街楼处，进入公寓大堂，不再进入开放区域的室外商街。

图 3-96　沿亚泰大街建筑山墙数字秀场分析图

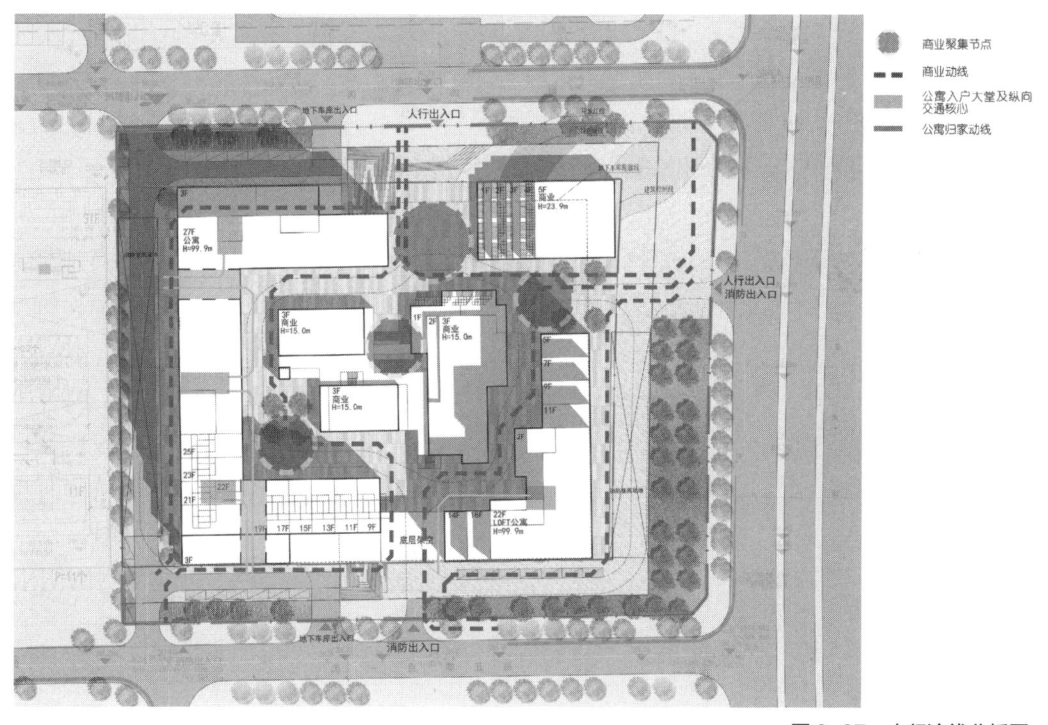

图 3-97　人行流线分析图

图 3–98 “观”与“演”的秀场

图 3–99 欧亚南入口视点的广场四期

图 3–100 亚泰大街人流渗入内部动线

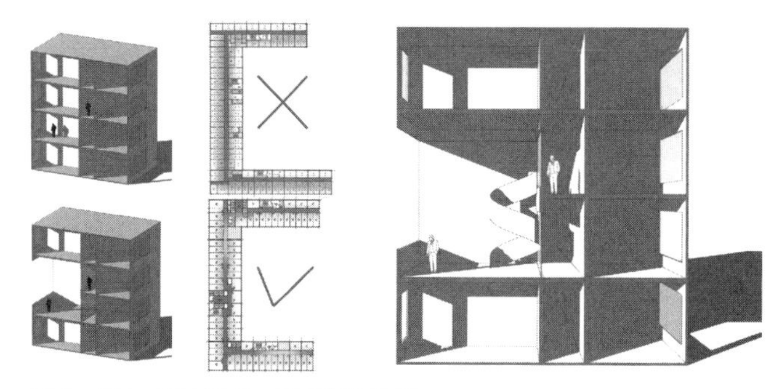
图 3–101 空中平台一举多得的作用

（2）围绕攀岩和速降人工墙设置观众看台区域，形成独特“观”与“演”的“全民秀场”（图3-98）。同时，将商业街建筑与景观进行一体化设计，使观众看台与室外台阶融为一体。

（3）将欧亚购物中心南侧出入口与新星宇广场北入口置于轴线之上，使两个项目自然衔接，在衔接点上可以将攀岩墙、显示屏、观众席攀岩大赛起始点、新星宇广场的主力店等诸多设计节点，一览无余（图3-99）。商业人流不但通过欧亚购物中心引入，而且通过亚泰大街的人流渗入，在广场内部形成环形动线，保障所有店铺都能便捷地到达（图3-100）。

（4）由于公寓所需室外空调机位会对建筑立面产生影响，因而在高层主体上根据构图比例开设洞口，既可以调节立面的韵律感，又可以集中设置空调室外机，还可作为调节室内走廊的采光窗，同时兼作公寓业主的室外休息活动平台，可谓一举多得（图3-101）。

（5）建筑主体立面采用普通方窗的平铺肌理，辅以点状的虚实变化，凸显数字科技的时代化特征。通过简洁的立面处理方式，映射整体形象的丰富多变（图3-102）。

图 3-102　简洁立面与丰富体型的对比

运维内容随着设计的深入而不断细化，幸运的是所有理念均获得甲方的认可。这也呼应了本文开头的观点，当建筑师的工作不只局限于建筑设计那一点点内容的话，也即将“建筑策划”“建筑运维”融入设计，很多设计理念的实现，则变得没有想象的那么困难了。

（2021年01月03日星期日）

十年拙笔：

选取了十年来主持的一部分设计项目的思考过程，

虽然充满了遗憾与无奈，

却也能获取片刻自恋和欢愉。

十年游记

力与历史
——欧洲古典建筑风格鉴宝秘籍

“力学”与“历史学”从学科分类上看似乎是相去甚远、互不相干的两门学科，因为一个极度偏重理科，一个极度偏重文科，但是两门学科却以“建筑学”为桥梁相互联系起来并通过“美学”的形式展现在世人面前，也许是因为建筑系学生大部分来自理科生，而进入大学后又偏重文学和美学素质培养的原因。本文主要以西方建筑史的发展为例，力求通过对建筑材料力学特征的分析，寻找建筑历史的发展原因以及不同历史阶段建筑力学表现出来的美学形式。

最初，人类建造房屋的目的是为能够获得一个遮风避雨、稳定生活的起居空间。随着使用功能和精神需求的不断增加，人类对建筑空间的要求越来越多，因而对建筑材料的要求也越来越高。纵观人类建造房屋的发展“历史”，任何抛开“力学”概念分析建筑史的观点都是片面的。换言之，建筑发展的历史是人类同自然界搏斗而获得“自由”的历史，也是人类不断克服地球引力并利用重力特性去获得所需建筑空间的历史。

1.材料力学特征及梁板受力分析

分析建筑历史发展的原因之前，首先必须分析建筑材料“力学”的基本特性。建筑空间的获得主要依靠墙、柱、梁、板等基本的建筑构件，其中墙和柱的作用是将楼板及其承受的各类动荷载和静荷载传递到基础，对建筑空间的获得并不起决定性作用，而梁和板两种构件的跨度大小是决定空间大小和形式的决定性因素。因此，研究建筑空间历史的发展，首先要研究的是梁和板的受力特征。

梁与板的受力特点是：当受到来自上方的压力后，位于梁板高度中心线以上为受压部分，位于中心线以下为抗拉部分（图4-1）。因为混凝土的受压性能好，抗拉性能很弱，而钢筋的抗拉性能非常强，所以现代建筑的梁、板构件下部布置钢筋，形成钢筋混凝土梁、板构件，以充分利用钢筋的抗拉性能保证梁板中心线以下的抗拉要求。

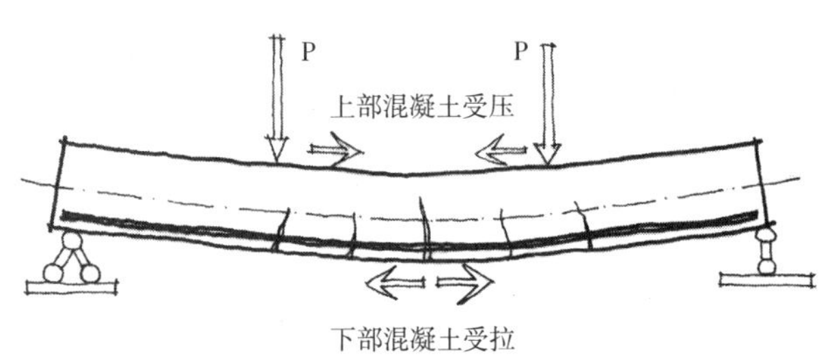

图 4-1　梁、板剖面受力分析图

抗拉性能强的材料可以轻松获得大空间，反之则无法制作建筑大空间所需的大跨度的梁和板，因为一旦跨度过大，像石材等材料会被“拉断”。所以，建筑空间的大小受限于梁和板的抗拉性，而非受压性。在出现钢筋混凝土这种材料之前，用于建筑的材料主要有木、砖、石材、火山灰混凝土（内部无钢筋，也可称为素混凝土）等。上述材料除了木材具有较好的抗拉性能外，其他材料均为受压性强、抗拉性弱的材料。

因为木材同时具有较强的抗拉和受压性能，所以常常被用来制作梁和板，典型的如中国和

图 4-2　山西五台山南禅寺大殿

图 4-3　雅典帕提农神庙图

日本的古代木建筑。然而，木材的防火性能和耐腐蚀性能比砖、石、混凝土差很多，因此木建筑的保存年限比较短。中华文明延续五千年，但目前保存最早的木建筑是唐代的山西五台山南禅寺大殿，也不过一千二百多年（图4-2）。

砖、石、混凝土建筑常常能够历经风吹日洒、岿然不动几千年。可是，由于砖石材料的自身特性，使之无法获得“大空间”，并且因为结构厚重、延性较差，因而地震区的砖石建筑很难抵御地震波的冲击，无法长久保存。如何获得既能够防止火灾与自然腐蚀、抵御地震灾害，又能够“长久保存”的、拥有“大空间”的建筑，成为摆在人类面前的困难。

2.梁柱结构（古希腊建筑）

最初，西方建筑也是采用木建筑形式，古希腊时期是木建筑向石建筑过渡的时期。大部分古希腊建筑只采用石材作为柱子和墙体的材料，而梁和板仍然采用木材，这样能够获得需要的较大建筑空间。然而这种结构体系依然摆脱不了火灾的危害和自然的侵蚀，所以现在常常能看到很多断墙残垣的希腊古典建筑保留下来的只有柱子和墙体，而楼板和梁则消失得无影无踪。古希腊建筑作为人类建筑历史发展的经典，其柱式构图和梁柱结构已经到达顶峰，例如雅典卫城的帕提农神庙（图4-3），四周的檐柱和连梁均采用大理石制作。因为石梁不抗拉，所以柱子间距较小。但是因为没有找到合适的抗拉性能和防火性均较好的建筑材料，因而神庙内部的大空间依然摆脱不了采用木构屋架的束缚，以至于帕提农神庙无法完整保留至今。若想突破，只有另辟蹊径。

有些建筑为了抵御火灾危害，梁与板的结构则完全采用石材制作，例如艾哈迈达巴德的古印度贾玛清真寺（图4-4），由于石材的抗

图 4-4　古印度贾玛清真寺

腐蚀性和耐火性良好，同时该区域又非地震区，所以建筑保存完好。但是石材的弱点，造成清真寺内部空间狭小，使得映入眼帘的必然是密密麻麻的立柱。

由于在建筑材料特性方面知识的缺失使得梁板式结构在获得“永久性”建筑大空间的方向上无法继续走下去。于是聪明的建筑师们开始规避材料缺陷，充分发挥建筑材料的“长处”并克服其“短处”，利用砖、石材和素混凝土等受压性能良好的优势，通过对重力的“利用”建造自己所需要的建筑内部大空间。此时，古罗马时代的建筑横空出世，摆脱梁板结构的羁绊，创造了“券拱与穹顶”这些致使人类建筑历史发生质变的构造方法。

3.券拱与穹顶结构（古罗马建筑）

古罗马建筑师们在建筑材料受限的条件下，通过拱券技术的运用获得人们所需要的空间。用砖或石材特别是火山灰制成的“素混凝土”砌筑半圆形的“券”，完全受压的“券”结构将材料的抗压性特点发挥得淋漓尽致，其经典建筑是古罗马斗兽场（图4-5）。多道“券”并列后形成了“拱”，也称为“筒拱”（图4-6）。筒拱下面限定的矩形平面能形成拥有方向性的、无柱的、宽敞的建筑空间。

古罗马的另一种屋顶形式是球形穹顶，其巅峰之作是意大利罗马万神庙，也是罗马穹顶技术的最高代表（图4-7）。万神庙穹顶跨度达到43.3米，即使对于当今的现代建筑来说也是一个极具挑战的跨度。然而与现代建筑不同的是，万神庙的穹顶完全采用素混凝土建成，并通过球形穹隆的形式覆盖如此大的室内空间，却不存在任何“抗拉”的建筑构件，不能不说是一种奇迹。

不需要抗拉构件而获得永久性建筑大空间，被券拱和穹顶结构解决了，但是其作为建筑屋顶的局限性也随之而来。两种结构的重量非常大，需要连续的承重墙来承担，同时要求墙体有足够的厚度以平衡券拱和穹顶产生的强大水平侧推力。此种结构屋顶覆盖的建筑空间封闭而单一，给建筑物以极大的束缚。

图 4-5　古罗马斗兽场

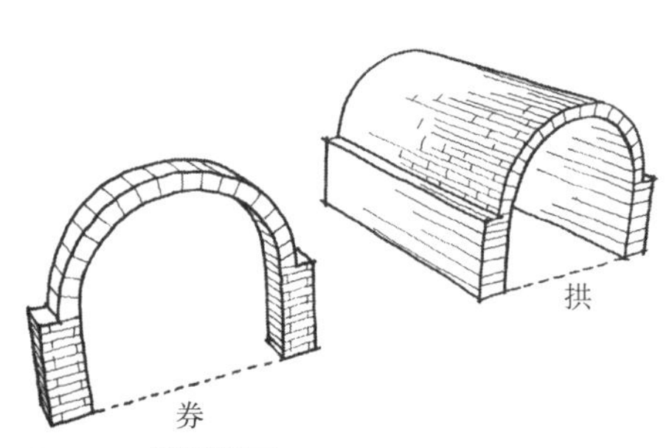

图 4-6　券拱简图

图 4–7　罗马万神庙

后来，古罗马建筑师提出了十字拱的方案，即将两个筒拱十字交叉后覆盖在方形的平面上（图4-8），只需要四角的柱子支撑，而不需要连续的承重墙，从而使建筑内部空间得到解放。十字拱同样需要平衡水平侧推力，常用的方法是：纵向用几个十字拱串联相互平衡，横向则由筒拱抵住，形成拱顶组合系统。这种复杂的拱顶体系为建筑内部空间的序列多变提供了塑造的手段。合理运用受压力学特性的拱券结构和穹顶结构成为古罗马人对建筑历史发展最伟大的贡献。

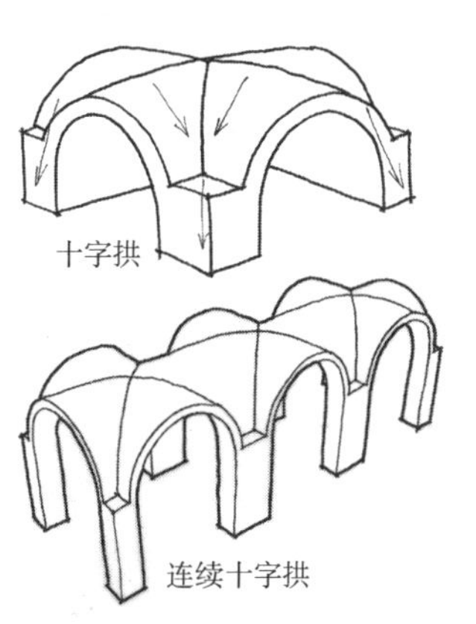

图 4–8　连续十字拱顶体系

4.帆拱结构（拜占庭建筑）

古罗马的穹顶只能覆盖圆形平面，使封闭的建筑空间缺失了“方向性”。古罗马后期的十字拱顶体系虽然拥有“方向性”，但却失去宗教所需求的“向心性”集中式布局。当建筑需要空间变化且需要穹顶来形成建筑的中心空间时，券拱结构遇到了进一步实现理想的瓶颈。此时建筑师们继续挑战自然界的重力束缚，一种新的形式“帆拱结构”成为获得方形平面且能实现空间序列变化的建造方式。

拜占庭帝国的建筑师们所创造的帆拱使球形穹顶能够落在方形平面上。其做法是：在四个柱墩上，沿方形平面的四条边长做半圆券，在四个半圆券之间砌筑一个与4个券的顶点相切的穹顶，水平切口和4个发券之间所余下的4个角上的球面三角形部分，即称为帆拱（图4-9）。这种技术最早使用于东正教教堂，如君士坦丁堡的圣索菲亚教堂（图4-10）。

古罗马的穹顶结构和拱券结构解决了人们需要的大空间问题，但是产生的侧推力依然巨大。例如，罗马万神庙的穹顶上部厚1.5米，穹顶底部厚达5.9米，而抵抗穹顶水平推力的扶壁墙体厚度更是达到6.2米，基础埋深4.5米，造成建筑材料的大量浪费。而帆拱的做法则不再需要过多的连续承重墙，从而使建筑内部空间获得更大的自由，穹顶下的空间能够得以延续和扩

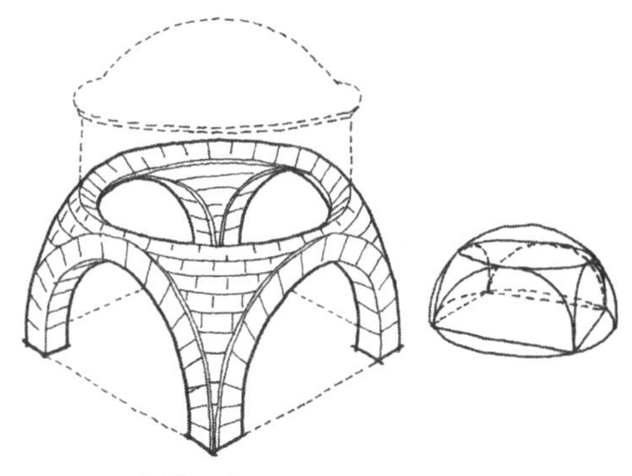

图 4–9　帆拱示意图

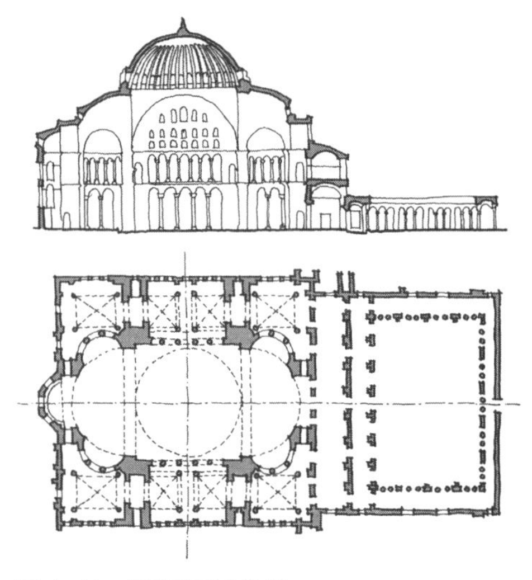

图 4–10　圣索菲亚大教堂

图 4–11　圣马可教堂（室内）

展，如威尼斯的圣马可教堂（图4-11），其内部空间较之万神庙，则丰富变化得多。

帆拱在方形平面上找到了承托圆形穹顶的最合理方案，解决了内部大空间过于单一的缺陷，同时减少了竖向承重建筑构件的笨重形象。由此可以看出，在依然没有找到合适的抗拉性强的建筑材料之前，拜占庭人通过对“受压”力学特征的合理运用将世界建筑历史的发展向前推动了一大步。

5.尖券尖拱结构（哥特建筑）

在方形平面上建造大空间的难题被睿智的建筑师们所攻克，建筑大空间的方向性、向心性、序列性也得到比较好的解决。然而，帆拱巨大的横向侧推力虽然不需要通过厚重的墙体来抵抗，但是仍然需要四个方向的筒拱或半球形穹顶去平衡（图4-12）。这使得此类建筑的体量依然非常大，建筑所占“用地”异常多。虽然在建筑内部可以营造满足人类各种精神需求的丰富空间，但是建筑的外部形象则仍然显得臃肿、凌乱，更缺乏“向上”的积极因素。如何能解决这些问题，成为摆在建筑师们面前又一个新的挑战。

欧洲进入中世纪以后，科学的发展已经有了长足的进步，人们开始清楚“力”是可以分解的。因

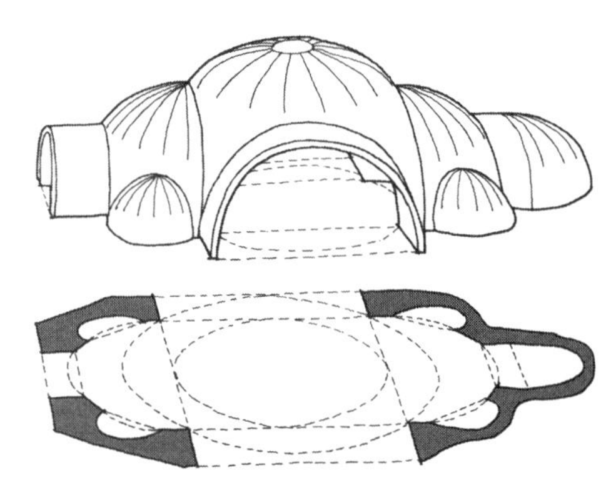

图 4–12　帆拱水平侧推力的平衡

为手中的建筑材料受压性能强，所以将拱券的重力尽量转移到垂直方向上，减少水平方向的推力，这样可以大大减少抵抗水平推力的构件体量，因此尖券诞生了（图4-13）。

由此而来的一系列先进的建筑构件和构造方法应运而生：尖券取代半圆券、十字尖拱取代十字筒拱使得屋顶重量向竖向转移；骨架券的使用使屋顶结构成为框架式的，骨架券之间的填充物成为围护结构，厚度减小，重量大大减轻；飞券取代扶壁抵住十字拱脚，为厚厚的墙体卸载（图4-14）。这些构件的诞生，使得建筑骤然变得轻盈剔透，向上动势极强形成了结构形式独特的“哥特式建筑”。如米兰大教堂、伦敦威斯敏斯特大教堂、巴黎圣母院（图4-15）（巴黎圣母院屋面的一部分仍然采用木材结构）。

图 4–13　竖向受力更多的尖拱

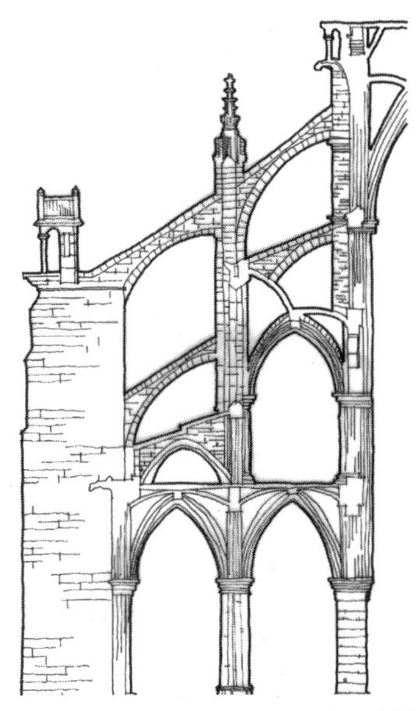

图 4–14　哥特建筑的尖券、尖拱

图 4–15　巴黎圣母院

这些结构构件的最大特点是：将券拱的重力大部分转移到竖向上，建筑外部形象摆脱了以往厚重笨拙的感觉，使建筑空间自内而外均能满足人们的需求。尽管受到建筑材料特征的局限，然而能工巧匠们仍然能够找到满足人们要求的合理构造方式，并付诸实施。

6.券柱式结构（意大利文艺复兴建筑与法国古典主义建筑）

提到建筑发展的历史，文艺复兴时期的建筑是不可也不能回避的。由于欧洲中世纪宗教盛行，建筑形式特别是教堂的大部分形象通过尖拱、尖券的哥特式所体现，因而建筑的结构形式也被赋予浓重的宗教色彩。文艺复兴时期，人们为了冲破宗教枷锁的过多禁锢并展现向往自由的精神需求，需要用新的建筑形式来对哥特式建筑进行否定。然而，由于没有更好的建筑材料所诞生，此时的建筑师和艺术家只能从曾经繁荣的古罗马时代的“券柱式”中寻找答案。所以，从思想文化角度看，是一场文艺“复兴”运动；是人类的进步，但是从建筑构造方式角度看，却是一场结构“复古”运动，是一种建筑构造方式的退步。

文艺复兴时期，由于自然科学和技术的发展使得施工设备和技术有了长足的进步，建筑规模和尺度越来越大。建筑师们最初考虑材料的受力特点并有别于哥特式建筑，例如文艺复兴早期代表作品佛罗伦萨圣母百花教堂和盛期代表作品梵蒂冈圣彼得大教堂的穹顶，均创造了内外两层穹顶的受力结构（图4-16、图4-17）。但随着时间的推移和对古罗马建筑的推崇，合理的受力构造方式却不再成为建筑师们追求的目标，而是转向比例的推敲、线脚的刻画、光影的塑造（图4-18）。

到了文艺复兴后期，甚至出现了违反材料力学合理性的“巴洛克”建筑形式。朴素的结构逻辑和形式被遮盖，取而代之的是富丽堂皇的装饰和雕塑、绚丽夺目的色彩、断裂的山花等，这些脱离结构规律的因素充斥着这个时期的建筑形象。断裂的山花本身与结构受力的特点背道而驰，例如都灵某教堂（图4-19）。

与“意大利巴洛克”同期的“法国古典主义”建筑依然围绕着严谨的柱式和构图做文章，更多地将注意力集中在建筑的“艺术风格”方面，而在建筑力学方面的发展上依然“原地

图 4-16　佛罗伦萨圣母百花教堂

图 4-17　梵蒂冈圣彼得大教堂

图 4-18　威尼斯圣马可广场行政官邸大楼

图 4-19　都灵某巴洛克式教堂

图 4-20　卢浮宫东立面图

图 4-21　恩瓦利德新教堂

踏步”，甚至因忽视中世纪哥特建筑的伟大成就而有所倒退。在用更好的建筑材料和结构形式去体现时代发展的现代建筑到来之前，古典主义建筑展现了受压建筑材料的“最后辉煌”（图4-20、图4-21）。

7.钢筋混凝土结构（现代建筑）

19世纪末，钢筋水泥船以及钢丝网水泥花盆的出现，对新型材料在建筑上的使用具有极大的推动作用。随后，欧美工程师对新型材料不断探索，经过建筑材料的试验、结构计算的研发、施工技术的完善，最终使建筑师获得了一种几乎可以是随心所欲的、可塑性极强的、抗拉和受压均好的混合型建筑材料——钢筋混凝土。

由于钢筋混凝土的诞生，建筑空间的创造不再受砖、石、素混凝土等这些“抗拉性能差”的建筑材料的约束。不但使满足各种需求的大空间建筑得以能够实现，同时许多高层和超高层建筑也纷纷落成，使过去的“海市蜃楼”变为现实，因为高层建筑常常被视为一端插入地下的悬臂梁，必然需要抗拉性能优越的钢材予以实现。几千年困扰建筑空间和建筑高度的羁绊突然

图 4-22　朗香教堂

图 4-23　费诺科学中心

消失了，建筑师的创作想象力也得到前所未有的释放。

几千年的建筑历史发展轨迹，被钢筋混凝土材料的“横空出世”所颠覆。近一百年来，建筑业技术发展的成就，已经超过之前的整个人类建筑历史发展的总和。建筑形式百花齐放、争奇斗艳，许多建筑流派应运而生，但不管是典雅主义、粗野主义、地域主义……的现代建筑，例如勒·柯布西埃设计的朗香教堂（图4-22），还是解构主义、高技派、参数化设计……的当代建筑，例如扎哈·哈迪德设计的费诺科学中心（图4-23），都需要通过钢筋混凝土这种高塑性的建筑材料去实现建筑师的创意与梦想。钢筋混凝土几乎为建筑师提供了“没有做不到，只有想不到”的所有建造手段。

8.结语

如果将建筑历史更为简洁地区别划分，那么钢筋混凝土出现之前，是建筑构件“受压的历史”，钢筋混凝土出现之后，则是建筑构件“抗拉的历史”。“之前”的历史，是人们为了获得大空间而不断寻找更合理的受力方式，以减轻建筑自重和形象的过程，因而越久远的建筑越朴素、简洁、笨重，越靠近现代的建筑则更丰富、多变、轻巧。“之后”的历史，则发生了天翻地覆的变化，新型的材料几乎可以完成建筑使用者和建筑师所有的诉求。

建筑力学成为一门单独的学科后，结构师从建筑师队伍中分化出去，使建筑师的精力更多地专注于建筑艺术、建筑功能、建筑历史方向上的研究，结构师更专注于“建筑力学”的研究，以使建筑师各种构思能够梦想成真。社会分工越来越细，并不意味着各个学科和专业之间的相互独立。相反，正是因为建筑材料的受力方式发生了质的转变，建筑形式也随着力学因素的变化而相应产生巨变。因此，只有将建筑材料“力学”作为研究基础之一，建筑“历史学”的研究成果才能更为深刻和全面。

（2016年03月19日星期六）

首访RCR
——普通却不平凡的建筑师天团

“RCR建筑事务所”位于西班牙北部加泰罗尼亚地区的奥洛特。由拉斐尔·阿兰达（Rafael Aranda）、卡莫·皮格姆（Carme Pigem）、拉蒙·比拉尔塔（Ramon Vilalta）三位建筑师合伙人于1988年创立。（三位同学合伙，一干30年没散伙，就凭这一点，也该获点儿什么奖。）

2017年普利兹克奖的皇冠落在RCR建筑事务所的头顶，使西班牙建筑师自拉斐尔·莫内欧1996年获奖21年之后，第二次荣膺建筑设计界的“诺贝尔奖”。此项大奖也使得这个小事务所（建筑作品大多在西班牙本土），在整个地球的建筑设计圈内“一飞冲天”。2017年夏天跟随建筑师游学团前往RCR参观、交流、追星……由于获奖的原因，事务所内的各项事务大热，被迫不断拒绝各类邀请和申请。游学团使用加泰罗尼亚语（而非西班牙语），向RCR递交了一封交流申请函，从而打动RCR事务所的心弦，有幸成为首批到访RCR的中国建筑师团队。

RCR事务所的办公室，位于奥洛特一条南北向的小巷中，由一组“大空间”的旧厂房改造而成。（国外的很多设计公司，也选择旧厂房进行改造，不知是否与国内一样，对于新建建筑搭设夹层，一律视为“偷容积率”“偷面积”。）事务所沿街立面和主要入口基本维持原样（图4-24），只有二层北侧的部位使用整块玻璃窗重新定位，其内部是RCR三人共同拥有的私人办公室。（大部分建筑设计事务所，都将自己的入口设计得个性鲜明，与此相比，RCR的确显得另类。走自己的路，让别人说去吧……）

各大网站介绍RCR时，必有一张三人办公兼图书室的照片。而目前，此办公室是整个事务所里唯一不允许外人进入的房间（图4-25）。（工作人员偷偷拉开门，让我拍了一张，这里谢了。）

从入口进入RCR事务所内部参观，第一印象是“原生态”。入口玄关是一个尺度很小的天

图4-24　RCR办公室入口

图4-25　RCR私人办公室

图 4-26 事务所入口影壁与天井

图 4-27 员工工作室

图 4-28 白铁皮制作的垂帘

图 4-29 分隔空间的投影屏幕

井，不经雕饰，维持原状，略显“杂乱无章”。天井与大门之间，通过一块雕有“男女人体”的磨砂玻璃进行遮挡，类似老北京四合院的影壁（图4-26）。（天井是进入后面会议区的必经之路，“影壁”的作用也许是转移客户的注意力吧。）

天井北侧是一个大大的旧厂房，被分割成几个功能空间。沿街的二层是RCR创始人办公室（详见前述），一层则是其员工办公室（图4-27）。员工办公室西侧，通过一条条白铁皮制作的垂帘，与两层通高的厂房空间相连（图4-28）。两层通高的厂房，被中央垂下的投影屏幕分成两部分空间，一部分是大型的评图空间（图4-29）。（看到大屏幕，脑海中立刻浮现出儿时在露天广场看电影的纯天然场景。）另一部分则是在“毛坯”的土地上，摆上家具“直接讨论”的会议空间（图4-30）。（见过“原生态”的设计，没见过这么“原生态”的设计。）

据工作人员介绍，主要是当时事务所买下厂房后，已没有足够的资金进行室内装修，因而设计只能“随打随抹”。看来，RCR事务所当时的生存压力不小，“原生态”的装修风格，实属无奈之举。不知得奖后，随着业务量的骤增，事务所的内部形象是否会焕然一新。不过，现有“因陋就简”的设计手法，倒是可以为资金短缺的甲方，提供一个新的设计思路。

位于入口天井后面的，是整个事务所“造价”最高的长条形、半地下会议室。会议室的三侧墙面和顶棚被整块玻璃包围，犹如在树林里安放了一个玻璃盒子，将会议空间安放于花红柳

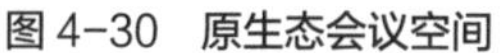

图 4-30　原生态会议空间

图 4-31　丛林会议室

绿的丛林中，别具“世外桃源”的感受（图4-31）。（在丛林的鸟语花香中讨论方案，也许能让设计速度慢下来、慢下来……或者能让甲方给予建筑师更多的思考时间。）

获得大奖后，RCR业务量骤然激增，其中包括众多中国客户的、不乏天价设计费的项目。然而，RCR的三位决策者依然我行我素、有条不紊地按照他们原定的设计和研究计划前行，只接受对他们设计理论研究和发展有帮助的项目，而不过多考虑价格的高低（尽管事务所的装修已经略显寒酸，但仍然不为五斗米折腰。当金钱不成为追逐的唯一目标时，成功的几率会呈几何倍地放大很多……）。如此执着而不屈从，也许是“大牌建筑师”之所以是“大牌”的原因吧。

此次非常幸运的是，在RCR事务所办公室交流参观时，碰巧同时遇到三位创始人。对我等参观者主动送微笑、打招呼，并允许随意旁听他们的方案交流会，彰显大师们低调、谦和的风范（图4-32）。（与国内的“大腕”略有不同的是，素不相识的RCR老大主动邀请我们进入会议室旁听。当然，交流会上的西班牙语每一句话都听不懂。）

目前，RCR事务所除了3位创始人以外，只有10位固定设计人员和十余位流动设计人员（据说在西班牙已经属于大型建筑师事务所了），是一只名副其实、高效精干的设计团队。获得普利兹克奖后，前来应聘和学习的年轻设计师络绎不绝。目前，来自世界各地的建筑师，不定期地组成工作营，在三位创始人的指导下，做一些符合RCR理论方向的科研工作。

在日常工作中，拉斐尔·阿兰达负责事务所项目的主要设计；卡莫·皮格姆则为项目设计确定理论研究方向和提供理论研究基础，升华整个事务所设计发展的理论体系；拉蒙·比拉尔塔负责事务所的管理和运营，严控设计质量，将概念设计落地，向甲方提供优质的最终设计成果。三位建筑师配合默契、协同工作三十年，对于合伙制的事务所来说，分工明确，保证每个角色的话语权，至关重要。

RCR事务所在办公室的街道对面，设置一个大型的建筑模型库（图4-33）。里面放置了大量的精致模型。这些模型是为参加世界各地建筑设计展览而重复使用的，但是很多设计方案都没有实现，还有一些落成后的项目与原有设计偏差巨大。由此看来，再大牌的建筑师也摆脱不

图 4-32　RCR 正在进行的方案讨论会

图 4-33　事务所模型库

了被甲方“指挥”的命运。如今赢得大奖，RCR未来的设计意愿，也许能得到更多的尊重。

除事务所办公空间外，此行还参观了RCR的四个作品。

1.奥洛特（Tossols–Basil）运动场

入口处跨度巨大的门廊式三角亭。从废弃军舰上拆下来的旧钢板（耐候钢），带着锈蚀组装，体现自然、不修饰。建筑设计丝毫没有张扬的意图，而是极力迎合自然与地形。废旧螺纹钢铺设的地面，防滑、耐磨、低价（RCR一定是控制造价的高手）。400米环形跑道中央，是一片小树林，既保护了原始自然环境，又使奔跑者心情与众不同。（图4-34）

2.岩石公园

依旧是耐候钢，依旧是尊重环境和地形，依旧是不张扬……公园的入口简洁明了而又标识清晰。（图4-35）

图 4-34　奥洛特运动场及周边配套建筑　　图 4-35　岩石公园

图 4-36　贝尔略克酒庄

3.贝尔略克酒庄

酒庄的入口与岩石公园的入口相似，不同之处是通过坡道，将人引入地下，整个建筑被土层和植被覆盖，内敛到极致。在品酒师们独享的空间，品酒师进入前需要将手机等通信工具关闭，以保证品酒过程中的专注。品酒空间的自然光采集，来自地面光线收集槽。专供冬季使用的玻璃房品酒屋，与山坡自然围合成室外庭院，依然是含蓄不示人。（图4-36）

4.圣安东尼·琼奥利弗图书馆

大跨空间招式入口，规矩、精细而不刺眼。细节纯净，使建筑自身从属于内部的市民活动庭院。内与外、动与静、实与虚处理得顺其自然，体现了为使用者的服务，而隐藏了建筑师的个性。（图4-37）

图 4-37　圣安东尼·琼奥利弗图书馆及内部庭院

不管是RCR建筑事务所的自用办公室，还是RCR的设计作品，都可以看出其平和、务实的设计手法，既尊重了当地文化、环境、地形的地域性特点，又不与现代建筑割裂，同时注重材料的合理利用，将自己的个性隐藏于环境之中。~~~"低调之中见真情"。

【题外】

普利兹克建筑奖颁发的"风向标"开始有所转变。既不对某个成功建筑师奖赏，也不对某个炫目建筑作品奖赏，而是通过颁奖来推动国际建筑的走向。这也许是普利兹克奖越来越能受到大众瞩目的原因。

特别是近几年的普利兹克奖，颁发给——不受嘈杂和喧嚣外界环境干扰，以尊重本土文化、自然环境，并把解决实际问题作为己任的建筑师，而没有颁发给——靠浮躁张扬的作品来夺人眼球的建筑师，代表了当今世界建筑的发展趋势。

由此看来，"不要搞奇奇怪怪的建筑"的观点，竟然也是如此符合当今世界建筑艺术的发展潮流。

（2017年09月16日星期六）

印度印象

——印度建筑游学之旅随行日记

2012年1月28日（01天）：北京（飞机CA947）→新德里

春节刚过，怀着即将直面世界建筑大师作品的急切心情，踏上了印度建筑游学之旅。飞行中再一次研读关于将要考察的经典建筑的文章，深感毕业二十年之后，对某些里程碑式建筑作品的理解，已经发生根本性变化。不知身临其境后，是否会有更多的感慨。

飞机上，邻座一位年轻的国内乘客也在阅读印度风土人情的书籍，沟通后方知是一位来自哈尔滨工业大学的青年教师。首次踏出国门的他，将周游世界的第一个目的地选在印度。问其原因，说是怀着儿时对《西游记》的喜爱和好奇，准备独自用一个月的时间，去体验这个神秘国度的风情。联想自己，何尝不是与唐玄奘去西天取经一样，到这个四大文明古国之一，去学习古代文明和现代进步的设计思想。与唐师父不同的是，现代交通的高度发达，使我们不必经历取经路上的九九八十一难。

七个多小时的飞行很快到达，机场的欢迎“大手”，给人第一感觉是来到了一个宗教盛行的国度（图4-38）。已是深夜两点的新德里，暂时看不出大巴车窗外的景色与北京有什么不同。不知为何，飞机的飞行路线不是北京直线飞向新德里，而是绕过喜马拉雅山脉，取道中国云南、缅甸和孟加拉国，兜了一大圈才抵达，难道珠穆朗玛峰真的能够挡得住飞机的飞行高度？看来唐师父当年的西行，比吴承恩手下的描述更加艰难。

图4-38　新德里机场室内雕塑

2012年1月29日（02天）：新德里（飞机AI864）→昌迪加尔

清晨，顾不上旅途的疲劳，起床后直奔机场，飞往昌迪加尔这座从规划到建筑都具有划时代意义的现代城市。

昌迪加尔位于喜马拉雅山脉南侧、新德里北部的平原地区，是一座20世纪50年代开始兴建的新城市。勒·柯布西耶在巴黎、安特卫普、阿尔及尔的规划设计思想被否后（大师也有经常被否定的经历，更何况普通的建筑师），终于在昌迪加尔实现了他的梦想。城市规划以邻里单位为基础，呈现棋盘式布局，城市各类功能建筑以“人体”为象征，体现了柯布西耶有机体的城市规划思想。城市规划的近期目标为15万人，远期目标50万人。时间已经过去60多年了，现在的昌迪加尔已经接近100万人，坐着大巴看到城市有条不紊的节奏、街区的合理和建筑之间的城市尺度，可以感觉到当年的城市规划设计至今仍然没有落后。也许将来人口发展到更大规模后，才会显现出城市的问题，但勒·柯布西耶已经做到“神”才能做到的对未来的预测，不得不向大师致敬。回想国内很多城市的规划建设在匆促中急功近利，不到十年就开始重新调整，道路的反复改

图 4-39　昌迪加尔艺术学校

变与拓宽，建筑的不断拆建与“短寿”比比皆是，由此看来一个规划师的远见卓识，对城市未来发展是极度重要的。

参观的第一个目的地是由勒·柯布西耶设计的一组建筑，由艺术学校、建筑博物馆、昌迪加尔市立博物馆等规模、体量均有差异的建筑群组成。

艺术学校：由于经济条件制约，建筑只有一层。通过连廊将各教室相连，并形成内部小庭院以供学生们开展各类活动使用。教室均在北侧开高窗，避免南侧眩光的出现。用喇叭形砌块进行交错砌筑的连廊使建筑外部形成韵律感极强的肌理，而内部则产生变化丰富的光影效果，很像赫尔佐格们“表皮”设计理念的源头。雨水口出挑夸张，在雨天形成一条泄水柱，与地面自然形成的水池形成诗意的小景，是一件“穷甲方”最喜欢的投资少、效果好的典型作品。（图4-39）

建筑博物馆：呈现给人的第一感觉，犹如一件“立体构成”的雕塑作品，该博物馆其实是展示勒·柯布西耶设计作品和思想的小展馆。几何图形相互反转组成的遮阳棚将建筑笼罩，并与主体建筑结构完全脱离，使建筑屋顶成为一个拥有“遮阳伞”的室外酒吧。建筑细节处理上，柯布西耶的设计风向标无处不在，坡道、光带、出挑、架空……馆内陈列了大量柯布西耶的作品模型，然而建筑空间的变幻无穷，使人无暇顾及作品的详细介绍。粗犷的材质却能形成精致的空间，即使放之六十年后的当代，也丝毫不见落伍。（图4-40）

昌迪加尔市立博物馆：初见博物馆时，感觉与东京国立西洋美术馆很像，难道大师为了省事儿而将自己的“原作”复制一下，然后粘贴出去？（详见【跨海追神】）沿着博物馆四周环绕一圈后，进入内部详细观摩建筑细节时，顿时感觉取经还是来晚了。许多曾经让人敬佩不已的国内大师作品中的细节，均在此一一找到了原型。例如中轴的转门、椭圆形柱的架空廊道、雕塑般的排水檐口、室内的转折坡道、无过梁的开窗、博古架窗框、导入光影的遮阳天窗等，“取经”在建筑设计中的重要性不言而喻。六十年过去了，其很多设计手法仍然被当代建筑师，甚至当代的建筑大师乐此不疲地使用，这足以证明柯布西耶在建筑设计界的旗帜性地位。当然，柯布西埃自己也曾经多次到各地游学、取经……（图4-41）

第一天结束参观后，深感无论介绍建筑的图片多么精彩，与在建筑中游走时身临其境的体会相比，都会显得黯淡无光。

2012年1月30日（03天）：昌迪加尔（飞机9W7076）→新德里（飞机IT3636）→艾哈迈达巴德

今天考察的项目是昌迪加尔行政中心，也是印度之行的重头戏之一。勒·柯布西耶精心设

图 4-40　昌迪加尔建筑博物馆

图 4-41　昌迪加尔市立博物馆

计的这组建筑群包含了行政中心办公楼、议会大厦、高等法院等几项主要内容，这些建筑均体现了其现代主义建筑的设计思想。

行政中心办公楼：令人遗憾的是由于旁遮普邦正在议会大选，使得我们一行无法进入室内，只能从建筑周边进行观摩。办公楼是一栋长250多米、高40多米的八层“一”字形建筑，体量极其宏大。建筑南北两侧各有一个突出主体建筑之外，联系各层的巨大坡道，是办公人员在这栋缺少电梯的建筑里进行竖向联系的重要交通方式，中央变化部分为行政长官办公室。在此建筑中，大师的屋顶花园、底层架空等建筑要素得以实现。原本建筑立面形成匀质的光影效果，却被具有浓厚生活气息的空调室外机、锅盖形电视接收器、帆布遮阳等元素所破坏，而且据说一层架空部分后来被改造为办公室，不知大师在天之灵有何感想。（图4-42）

议会大厦：议会大厦将此次建筑之旅的感受第一次推向高潮。拆掉模板后的钢筋混凝土，其不加任何修饰的粗犷质感，将遮阳板、雨棚等建筑构件进行夸张的表现，犹如一件硕大的雕塑作品呈现在观众面前。室内空间的曲折流转和光影的陆离斑驳，使人不得不叹为观止（由于办公人员的阻止，室内部分不得拍照，非常遗憾）。柯布西耶应当感谢钢筋混凝土的发明者，因为钢筋混凝土的发明，使由于石材、木材等建筑材料的局限性，造成的古典建筑中僵硬的室内空间成为“过去”，使大师变幻无穷的建筑空间成为“现实”。（图4-43）

议会大厦墙面和卷棚上“锈迹斑斑”的印痕，体现了其历经风雨沧桑后的文化脉络。联想中国江南许多灰砖白墙的古典民宅，为了迎接游客而将白墙粉刷一新，历史的厚重感被新贵的气质所淹没，这也许是中国与西方对于建筑理解不同之所在吧。

高等法院：高等法院与议会大厦隔着广场相望，也是“粗野主义”流派的重要代表作品之一。巨大的钢筋混凝土拱壳顶棚笼罩在建筑主体之上，入口红、黄、绿三个“哑铃截面形”的粗壮柱墩，形成巨大开敞的门廊。随屋顶向上翘起的遮阳板动感十足，摒弃建筑固有的僵硬

图 4-42　昌迪加尔行政中心

图 4-43　昌迪加尔议会大厦

图 4-44　昌迪加尔高等法院

感。柯布西耶还应该感谢与之配合的结构设计师，没有结构师的精心配合与设计，其天马行空、无拘无束的设计理念将无法付诸实施。（图4-44）

怪诞奇异的体型、突破常规的尺度、不修边幅的表面和常人不敢使用的纯色都在这座建筑中集中体现。大师将构成建筑主体材料的钢筋混凝土直接暴露于外界，犹如人体展示肌肉美的“原生态”，而当代建筑中玻璃、石材、面砖、涂料以及新型建材等各种华丽的外表皮，则更像当代人通过西装革履、描眉画眼来掩饰羞于见人的躯体。

光影之塔：是柯布西耶为使建筑外表面的遮阳板达到最佳的遮阳、通风和光影效果，在议会大厦和高等法院之间的广场上，专门修建一座遮阳板实验亭，以获取在当地遮阳板间距、角度、高低所产生效果的真实信息，“纸上得来终觉浅，绝知此事要躬行”的工作态度在大师身上显露无遗。柯布西耶无愧于建筑遮阳板设计“祖师爷”的称号。（图4-45）

风向标：柯布西耶设计的风向标位于议会大厦与高等法院之间，是他一再向尼赫鲁建议下才得以实施的，现在已成为昌迪加尔市标志，在很多纪念品、生活用品上随处可见。风向标将手的外形抽象化，并设计成和平鸽形式，其下面为一个下沉的室外演讲空间。风向标随风而动，犹如一件“转动”的艺术品。（图4-46）

图 4-45　光影之塔

图 4-46　风向标

第二天的参观结束了，踏上去往新德里转机的航班，但内心受到的震撼却久久不能散去，柯布西耶的天赋异禀令绝大部分建筑师望尘莫及。

2012年1月31日（04天）：艾哈迈达巴德

艾哈迈达巴德是位于印度西部的全国第六大城市，也是重要的纺织工业中心。位于艾市的印度管理学院教学楼、学生宿舍和教工宿舍建筑群，集中实现了路易斯·康的“灵感产生形式，从而启发设计”的思想。

印度管理学院教学楼：在教学楼的设计中，将方、圆、三角等最基本的图形元素进行合理的组合，放弃琐碎的装饰，并充分考虑阳光在建筑造型中的重要作用，形成极富视觉冲击力的建筑形式。大量使用混凝土过梁联系着的砖砌缓拱，在砖砌实墙面上的开洞成为路易斯·康建筑风格的识别标志。教学楼以图书馆为中心，南北两侧布置了教室、教师办公、行政办公等功能性房间，体现其对建筑空间的理解，更是基于对设计“任务”的详尽了解，而非随心所欲。但是大师对辅助房间及设备使用的忽视成为这件作品的一点点瑕疵。（图4-47）

印度管理学院学生宿舍：学生宿舍是对方形平面进行减法切割，形成以楼梯为中心的转角布局，并相互联系，构成整体的协调统一。实墙面上的大尺度圆形开孔展现了无与伦比的砌筑技术，阳光穿过这些角度各异的圆孔，并在形成肌理的砖砌墙面上投射成各种变换的曲线阴影，给整个建筑以校园特有文化、宁静的感觉。（图4-48）

棉纺织协会总部：是勒·柯布西耶为艾哈迈达巴德的工厂主设计的富人俱乐部。建筑外轮廓通过遮阳板形成方形构图，规整而严谨；内部则是由异形曲线墙体形成的自由平面（曾被国内很多建筑师所模仿）。地上四层，笔直的坡道直通二层，与开敞的楼梯形成光影交错的主入口形象。虽然整个建筑规模不大，但却包含了柯布西耶设计手法的所有常用元素。（图4-49）

萨拉巴伊别墅：是勒·柯布西耶为艾哈迈达巴德的一位工厂主设计的别墅。此位工厂主首先将柯布西耶推荐给印度的很多业主，从而使柯布西耶在印度很多地方实现了自己的设计理念和梦想。估计别墅的设计费肯定打了不少折扣。别墅由十开间组成，采用加泰罗尼亚拱，形成

图 4-47　印度管理学院教学楼

图 4-48　印度管理学院学生宿舍

图 4-49　棉纺织协会总部

图 4-50　萨拉巴伊别墅

屋顶花园。滑梯与游泳池连为一体，丰富了建筑的空间形象。整个建筑塑造了别墅所必需的安逸、恬静的氛围。（图4-50）

坎德拉博物馆：柯布西耶设计的三个博物馆之一。原方案采用一个主展馆、三个副展馆的形式，展馆间通过廊桥连接。主展馆“回”字方形平面，一期主展馆建成后，三个扩展的副展馆至今未建。底层大部分架空，中央形成露天内部庭院，并通过自由形式的水池，穿插于规整柱网之间，形成强烈对比。进入庭院内部的转折坡道后，可直接进入二层展厅。建筑为游客提供了大量休闲空间，从而避免展示空间过于单调而给观众带来疲劳的感觉，同时也为现代展览性建筑提供了新的探索。（图4-51）

如果说昌迪加尔是勒·柯布西耶的自留地，那么艾哈迈达巴德则是勒·柯布西耶与路易斯·康两位大师平分秋色的舞台。

2012年2月1日（05天）：艾哈迈达巴德（飞机SG138）→斋普尔

印度作为四大文明古国之一，其文化传统和历史源远流长。艾市作为重要商埠，其寺庙、陵墓的建筑风格融合了印度教、伊斯兰教、耆那教等多种宗教的特色，而民居更是受到西方殖民时期的影响，展现出不同地方不同时期的文化理

图 4-51　坎德拉博物馆

图 4-53　艾哈迈达巴德·贾玛清真寺

图 4-54　Premabhai 大厅

图 4-52　艾哈迈达巴德旧城街区

念。印度是一个“自由”的国度，然而过度的自由导致了更多事情无法统一，建筑的凌乱无章展现了印度的一种生活态度和习惯。这一点从艾哈迈达巴德的古城民居与传统街区的形象可以一目了然（图4-52）。

贾玛清真寺：位于甘地路上，是印度最大最美的清真寺之一，精美的石雕中融入印度教的风格，环方形广场周围是一圈柱廊，广场中央为洗礼水池。清真寺内的256根石柱尤为精彩，中央部分的石刻藻井表现出古印度匠人细腻的工艺。寺内右侧为女性朝拜者设置了专门的石雕阁楼。看来，“男女授受不亲”的儒家思想在世界范围内都有相似之处。（图4-53）

从贾玛清真寺出来，沿着商街一直向西步行大约500米，发现街巷一隅，有一座与众不同而又富有设计感的建筑，于是随手拍下一张照片（图4-54）。2018年的普利兹克建筑奖公布后，在浏览获奖得主的作品集时，感觉有一建筑似曾相识。翻阅印度游学后整理的图片集，方知六年前拍下的这张照片，居然是普利兹克奖得主——“巴克里希纳·多西”的作品——Premabhai大厅。“是金子终究会发光的”……

图 4-55　甘地纪念馆

图 4-56　阿达拉吉水井

圣雄甘地纪念馆：是印度本土建筑大师查尔斯·柯里亚的代表作之一。正方形柱网构成建筑布局，每个单元或是完全封闭的展馆，或是只设顶棚而无墙体的“灰空间”休息亭，或是全部敞开的庭院。虽然建筑只有一层，然而空间却极为丰富，避免一览无余的展示环境，使参观者怀着无限期待的心情，去了解圣雄甘地一生的伟业。（图4-55）

阿达拉吉台阶式水井：建于1501年，由于其对水井的处理方式和雕刻技艺而在建筑历史上具有极其重要的地位。水是人类生存之本，因而印度人对水有着特殊的情感，这座台阶式水井除了方便人们取水之外，还成为人们集会和休闲的场所（其功能有些类似古罗马人的浴场）。从地面至水井边缘共5层，每层均有贯通柱廊，每层休息平台上方设天井，阳光照射进来，形成强烈的视觉效果。（图4-56）

艾哈迈达巴德参观的项目全部结束，几位现代主义建筑大师的作品已经观摩过半，每每进入大师的作品中，总有一种莫名的冲动，也许是职业病使然。夜幕即将来临，带着对印度古典建筑的期待飞往著名旅游城市斋普尔。

2012年2月2日（06天）：斋普尔

琥珀堡：位于斋普尔郊外一座小山之上，是17世纪拉贾斯坦国的王宫。整个宫殿呈现黄色基调，分为前宫和后宫两部分。前宫包括议事厅、接见厅等功能性宫殿，富丽堂皇的建筑形象，展现出当时国家富有的状况。印度特色的石材镶嵌工艺，使建筑给人以细腻的精雕细作感

图 4-57　琥珀堡

图 4-58　风之宫殿

受。后宫包括国王休息的寝宫和围绕中央休息亭子而布置的众多夫人的三层寝宫。步入其中，脑海中浮现出《大红灯笼高高挂》中的场景。后宫中尤为精彩的是“镜宫”，将许多镜片嵌入宫殿石墙之上，通过光线反射，形成梦幻奇观。（图4-57）

图 4-59　斋普尔古观象台

风之宫殿：斋普尔标志性建筑，位于繁华商街一侧，沿街立面五层，呈“山”字形象，是拉贾斯坦国王为深居后宫的嫔妃提供“偷看”外面精彩世界的窗口。宫殿用红砂岩建造，白色大理石雕刻成造型不同的窗户和线条装饰并向外出挑，可谓国内住宅设计中流行的“飘窗”原型。整个宫殿空间丰富，做工细腻，犹如女人的绣花作品。红尘一骑妃子笑，无人知是荔枝来，然而古今中外又有多少比荔枝更加昂贵的宫殿是为心爱的女人而建（图4-58）……

古观象台（Jantar Mantar）：是辛格二世于1728年修建的，作为一个天文学的爱好者，其对古印度天文学的研究和贡献，使古代中国在此领域的成就相形见绌。十六座石制天文台测量装置，提供了精确时间、季节、星座的推算，甚至对分钟的计算与实际相差无几。作为一个文明古国对世界的贡献，不能不使人称道。（图4-59）

2012年2月3日（07天）：斋普尔（大巴）→阿格拉

斋普尔艺术中心：是柯里亚将古印度神话九大行星的曼陀罗形制作为设计理念，布置了九个方形平面，类似中国的九宫格布局。九个院落根据行星的特点，形成不同的空间组合与功能分布，因而变化丰富、各具特色。中央的露天剧场将设置不同形状庭院的方形连为一体。在科技发达的今天，一些建筑师可能对这件作品的建筑形式不屑一顾，但在三十年前，仍不失为一件时尚的作品。（图4-60）

图 4-60　斋普尔艺术中心

图 4-61　西克里王宫

图 4-62　西克里清真寺

参观完斋普尔最后一件作品后，驱车前往“印度金三角”的另一座城市阿格拉。位于阿格拉以西40公里的法塔赫布尔·西格里王宫和清真寺则是印度伊斯兰教古典建筑的代表作。

西克里王宫（Fatehpur Sikri）：建于16世纪中后期，是阿克巴大帝为了纪念儿子的出生而兴建的王宫。作为古代王宫的代表，在建筑历史上占有重要的地位。整个王宫不论是总平面布局还是单体宫殿建筑，都与世界各地王宫建筑有所不同，即西克里王宫没有明确严格的对称式中轴线，比“包豪斯”的非对称构图早了三个世纪。特别是很多宫殿没有将威严作为体现的首要因素，而是根据功能的需求进行设计，因而更像是一座富豪的大型庄园。从年代上来讲，其设计思想可谓超前。（图4-61）

西克里清真寺：与王宫同期建造，通过柱廊围合成方形平面。西侧为礼拜堂，使朝拜者面向麦加，南侧为平面八角形巨型错层拱门，上部采用了印度常用的网状装饰线脚的垂拱，极为壮观。北侧为两座陵墓，其中一座用白色大理石砌筑，在红色砂岩形成的环境中显得格外耀眼，体现了莫卧儿王朝时期建筑融合各种风格的特征。（图4-62）

2012年2月4日（08天）：阿格拉

泰姬玛哈尔陵：与中国的长城并称为世界七大奇迹。由于对其介绍的资料太多，本文不再赘述。一段感人的历史，一个爱情的传说，一栋秀丽的建筑，一次审美的升华。（图4-63）

阿格拉古堡：阿格拉作为莫卧儿王朝首都时，由阿克巴大帝开始兴建，历经几个朝代而成。古堡在沙贾汗（泰姬陵的建造者）朝代达到鼎盛，后来沙贾汗被儿子软禁，只能在古堡里通过眺望泰姬陵来怀念爱妻。不论建筑的所有者是统治者还是普通人，古代中国与西方对待建筑理解的观点有诸多不同。西方常常将建筑寄托很多思想，包括宗教信仰、情感因素、哲学理

图 4-63　泰姬玛哈尔陵

图 4-64　阿格拉古堡

念等，而中国人则更多地将建筑归为自己的成就和财富的炫耀。这些因素决定了西方建筑需要长时间的思考和建设，有的甚至几百年几代人才得以完成，而中国的建筑往往几十年就要必须完成，甚至统治者自己的陵墓也要在有生之年看到，使中国古典建筑尽管有很多精彩之处，但仍缺少一些内在思想和哲理，也是中国古建短寿原因之一。（图4-64）

2012年2月5日（09天）：阿格拉（火车）→占西（大巴）→奥恰（大巴）→卡久拉霍

贾汉吉尔古堡（Jehangir Mahal）：位于奥恰，是中世纪班迪拉王国为迎接莫卧儿王朝贾汉吉尔皇帝莅临而修建的行宫。宫殿为方形平面，四面对称的建筑，围合出一个中央庭院。印度教形式的穹顶和亭子充满整个宫殿，而每个亭子又各具特色，各不相同。从整个建筑表露的沧桑中依稀可见古堡当年的辉煌，古堡被誉为印度教建筑的标本。（图4-65）

拉吉古堡（Raj Mahal）：位于贾汉吉尔古堡旁边，也是围合庭院式的方形宫殿，建筑共有五层，每层平面都有所变化，上层部分房间比下层平面后退形成空中露台，因而建筑空间错落有致，极为丰富，也可谓最早的“花园洋房”了。（图4-66）

图 4-65　贾汉吉尔古堡

图 4-66　拉吉古堡

图 4-67　康达立耶·玛哈迪瓦庙

图 4-68　鹿野苑

图 4-69　恒河沐浴

2012年2月6日（10天）：卡久拉霍（飞机9W724）→瓦拉纳西

康达立耶·玛哈迪瓦庙：又称“性爱神庙”，建于公元10世纪，由于位于卡久拉霍的茂密森林里，因而几乎没有受到外来入侵者的破坏。神庙主要以印度教为主，共有14座风格近似、大小不同的神庙组成。神庙上的人物雕塑栩栩如生，呼之欲出，是对当时人们生活内容的真实写照，其中尤以男欢女爱的形象而著称。（图4-67）

鹿野苑：作为释迦牟尼成佛后初转法轮的地方，是佛教在古印度的四大圣地之一。齐天大圣曾陪伴唐朝高僧玄奘于公元7世纪来到这里，见证了鹿野苑当时的盛况。12世纪后期，鹿野苑遭土耳其穆斯林的劫掠后，建筑被严重破坏。现如今，仍有虔诚的佛教信徒不远万里，从遥远的东亚前来朝拜，足以见得其在佛教界的地位。（图4-68）

2012年2月7日（11天）：瓦拉纳西（飞机AI405）→德里

恒河是印度的圣河，位于恒河旁边的瓦拉纳西市成为连接人间与天堂的地方。活着的人要到恒河里沐浴（图4-69），以洗刷掉罪孽和污浊，死去的人，要在河边火化以获得解脱，升入天堂。河边六十四个台阶码头挤满了来自全国各地虔诚的印度教徒，或祈祷或沐浴，以求远离苦难，超凡脱俗。

2012年2月8日（12天）：德里

德里红堡：相当于北京的故宫，是莫卧儿王朝的皇宫，由第五代皇帝沙贾汗于1639年开始兴建。大部分建筑采用红砂岩砌筑，因而整个城堡呈现一片红色。城堡轴线为东西向，主城门

图 4-70 德里红堡

图 4-71 德里贾玛清真寺

位于西侧，建筑主要为印度教风格，由于受到英军的严重破坏，大部分建筑被毁（不知除了德里红堡、北京圆明园，还破坏过什么？）。城堡内部散落着一些英国风格的建筑。（图4-70）

德里贾玛清真寺：是全印度最大的清真寺，也是目前世界上最大的清真寺。 贾玛清真寺由沙贾汗组织庞大的工匠群建成，全寺没有使用木料（与中国古建完全相反），地面、墙壁、顶棚都采用了精工细雕的白色石料。有三个大门可以通向寺的主体，主入口朝东，专供帝王进出。寺顶部有三座白色大理石穹形圆顶，上面点缀着镀金圆钉和黑色大理石条带，在蓝天下显得分外皎洁。南北两支高耸的宣礼塔，用红色沙石和白色大理石交错砌成。（图4-71）

库特勃塔：位于德里的库瓦特清真寺内，而库瓦特清真寺是德里地区的第一座清真寺，由于缺乏建筑材料和缺少建造准备，而将当地印度教庙宇的柱子和建筑部件拆掉并加以利用，因而在清真寺的墙面上仍然留有印度教雕刻的图案和风格。库特勃塔象征着胜利，塔高五层，高达72.6米，下面三层是红砂岩建造，上面两层由大理石筑成，塔身雕刻着古老的建筑文字。（图4-72）

英国文化委员会办公楼：是柯里亚利用二维的抽象壁画来表现三维空间深度的作品，建筑入口棚架下方是一幅由黑色石材镶嵌而成的霍华德创作的壁画，内容表现的是大树的树荫，强烈的黑白对比在视觉上给人以极大的刺激，以此来渲染建筑内部的复杂结构，图案的形状则隐喻了印度文化的多元化。（图4-73）

印度人寿保险公司办公楼：位于德里高层塔楼区，柯里亚将办公楼定位于城市新旧区域间的过渡转换元素。北侧光滑玻璃幕墙倒映对面的建筑群，南立面完整而光洁，方形窗深深凹入厚重的墙体内。建筑上方覆盖着巨型金属棚架，建筑如同一个巨大门廊，为行人创造出画框的形象。（图4-74）

图 4-72 库特勃塔

图 4-73　英国文化委员会办公楼

图 4-74　印度人寿保险公司办公楼

2012年2月9日（13天）：新德里（飞机CA948）→北京

历时两周的印度建筑之旅结束了，新德里英迪拉甘地机场的“大手”跟我们说拜拜了。对五十余个项目的考察已经使人身心疲惫，满载着“真经”踏上回国的征程，也肩负着一种责任和担当吧……

（2012年04月12日星期日记录）
（2020年12月13日星期日整理）

北欧街拍
——走马观花看北欧建筑之精髓

2016之夏，跟随建筑师游学团前往芬兰、瑞典、丹麦和北部德国，开始期望已久的北欧建筑游学。临行前，对即将参观学习的经典作品做足功课，以备能更深入了解北欧地区的建筑特色，然而在游学的过程中，随手街拍的各类现代建筑，同样精彩纷呈，给同行建筑师们以赏心悦目的感受。回国后查阅相关资料，对北欧现代建筑有了更深刻的思考。

本文将通过简介、杂评和四联图片的快餐浏览方式，回顾北欧街拍之旅，分析北欧建筑精髓，欣赏经典建筑作品。

1.芬兰

赫尔辛基大学图书馆：位于市中心的历史街区，东西两侧沿街形成一层高差，南北两侧则与旧有的建筑连接。图书馆立面采用红砖砌筑，方窗网格与两侧建筑形成延续，在尊重历史的前提下，通过几条弧形玻璃幕墙彰显特征，个性鲜明而又不哗众取宠，巧妙地与周围环境融为一体。图书馆内部空间简洁明亮，自屋面贯穿至首层的中空，为宁静的阅读环境提供柔和的自然光线。（图4-75）

杂评：感触最深的是作为大学的图书馆，对市民甚至外国公民也完全开放，知识资源与所有人平等共享。相比国内某些名列前茅的高等学府图书馆，除了本校的老师和学生外，其余人必须凭借单位介绍信才能入内（身份证也不可），即使我的《我的建筑十年》被馆藏，同样将我拒之门外，不能不说是一种遗憾。

赫尔辛基理工大学：由阿尔瓦·阿尔托负责校园总体规划和多个单体建筑设计。设计中阿尔托倾注极大心血，特别是在主楼设计中，巧妙利用大报告厅的屋顶，塑造一个半圆形的室外观演场所，犹如古希腊剧场，为学生提供丰富的室外交流活动空间。除建筑设计之外，在天窗、台阶、灯具，甚至大门把手等细节上，都进行符合学生使用的设计，充分体现出设计无处不在。（图4-76）

杂评：放眼当前某些大师，寥寥数笔便离案而去，每年十几件设计作品问世，又有多少建筑细节能有时间精雕细刻？而对于类似王澍那样每隔一两年才出一件作品，只追求质而非追求量的大师，也许更能令人信服。

芬兰音乐厅：作为阿尔瓦·阿尔托的代表作之一，充分表现出现代建筑的特征，除了考虑与周边环境和地形的融合，同时以建筑功能为中心塑造建筑的使用空间，在交通组织上利于车行和人行的便捷到达。而其外立面通过略带弧形的石材，进行竖向错缝拼接，形成编织的立面效果。（图4-77）

杂评：这种编织的做法至今仍然被当代众多建筑师模仿，甚至被一些明星建筑师所借鉴。

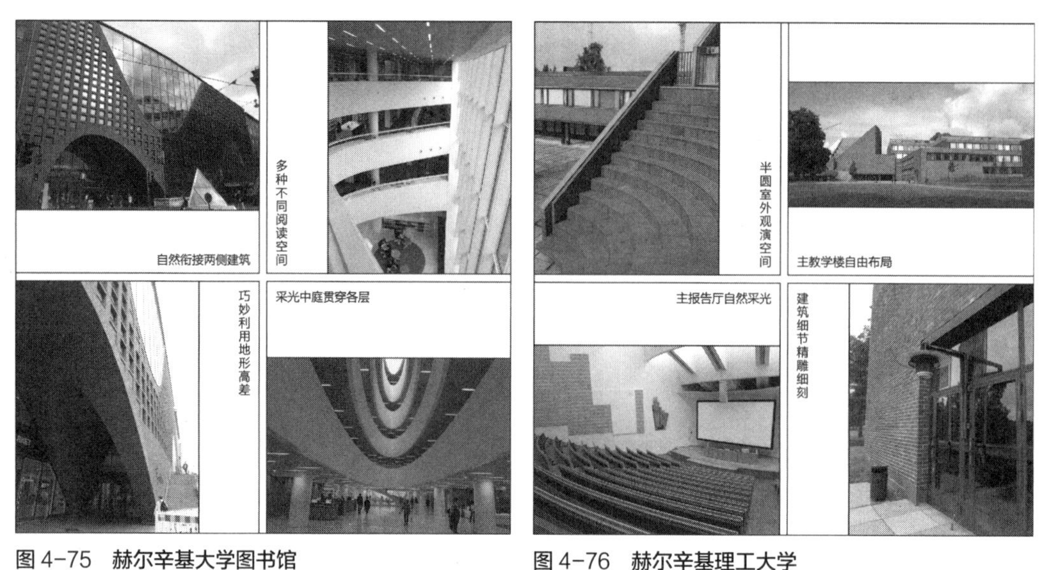

自然衔接两侧建筑
多种不同阅读空间
巧妙利用地形高差
采光中庭贯穿各层

图 4-75　赫尔辛基大学图书馆

半圆室外观演空间
主教学楼自由布局
主报告厅自然采光
建筑细节精雕细刻

图 4-76　赫尔辛基理工大学

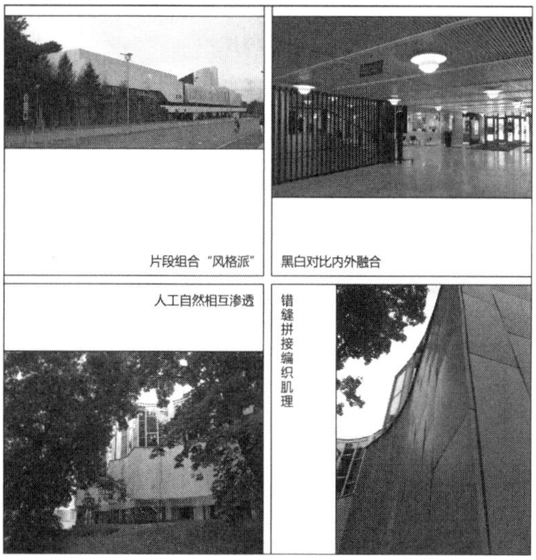

片段组合“风格派”
黑白对比内外融合
人工自然相互渗透
错缝拼接编织肌理

图 4-77　芬兰音乐厅

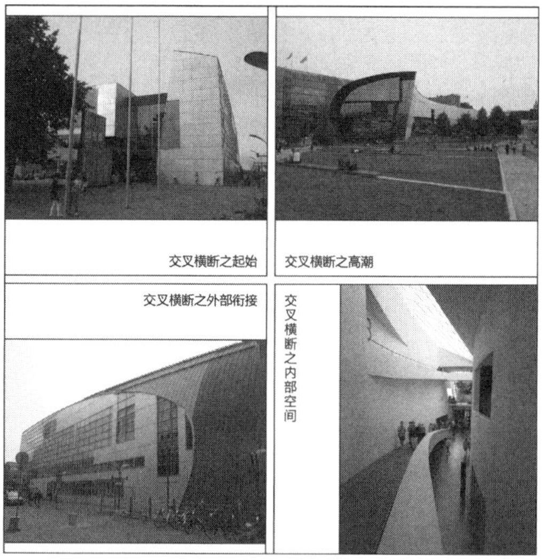

交叉横断之起始
交叉横断之高潮
交叉横断之外部衔接
交叉横断之内部空间

图 4-78　赫尔辛基当代艺术博物馆

这也许就是大师之所以成为大师的原因。然而，人无完人，大师也有不足之处，该音乐厅因为存在声学缺陷，而在其南侧又修建了一座新的音乐中心，以解决声学上存在的一些技术问题。建筑是一门包含艺术和各类技术融合的复杂学科，单凭一己之力，无法完成一部杰作，再出色的大师也需背后技术团队的鼎力相助。

赫尔辛基当代艺术博物馆（Kiasma）：位于芬兰音乐厅南侧，基地东西两侧的道路形成角度，而非平行状态，常规处理手法是将与道路相邻的建筑立面设计成与道路平行的形式，以适应城市道路的肌理。而斯蒂文·霍尔则反其道而行之，将两侧建筑走向分别与远离的道路方向平行，从而使两侧建筑相互交错，势必形成内部空间的“交叉”与“横断”，自然而然成就内部动态连续的展览空间。（图4-78）

杂评：霍尔的建筑空间和光影处理手法不得不说是登峰造极，然而却屡屡与普利兹克奖失之交臂。究其原因，既然是论功行赏，那么旗帜性的建筑师不应仅仅拘泥于建筑学狭隘范围内的创作，而是应当对社会发展和人类广义需求有所贡献，方能得到最高奖赏，即使已经成为圈内公认的世界建筑大师，也不例外。

康比静默教堂：位于Kiasma南侧的小广场，由K2S事务所设计，充分体现了当代芬兰设计的前卫性。通过不规则椭圆形形体，淋漓尽致地展现了芬兰地域性的木材柔性延展特征。内部墙顶周边天窗的光线，使屋顶犹如悬浮在空中，让圣徒感觉天堂仿佛触手可及。（图4-79）

杂评：建筑的形体结构往往与使用的建筑材料息息相关，只有反映建筑材料特性的建筑，才能由里及外地表达美学准则，否则即为不伦不类。当代仍然有很多建筑用现代建筑材料表现中国传统木结构建筑，假古董形式依然在泛滥，并误导非专业人的审美取向。

2.瑞典

瓦萨沉船博物馆：是针对被打捞上来的17世纪瓦萨号沉船进行设计和建造的。博物馆高5层，环绕沉船的不同标高，设立观赏平台，保证游客能从不同角度近距离观看沉船的风貌和细节。馆内设有多个展室和互动空间，使游人从多方面了解沉船的整个历史。（图4-80）

杂评：常见博物馆一般均是设计参观主流线，围绕流线布置展品和展陈空间。而该博物馆不同之处，在于其成为围绕一件主展品进行博物馆建造的典范。

斯德哥尔摩公共图书馆：建于1928年，是瑞典建筑师阿斯普朗德的代表作，建筑形体简洁，一个正圆柱体坐落于一个正方体之上，内部空间以圆形图书阅览室为中心，周边设置小型分类阅览室和附属设施。（图4-81）

杂评：据说当年阿尔瓦·阿尔托曾前往阿斯普朗德事务所应聘，结果遭到拒绝，谁又能想

图4-79　康比静默教堂

图4-80　瓦萨沉船博物馆

图 4-81　斯德哥尔摩公共图书馆

图 4-82　斯德哥尔摩当代艺术博物馆

到阿尔托最后名气和成就远超阿斯普朗德，成为现代建筑的第五位大师。此说再次印证“千里马常在而伯乐难求”的古训。

斯德哥尔摩当代艺术博物馆：出自1996年的普利兹克奖得主拉斐尔·莫尼欧之手。建筑强调与自然环境的结合，在水平方向延展，展厅仅为一层，只有临近海边一侧，利用高差形成向下错落的空间。（图4-82）

杂评：建筑从入口到形象都平淡无奇，处理低调，低调得无法描述，甚至毫无感觉。仅仅对其展厅上部的采光窗留有印象，也许大师故意使人的注意力偏离建筑本身，而集中到馆藏展品之上吧。

3.丹麦

丹麦海事博物馆：由BIG事务所设计，建于丹麦北部的赫尔辛格。其将旧船坞的下沉空间改成地下内庭院，充分利用自然采光。博物馆围绕内庭院形成环形的展览空间，并通过有坡度的联系廊桥相连接。（图4-83）

杂评：该博物馆独树一帜的地方，在于没有凸出地面的建筑立面（容积率为0），有些类似我国西北地区高台平原地带的地坑院。利用旧有的建筑物或构筑物进行改造，并与原有建筑物主题呼应，该馆可谓经典。

天空贝拉酒店：是由3XN事务所设计的哥本哈根地标性建筑，如同双手合十的雕塑般双塔，夺人眼球。梯形构图元素形成母题，贯穿建筑整体和室内室外的每个细节。也许主体过于复杂，内部空间略显简陋。（图4-84）

杂评：建筑师天马行空的创意，往往建立在牺牲结构师脑细胞的基础之上。观后之感，建筑师的设计理念固然超凡脱俗，然而结构师的落地水平却远远超出建筑师的思维想象能力，最

图 4-83　丹麦海事博物馆

图 4-84　天空贝拉酒店

后必须向施工者致以最高敬意。

山型住宅：是参观的BIG设计的住宅三部曲之一。建筑层层后退，形成梯田形象。每个住户都有一座独立的，突出于建筑主体的阳台和屋顶花园，可以充分享受阳光、空气、绿植。车库位于住宅下方，住户可以将车直接开到自家门口。

杂评：面积指标问题是困扰中国建筑师创作的枷锁，该设计三分之一的住宅面积与三分之二的地上车库面积，在视“容积率”为生命线的中国甲方面前，等于是自杀式的方案。成本与产出的计算成为中国建筑师必须为甲方考虑和解决方案问题的重中之重。

VM住宅：是参观的BIG设计的住宅三部曲之二。住宅由两栋公寓组成，形成“V”形和“M”形的平面。其内部跃层居住空间极其丰富，三层合用一个公共走廊（符合中国甲方要求的低公摊要求），通过上跃或下跃的户型组成，为不同需求的客户提供不同的使用感受，比柯布西耶的马赛公寓更胜一筹。外部形象通过刺猬尖刺式的三角形阳台，形成强烈的视觉冲击效果。（图4-85）

杂评：此类精品设计需要的是慢工出细活，面对中国甲方的三天一套方案，五天一套施工图的要求，此类设计只能望洋兴叹。当然，在几十年没有变化的设计费面前，中国建筑师也只能进行批发产出式的设计。

8HOUSE：是参观的BIG设计的住宅三部曲之三。“8”字形的建筑平面围合成两个封闭的内庭院，为所有住户所共享。而每户又都拥有自己的室外小庭院，阳光、空气、绿色仍然是居住的主旋律。通过室外坡道，可以骑行自行车到达每户的小庭院，邻里关系在设计中充分体现。（图4-86）

杂评：由于室外楼梯和坡道的开放性，使得人们能够随意且便捷地到达每个住户门前。然而由于8HOUSE的精彩设计，很多人慕名前来参观，极大地影响了现有住户的私密性，这也许是

图4-85 VM住宅

图4-86 8HOUSE

BIG没有想到也不愿看到的结果。当然，也许北欧人都拥有好客的性格。

Nykredit哥本哈根新总部：是丹麦SHL事务所的新作。建筑像一个被切割的几何形“钻石”，整个大楼通过几个支点支撑起来，建筑底层架空。内部办公空间则围绕两个三角形的中空布置，而入口则含蓄内敛。立面通过外墙双层玻璃幕墙和架空顶板的不锈钢吊顶，来塑造晶莹剔透的形象。（图4-87）

杂评：入口门厅的狭小，建筑造价的巨大，建筑体量的不平衡性，在大多数中国甲方面前无以立足，功能形式也许可以模仿，思维习惯却不可以抄袭。这也许是中国建筑师需要慢慢等待的原因。

丹麦皇家图书馆：由新馆与旧馆两部分组成。1906年建成的旧馆为古典主义建筑风格，1999年建成的新馆是完全的现代主义风格，由SHL设计。新馆在处理与旧馆的关系上，采用动与静、红与黑、光泽与粗糙、对称与非对称等多种对比手法，使人一目了然不同时代的审美倾向和技术水准。（图4-88）

杂评：在很多旧建筑扩建项目中，简单模仿会产生再造“假古董”的痕迹，大拆大建则必定毁掉宝贵的历史遗产（如济南老火车站等）。因而此类设计，既应尊重历史文化脉络和空间衔接关系，又能体现新时期的特色，才能为未来留下不同时代发展的印记。

4.北部德国

易北河音乐厅：位于汉堡易北河港口与河流交叉口的一个平台，由赫尔佐格和德梅隆设计，设计方案采用保留旧仓库外观，并在其上加盖新建筑的方式，形成强烈的新旧对比、红蓝对比、虚实对比，屋顶的波浪形曲线与暗含的音乐旋律相得益彰。为解决技术难题花费大量投资，并引起众多纠纷，使得易北河音乐厅断断续续建设了十年，成为世界上最贵的单体建筑。（图4-89）

图 4-87　Nykredit 哥本哈根新总部

图 4-88　丹麦皇家图书馆

图 4-89　易北河音乐厅

图 4-90　联合利华汉堡总部

杂评：旧建筑的改扩建一般发生在水平方向，如上文提到的丹麦皇家图书馆扩建，而在竖向上延续建筑的发展，并通过对比，形成新旧建筑的水平分界线，该音乐厅可谓独树一帜。有些设计创意必须以金钱为基础，否则只能成为纸上谈兵。

联合利华汉堡总部大厦：由贝尼奇建筑事务所（Behnisch Architekten）设计，与易北河音乐厅遥遥相望，由一栋高层办公和带有复杂中庭空间的裙房组成。主楼通过不规则的深深挑檐，呈现动感十足的扭动向上特征。裙房玻璃幕墙外侧采用膜结构维护，整个建筑展现极强的雕塑感。大厦中庭对市民完全开放，并提供休闲空间以及体验公司产品的功能。（图4-90）

杂评：该大厦获得2009年世界建筑节能办公建筑奖。新技术直接反映新形象，体现建筑设计随时代发展的特征，很多建筑雕梁画栋式地遮遮掩掩，必将被时代淘汰。

图 4-91　费诺科学中心

图 4-92　德绍包豪斯校舍

费诺科学中心：位于沃尔夫斯堡，是扎哈·哈迪德参数化设计的典型案例。展览空间被塑造在一个平面接近梯形的单层混凝土盒子内，然后举升至离地8米的高度，支撑在10个混凝土倒锥桶上。整个建筑流线舒畅自然，混凝土外露而不加任何修饰，被称为不需振捣的自密实混凝土第一经典案例。（图4-91）

杂评：据说扎哈也希望自己设计的广州歌剧院流线外形，通过不加修饰的自密实混凝土来实现，然而被握有话语权的业主认为素混凝土不上档次，最终外挂石材。而石材的切割难以表现参数化模型，最终效果犬牙交错，惨不忍睹。即使闻名于世的建筑大师，其社会地位和权威性，在某些自负的甲方面前仍然一无是处。

德绍包豪斯校舍（图4-92）：

杂评：介绍作为现代主义建筑发源地的包豪斯校舍的文章铺天盖地，不再过多赘述，这里只表明一点：百闻不如一见。

柏林爱乐音乐厅：作为汉斯·夏隆的代表作，在世界建筑史上铭刻。其转变了演奏厅与观众厅两两正对的传统布局方式，而是将观众席化整为零，分成小块，围绕乐池布置，拉近了观众与演奏者的距离，体现了“音乐在其中”的理念。（图4-93）

杂评：外立面波浪形的女儿墙，体现音乐起伏高潮的韵律感。成为音乐建筑的模板，并被后来大师们不断升华，成为科班建筑师们的统一审美标准。如易北河音乐厅、中国美术学院象山校区……

波茨坦广场：是1989年东西德合并，定都柏林后重建的建筑群。吸引了伦佐·皮亚诺、理查德·罗杰斯、矶崎新、拉斐尔·莫尼欧、科勒霍夫、劳贝尔、海默特·扬等一群建筑大师前往竞艳。新材料、新形式、新空间层出不穷，引导了一个时代的潮流和特征。（图4-94）

杂评：世界各地的建筑师和甲方业主不断前往朝拜、模仿。以至于“身临其境”时，突

图4-93　柏林爱乐音乐厅

图4-94　柏林波茨坦广场

然发现很多建筑在国内都似曾相识。除了很多甲方要求必须设计成波茨坦广场某栋大楼的样子外，建筑师自己也“深刻学习”，形成固定思维模式，轻松拿来主义，换取微薄设计费。

柏林国家美术馆：是密斯·凡·德·罗生前设计的最后一件作品，通过钢与玻璃的精致雕塑感的设计，再现其倡导“少就是多”的理念。这座美术馆也被后人称为钢与玻璃的现代“帕特农神庙”。（图4-95）

杂评：密斯作为现代主义建筑的四个祖师爷之一，引导了多支精细设计、高效产出的团队。SOM、KPF、GMP等国际大牌公司，无一不是密斯的忠实追随者。而这些追随者在中国各地设计的方案，又引来无数徒孙粉丝，以至于原本长城内外，大江南北建筑各具特色，现在置身任何一个城市，都“不识庐山真面目”。

柏林包豪斯档案馆：由包豪斯创始人格罗皮乌斯设计，馆藏包豪斯学校历史及其各个创作领域的作品，其中包括：建筑设计、家具、陶瓷、金属、摄影、舞台等作品。由于时间原因，未能入内参观，遗憾万分。（图4-96）

杂评：从建筑外观看，很多元素在勒·柯布西耶的建筑中都有印记。如自由的坡道（柯布西耶的坡道大部分放在室内），侧向的半圆采光窗（朗香教堂的主要元素），突出建筑主体的楼梯间等。尽管从古典建筑到现代建筑的发展呈爆发式，然而大师们仍然拥有相同的建筑细节审美取向。

和解教堂：顾名思义，是为纪念东西德合并而修建，位于分隔东西德的柏林墙边的小教堂。建筑平面与原有位置的老教堂平面，产生着各种千丝万缕的联系。内侧墙体采用古老的夯土墙形式，外侧采用竖向的木格栅。和平与怀旧充斥着每个节点。（图4-97）

杂评：建筑作为记录历史的载体之一，材料、空间、审美无一不记录每段历史当年的思绪与需求。

图 4-95　柏林国家美术馆

图 4-96　柏林包豪斯档案馆

图 4-97　和解教堂

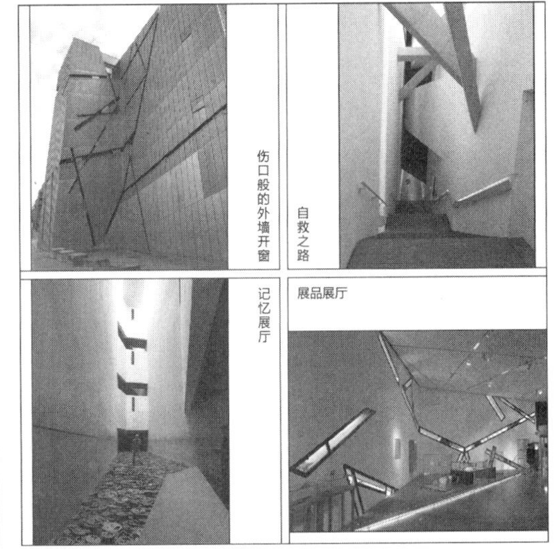

图 4-98　柏林犹太博物馆

柏林犹太博物馆：丹尼尔·里伯斯金的成名作，建筑师都知晓的建筑，一个到处充满“锐角”的建筑。（图4-98）

杂评：据说当年虽然里伯斯金赢得竞标，但没有人认为这个建筑能建起来。据说他为避免纸上谈兵而孤注一掷，放弃洛杉矶盖蒂中心收入丰厚的项目负责人职位，卷铺盖卷携全家移民柏林，立志完成自己的第一件作品。据说他历经12年，四次政府改组，三次馆长任免，政坛多变，他却矢志不渝。据说建成后轰动世界的时候，他已经52岁。“执着”贯穿博物馆建设的全程。其作品固然令人赞不绝口，而其“执着”则更令人钦佩不已。

柏林国会大厦改建：是诺曼·福斯特对古典主义风格的国会大厦的新探索。大厦基本沿用原有建筑的空间和装饰，而对于第二次世界大战中损毁的穹顶，则完全采用玻璃构筑，并免费对外开放供游人登高远眺。（图4-99）

杂评：用现代建筑材料完全照抄古典形式，难免有假古董和赝品的嫌疑。而大师们常常利用现代建筑材料的特性，对旧建筑进行改造或扩建，延续记忆而不对旧建筑产生破坏，使新旧部分和谐共生。贝聿铭的法国卢浮宫扩建玻璃金字塔与柏林国会大厦改建异曲同工。

柏林犹太人纪念碑：居于柏林市核心地段，毗邻勃兰登堡门南侧，出自彼得·艾森曼之手。一望无垠的黑灰色碑林，充分体现了德国对罪恶战争的深刻反省。高低不同的两千多块石碑，竖立在平面规整的方格网上，而地平面又起伏不平，形成一种令人心神不定、无所适从的氛围，以纪念浩劫中受害的犹太人。（图4-100）

杂评：在纪念碑前，在位于德国首都心脏地带的纪念碑前，面对德国政府和人民对犹太人虔诚的忏悔和道歉，心中情不自禁地思索：日本政府何时才能向受害的中国人真正道歉呢？如果在东京的核心地段建一座南京大屠杀纪念碑，国人又会是什么心情呢？

德国历史博物馆新馆：是贝聿铭在德国的第一件作品，通过地下连廊与古典巴洛克式的旧博物馆（军械库）相连，仍然体现贝聿铭大师流动展览空间的特性。入口类似透明海螺贝壳型的楼梯，昭示奇异空间的开始。（图4-101）

杂评：贝聿铭大师的博物馆从不把展品放在眼中，因为其设计的博物馆从来都是一件独立的展品，此博物馆更是如此，以至于令第一次前往的观众无暇顾及馆藏展品，仅仅欣赏博物馆的动人空间，已经使得时间悄悄流失，欲看馆藏展品必定再次前往。

柏林老佛爷百货商场：在让·努维尔上百件作品中并不出名，商场庄严的玻璃外墙，给人以高贵、顶级、奢侈的商业形象。平面的商业业态围绕中心两个上下相对的锥形体布置，创造一个万花筒般的视觉效果。（图4-102）

图 4-99　柏林国会大厦改建

图 4-100　柏林犹太人纪念碑

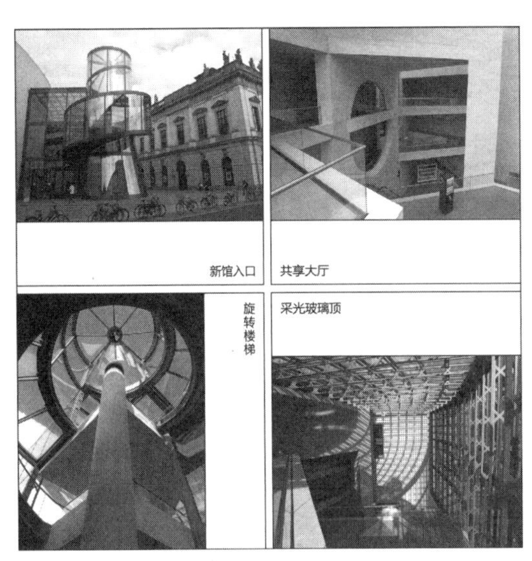

图4-101　德国历史博物馆新馆

图4-102　柏林老佛爷百货商场

杂评：从商业角度看，该商场的平面布局是失败的。商业建筑讲究的商业动线和与动线相关商业业态布局，在该商场中均未体现，仅仅是将建筑空间设计得更具趣味性，没有围绕商品展示、空间布局和顾客购物心理进行设计。由此看来，即使闻名世界的建筑大师，也并不精通于各种建筑类型。

柏林中央火车站：作为柏林连接欧洲主要大城市的交通枢纽，其重要性不言而喻。五层交通转换平台，令火车站流线复杂程度难以言状。GMP建筑事务所使交通与商业既相辅相成，又互不干扰。火车站外立面采用玻璃幕为主调，犹如水晶宫一样，预示开放、自由、和平。（图4-103）

杂评：据说GMP因被肆意修改设计理念和拖欠设计费，而将甲方业主告上法庭。如此看来，拖欠设计费和任意修改设计思路，是全世界建筑师（不分大牌还是草根）都会面对的两个通病。

柏林洪堡大学图书馆：位于柏林市中心，临近柏林博物馆岛，由马克斯・杜德勒设计。方方正正的建筑体量正对高架城铁线，外立面采用严谨的竖线条分隔，同时又赋予跳动的变化。内部巨大的梯田式大阅览室，令读者一览无余，数量众多的小型单间阅览室，保证读者安静私密的阅读空间。（图4-104）

杂评：又是一座对全民开放的大学图书馆，任何人都可以随意进出和借阅图书。平等不仅仅指的是法律，在知识面前同样需要平等。不知为何国内众多高校的图书馆，在改革开放三十多年后的今天，仍然不能对公众开放，在知识面前仍然对社会大众筑起高高的壁垒，不能不再说一遍遗憾！

由于篇幅所限，无法将北欧之旅参观的七十多件建筑作品一一简评，只能忍痛割爱地选取

图 4-103　柏林中央火车站

图 4-104　柏林洪堡大学图书馆

有影响的建筑精品进行简介和杂评。北欧之旅沿途，且行且拍许多不知出处的建筑精品，使人感觉到北欧人生活的安逸、从容和一丝淡泊。在反复推敲大师经典作品的同时，依然对众多无名建筑的清新隽永回味无穷。

（2016年11月11日星期五）

师英长技
——伦敦古今建筑一日游之攻略

欧洲建筑不论是古代、近代、现代，还是当代，都处于同时期世界建筑的前沿地带，因而世界各地的建筑师常常将欧洲作为学习、考察、调研的目的地。由于欧洲各个国家历史文化发展不同，所以建筑风格也各不相同。同时，欧洲古代建筑的保护与更新，因为受到第二次世界大战的影响非常大，故欧洲各国的建筑各有特色。游学欧洲之前，对一些主要国家的建筑特点有所了解，可以做到有的放矢。下面对法、意、德、西、英等主要欧洲国家的特点做一简述：

法国：是欧洲中世纪哥特建筑、17世纪古典主义建筑、18世纪洛可可风格的发源地。第二次世界大战初始，由于法军比较“怂”，几乎没有做什么抵抗便被德军赶到英国去了。第二次世界大战后期，盟军反攻登陆法国后，由于是在自己的领土作战，因而对很多自己的建筑非常“关照”，使大量古代建筑得以完整保留。所以，法国是一个古代建筑和现代建筑并存的国家。

意大利：是古罗马建筑、16世纪欧洲文艺复兴建筑、17世纪巴洛克建筑的发源地。第二次世界大战初始，意大利军队作为轴心国成员进入别国作战，第二次世界大战后期盟军反攻时，意大利军队也因为比较“怂”而早早投降，所以意大利境内的古代建筑保护较为完整，现代建筑也有很大发展（与法国现代建筑相比，数量较少，与其经济状况也有关联）。

德国：由于第二次世界大战后期遭到盟军的沉重打击，因而德国很多城市的古代建筑均受到很大破坏，到处都是断墙残垣。第二次世界大战后，德国在几乎被夷为平地的废墟上重新建设新的家园，其建筑形式以现代为主，使得德国的现代建筑设计尤为突出。所以，德国是一个保有更多现代和当代建筑而古代建筑较少的国家。

西班牙：在第二次世界大战中处于中立地位，使国家避免了战火的“洗礼”，所以西班牙也是一个古代建筑与现代建筑并存的国家。然而，因为伊比利亚半岛靠近北非，所以西班牙的古代建筑融入了很多伊斯兰建筑的元素，有别于其他欧洲国家的天主教建筑风格。

英国：作为一个岛国，古代建筑受到欧洲大陆（特别是古希腊建筑）的影响较深。第二次世界大战时期，英国本土虽未遭遇德军的直接“扫荡”，但是很多城市受到德国空军的轮番轰炸。很多古代建筑遭到重创，但因为没有受到“地毯式”破坏，因而点状式保留下来不少古代建筑。另外，英国是工业革命的发源地，其现代建筑处于领先地位，特别是许多“高技派”的当代建筑，使得英国建筑独领风骚。所以，英国是一个古代建筑与现代建筑穿插建设的国家，这一点与法国、意大利和西班牙存在很大的不同（法国、意大利、西班牙的现代建筑往往远离古代建筑保护区，并进行分区域建设）。

伦敦作为英国的首都，其众多建筑作品代表着整个英国的建筑历史发展。由于伦敦是一个“巨型”城市，使得建筑爱好者无法在短时间内，一一欣赏到散落在城市不同角落的大量经典建筑。

本文为考察伦敦精品建筑，提供了一条“一日游”捷径，可以使建筑爱好者在一天之内，步行观摩到包括4位普利兹克建筑奖得主在内的多位建筑大师作品。这些作品从古至今，并频繁出现在各类教科书上。“一日游”捷径以“泰特美术馆”为起点，以“瑞士再保险公司总部大楼”为终点，全长2.5公里（图4-105）。

现将沿途经典作品分述如下：

泰特现代美术馆（赫尔佐格和德梅隆）：作为“一日游”的起点位于泰晤士河南岸，是分别于2000年和2006年两次对废弃的河岸发电站进行改造后完成的。作为当代艺术品的收藏地，为泰晤士河南岸塑造了一个新的地标。第一次改造仅在建筑顶端增加玻璃结构主体，其余则尊重原厂房的结构特点，并未做大的改动（图4-106）。第二次改造则变化巨大，位于南侧的、扭曲的高层塔楼，犹如一个舞者与原有建筑形成强烈对比，依靠墙面砌砖材料展现对历史的延续（图4-107）。同一建筑，同一建筑师，不同时期的改造反差却如此巨大。前一次改建是不愿人察觉，后一次改建则唯恐人不知。

泰特美术馆的位置、建筑师的设计、千禧桥的链接，使得此区域成为伦敦市民热门休闲

图 4-105　伦敦经典建筑一日游路线 *

图 4-106　泰特美术馆一次改造

图 4-107　泰特美术馆二次改造

图 4-108　伦敦千禧桥

处和外地游客的打卡圣地。（最关键的是：博物馆的展览基本都是免费的、免费的、免费的……毕加索、马蒂斯、安迪·沃霍尔、蒙德里安、达利、莫奈的作品免费看……）

千禧桥（奥雅纳、诺曼·福斯特）：成为链接泰晤士河“南岸”泰特美术馆与“北岸”圣保罗大教堂的步行桥（图4-108）。建筑由福斯特设计，结构由奥雅纳设计，可谓地球上最顶级的设计组合。然而，千禧桥与卡拉特拉瓦设计的桥相比，却令人失望至极。也许，设计师故意将千禧桥设计得如此低调，以形成对大教堂和美术馆的衬托？

圣保罗大教堂（克里斯托夫·雷恩）：世界第五大教堂（图4-109）、世界第二大圆顶教堂、英国国教的中心教堂、古典主义精品、拉丁十字平面、三层穹顶（最轻的古典穹顶）、西侧巴洛克手法的钟塔、“英国资产阶级革命的纪念碑”……此教堂的介绍文章太多，此处不再更多赘述。

伦敦游客信息中心（MakeArchi tects建筑事务所）：位于圣保罗大教堂西南侧的广场一隅，隐藏于树木之后，弱化其体量以减少对大教堂的影响，同时结合广场走向寻找侧翼的平行，并具有指向性。建筑更像一个广场雕塑，或者说更像一只广场上的巨型和平鸽（图4-110），与休闲空间融为一体，为游客提供各类咨询服务。

ONE NEW CHANGE（让·努维尔）：项目位于圣保罗大教堂的东侧（背面），由于高容积率的原因，设计没有采用退让广场的常规处理方法，而是采用一个巨大的凹槽正对教堂的大穹顶，以示对教堂的尊重（图4-111）。据说梦幻般的玻璃幕墙被查尔斯王子所否定，然而，开发商和建筑师的坚持使项目得以最终落成。这种情形也只能发生在英国，放之他国估计一定会被否定的。教堂成为建筑内部的一个对景，并通过反射率高的玻璃幕墙形成独特的景观（图4-112）。这种借景的手法，在苏州园林里屡见不鲜，但是建筑的借景方法是不分古今中外的。

建筑内部采用大量玻璃构件，使地下一层至地上二层的开放商业空间形成互动，犹如一个巨大的“万花筒”，使狭小的空间通过反射，给人以宽阔的假象（图4-113）。多处架空的

图 4-109　伦敦圣保罗大教堂

图 4-110　伦敦游客信息中心

图 4-111　正对教堂的凹槽

图 4-112　凹槽形成教堂的景框

图 4-113　万花筒般的商业氛围

图 4-114　鳞片般的呼吸式幕墙

商业空间，为城市街道提供了空间的联系，也为市民提供了便捷的通道。“让工”的商业动线全部为尽端式，影响了商业店铺的繁荣。由此看来，即使大牌建筑师也不是所有建筑类型都擅长。（“让总”的柏林老佛爷商场也存在类似的设计瑕疵。）

彭博社欧洲新总部大厦（诺曼·福斯特）：福斯特以高技派和高节能建筑设计而著称。彭博大厦能够节约35%的能源以及73%的水资源，使之成为当代绿色节能建筑的一个里程碑。建筑节能离不开外墙体材料的运用，而大厦的外立面幕墙的制作更是富有戏剧性（图4-114）。幕墙的石材取自英国，然后运往意大利切割，再运往日本包嵌黄铜饰面，并与中国北玻的玻璃一同运往德国安装测试，最后运回英国装配。整个幕墙体系用时7年。（此类精品要想在一些中国开发商的“高周转”要求条件下实现，如同痴人说梦。）大楼内部公共空间的飘逸与外部空间形式的严谨形成强烈对比，顶级精品公司同样需要顶级精品环境与之匹配（图4-115）。

波特利一号（詹姆斯·斯特林）：位于彭博社欧洲新总部大楼的北侧，是斯特林“后现代主义”建筑的代表作（图4-116）。在一次城市立面改造中准备拆掉（在中国，类似的工作一般称作“立面提升工程”），但最终被幸运地保存下来，延续了伦敦街道建筑历史的沿革，保证了一条街道上的建筑风格涵盖了古典、近代、现代、后现代、当代……几乎所有年代的建筑，犹如一个百花争艳的建筑“展览馆”。大楼的建筑细节和狭小的室外中庭，被五颜六色的窗楣所环绕，展示了“后现代”对“现代主义”建筑单调乏味的宣战。

图 4-115　彭博大厦内部公共空间

图 4-116　波特利一号

图 4-117　英格兰银行

图 4-118　伦敦皇家交易所

英格兰银行（约翰·索恩）：作为英国的中央银行，是建于19世纪初的英国新古典主义建筑（图4-117），其风格充分体现了在“古典复兴”时期英国对希腊古典建筑的情有独钟。而古希腊的多立克柱式则被古罗马的科林斯柱式所代替。首层的“不开窗”形成厚重的基座层，将寻常百姓“拒之门外”的富贵气势充分显露出来。

伦敦皇家交易所（威廉·泰德）：始建于16世纪，正对英格兰银行，是英国第一个专业商业建筑，仍然是希腊古典建筑的“追随者”（图4-118）。现如今下部为奢侈品商店，上部为办公室。（中国复星集团2018年收购了皇家交易所写字楼部分。厉害了，我的国……）

利德贺大楼（理查德·罗杰斯）：224米高的巨大楔形建筑位于金融城核心，北侧垂直部分为分区电梯竖向交通枢纽。大楼的1~7层局部后退形成城市灰空间，结合商业在寸土寸金的地段，为市民提供了遮风避雨的公共活动区域。大楼东侧的小型城市广场与大楼裙房“骑楼”融为一体，为繁忙的“白领”营造了缓解紧张工作情绪的城市客厅（图4-119）。

劳埃德大厦（理查德·罗杰斯）：位于利德贺大楼南侧，高技派建筑的巅峰之作，几乎被所有建筑学专业教材所引用。走廊外露、楼梯外露、结构外露、管线外露……能外露的外露，不能外露的也外露了（被圈外朋友形容成“内衣外露”的建筑风格）（图4-120）。用地范围局促，故将裙房开敞并通过高差变化形成开放空间，与城市步行系统衔接，工业革命技术形象贯穿建筑每个细节。

图 4-119　利德贺大楼

图 4-120　劳埃德大厦

图 4-121　瑞士再保险总部大楼

瑞士再保险总部大楼（诺曼·福斯特）：绰号“小黄瓜”，被誉为21世纪伦敦街头最佳建筑之一。建筑的每个标准层都有六个小型共享空间，每个共享空间层层后退，形成立面深色条带盘旋而上的动感形象（图4-121）。大楼通过自然通风、节能照明、被动式太阳能供暖等各种方式节能，使之比普通办公楼节省50%的能源损耗。底层仍然采用劳埃德大厦和利德贺大楼同样的方法，通过后退空间为城市做出贡献。（估计伦敦没有“建筑退线”的要求吧？）

【结论】

由于前面所述的、第二次世界大战时遭到德军不断空袭的原因，使得伦敦的建筑呈现出古代、近代、现代和当代建筑穿插建设，交错相融的景象，这也是伦敦与世界各地城市的不同之处。

对于游学和观光者来说，长时间游走也不会有厌烦和麻木的感觉，因为步移景异，大家并不知道下一个街区呈现在眼前的，将是什么年代和什么风格的建筑……

（2019年09月14日星期六）

巴塞经典

——一网打尽巴塞罗那大师精品

西班牙，由于躲过两次世界大战炮火的“洗礼”，而成为欧洲少有的，既保存了古典建筑，又拥有大量现代和当代建筑的美丽国度，不管是旅行家还是建筑师，西班牙是欧洲游学观光必定要去的一站。随着1992年奥运会的成功召开，巴塞罗那已经悄悄地成为欧洲第二大旅游城市。2017年夏天的建筑游学后，对巴塞罗那各个时期的建筑有了重新认识。本文将大部分经典建筑进行罗列，以供欲往者初识这座地中海城市的魅力。

为便于准确找到众多建筑在城市中的位置，可以利用“谷歌地球”的坐标系功能，在“新建地标”对话框中输入纬度和经度，即可得到所需建筑定位，既便于建筑师研究该建筑的城市关系，又便于旅行者能迅速找到建筑的位置。

由于巴塞罗那城市范围大，经典建筑多，故本文将城市分成7个大区（图4-122），建筑根据位置的分区分别进行介绍。下面是位置分区的情况：

A区：奥林匹克公园周边建筑群（表4-1）；

B区：巴塞罗那老城区建筑群（表4-2）；

C区：地中海海岸建筑群（表4-3）；

D区：新城区——安东尼·高迪的“势力范围”（表4-4）；

E区：对角线大街东端建筑群（表4-5）；

F区：荣耀广场周边建筑群（表4-6）；

G区：“郊区”（表4-7）。

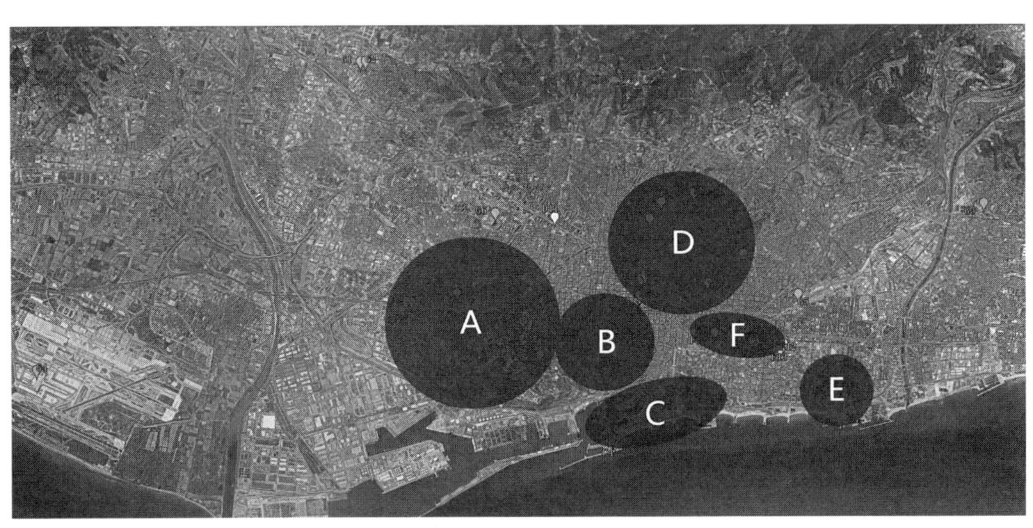

图 4-122　巴塞罗那建筑分区示意图 *

奥林匹克公园周边建筑 表 4-1

A—01：巴塞罗那奥林匹克体育馆 建筑师：矶崎新 纬度：41.363453°，经度：2.152578° 虽是大师的代表作之一，但从媒体对体育馆描述得少之又少可以看出，业内和业外人士对体育馆的关注热度并不高。	
A—02：巴塞罗那奥林匹克聚光塔 建筑师：圣地亚哥·卡拉特拉瓦 纬度：41.364286°，经度：2.150642° 对“力”的完美诠释，强壮有力之中表现“命悬一线”的精细设计。	
A—03：巴塞罗那世博会德国馆 建筑师：密斯·凡·德·罗 纬度：41.370506°，经度：2.150008° 当代建筑师必去的朝圣之地，“少就是多”。	
A—04：卡伊莎艺术中心改建 建筑师：矶崎新 纬度：41.371612°，经度：2.149336° 卡达法尔契设计的繁琐细腻红砖的旧有建筑，与矶崎新设计的极简舒展石材扩建部分，形成强烈的视觉撞击。（屋顶平台值得一看，上面的咖啡馆可以小憩。）	
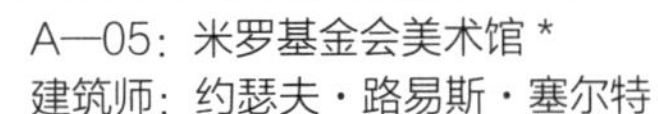 A—05：米罗基金会美术馆 * 建筑师：约瑟夫·路易斯·塞尔特 纬度：41.368574°，经度：2.159909° 为避免眩光而设计的天窗采光系统，是所有美术馆要表现的最主要特征。如果对比看，与格罗皮乌斯的柏林包豪斯档案馆有些神似。	
A—06：巴塞罗那阿雷纳斯商业中心 * 建筑师：理查德·罗杰斯 纬度：41.376253°，经度：2.149269° 将斗牛场改造成商业中心，建筑外墙整个被抬起后，建造地下室，并将斗牛场上部覆盖封闭顶棚。（建筑师的传统保护理念，也需要结构师的技术来实现。）	
A—07：加泰罗尼亚国家艺术博物馆 * 建筑师：尤金尼奥·森多亚 纬度：41.368159°，经度：2.153761° 中轴对称的古典主义建筑、景观、园林、绿植。（还是喷泉更美……）	

续表

A—08：普乐塔费拉酒店 * 建筑师：伊东丰雄 纬度：41.355233°，经度：2.125611° 圆润扭曲的酒店外形，与旁边方形高层办公形成强烈对比。（据说酒店客房的居住舒适度一般。）	
A—09：欧罗巴广场 31 号办公楼 * 建筑师：RCR 建筑事务所 纬度：41.355983°，经度：2.126425° 金属片状阵列墙面，成为 RCR 建筑形象的风格，不论是生锈的还是不生锈的。（风格也许是将惯用的手法，不断用在不同的建筑上，混个眼熟后，即成了风格。）	
 A—10： D38 办公大楼 * 建筑师：矶崎新 纬度：41.354158°，经度：2.144744° 方形的平面、笔直的线脚，却塑造出了螺旋而上的流动空间。精彩！！！	
A—11：巴塞罗那法院城 * 建筑师：大卫・奇普菲尔德 纬度：41.364367°，经度：2.132853° 九栋建筑的大小、高低、长短、体量、朝向、立面色彩均不相同，然而外墙开窗形式却都一致。（非常适合不想花钱，又想建造标志性建筑的开发商。）	

对于每个经典建筑则采用“一图一言以蔽之”的方式，以便于能简明扼要地了解建筑特点。

A区（图4-123）作为奥运会的举办场地，对于19世纪塞尔达的巴塞罗那城市规划的更新和结构调整，起到了重要的推动作用。也正是因为奥运会的举办，奠定了巴塞罗那在欧洲城市中的重要地位，故此区域建筑较为前沿。

B区（图4-124）是巴塞罗那最原始的老城区，19世纪中叶由于老城区的拥堵和膨胀，城市走上了方格式规划布局的扩展道路，而旧城区则依然保留了历史街道、空间和文化的延续，所以新建筑大多为更新改造。

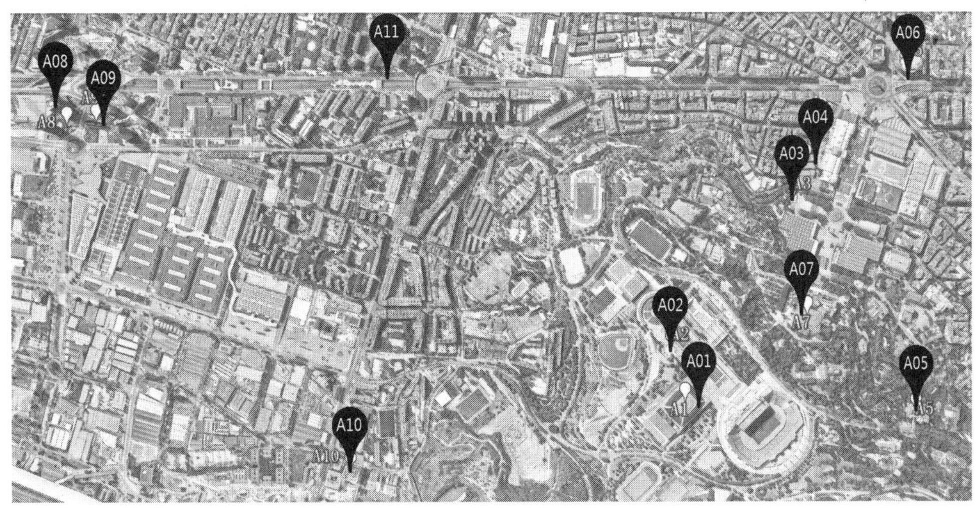

图 4–123　A 区建筑位置示意图（奥林匹克公园周边建筑群）*

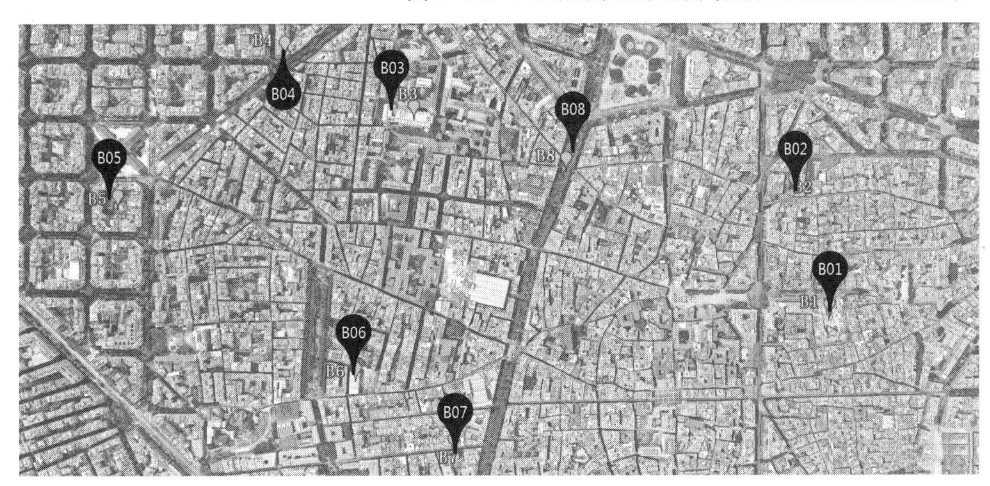

图 4–124　B 区建筑位置示意图（巴塞罗那老城区建筑群）*

老城区的建筑　　表 4–2

B—01：圣卡特纳市场改建 建筑师：恩里克·米拉莱斯 纬度：41.386175°，经度：2.178553° 市场改建是其代表作之一。但是五彩缤纷的代表蔬菜瓜果颜色的屋顶，却无法从人视角度观看清楚。（以后的效果图还是尽量推敲人视点，少看鸟瞰图吧……）	
B—02：加泰罗尼亚音乐厅 建筑师：路易斯·蒙达内尔 纬度：41.387490°，经度：2.175401° 蒙达内尔的代表作之一，设计不输高迪，本应与高迪并称巴塞罗那双雄建筑师。音乐厅贴砌手法犹如安达卢西亚风格，但图案形式却自成一体。	

续表

B—03：巴塞罗那现代艺术中心 建筑师：理查德·迈耶 纬度：41.383183°，经度：2.166889° 迈耶“白色派”建筑的经典作品之一。	
B—04：莫里兹啤酒厂改造 建筑师：让·努维尔 纬度：41.382310°，经度：2.163266° 保护旧建筑的经典设计，甚至原来地面砖也不拆除，通过透明塑料地板，使客人能清晰看到过去的繁荣。（一定要去地下室的厕所用用，或者看看，会有惊喜的……）	
B—05：圣安东尼·琼·奥利弗图书馆 建筑师：RCR 建筑事务所 纬度：41.377695°，经度：2.163179° 详见【首访 RCR】	
B—06：加泰罗尼亚影剧博物馆 * 建筑师：何塞·路易斯·马特奥 纬度：41.378519°，经度：2.170994° 旧城区里的新建筑，外表含蓄低调，内部精彩躁动。（喜怒不形于色，心事勿让人知……）	
B—07：古埃尔宫 * 建筑师：安东尼·高迪 纬度：41.378858°，经度：2.174217° 高迪作品的精彩之处，大部分都在屋顶部分。此建筑也不例外。	

C区（图4-125）是滨海区域，作为城市的名片，一直以来得到规划师和建筑师的重视，特别是在奥运会后发生了巨大变化，沿着海岸线一带散落着许多建筑大师和西班牙本土浪漫的新锐建筑师的作品，使得该区域成为优秀建筑的汇聚地。

图 4-125　C 区建筑位置示意图（地中海海岸建筑群）*

地中海海岸建筑　　表 4-3

C—01：奥运会气象站 建筑师：阿尔瓦多・西扎 纬度：41.389593°，经度：2.200210° 西扎的一个小作品，在几何圆柱体上进行切割，依然是简洁不加雕饰。	
C—02：海港鱼雕塑 建筑师：弗兰克・盖里 纬度：41.385898°，经度：2.196746° 盖里心中“鱼”情结，在现实中的体现。	
C—03：天然气总部大楼 建筑师：恩里克・米拉莱斯 纬度：41.383477°，经度：2.190388° 如此大的悬挑，估计是向人证明“不差钱”。	
C—04：巴塞罗那 W 港口酒店 * 建筑师：里卡多・波菲尔 纬度：41.368440°，经度：2.190217° 鬼才建筑师波菲尔的众多作品都与环境贴切，酒店犹如一艘巨型帆船，拥抱大海，迎风远航。	

续表

C—05：世界贸易中心及港口酒店 * 建筑师：亨利·考伯 & 贝聿铭 纬度：41.371340°，经度：2.181692° 实在看不出贝聿铭大师的风格，估计属于挂名作品吧。	
C—06：巴塞罗那生物医学研究科技园 建筑师：马内尔·布鲁莱特 & 艾伯特·皮内达 纬度：41.385017°，经度：2.194718° 一个让人“一见钟情”的建筑，面海一侧的空间使建筑与大海互动，每间办公室都是奢侈的“海景房”。	

D区（图4-126）是由塞尔达1854年开始设计，1859年开始实施的小街区、密路网的经典规划案例。9平方公里用地划分了500多个113米×113米见方的小街区。5层左右高度的建筑沿着街区四周布置，中央留出绿地景观空间。街坊四周抹45度切角，为交通留出缓冲空间。整体与平等是塞尔达规划追求的目标，也为高迪等众多建筑师提供了大显身手的舞台。

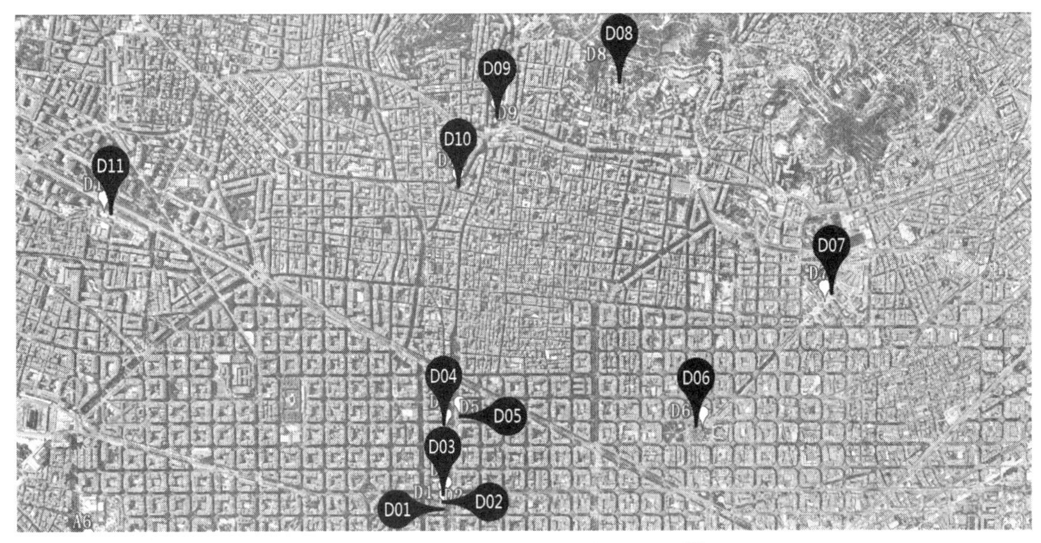

图 4-126　D 区建筑位置示意图（新城区——安东尼·高迪的“势力范围”）*

新城区——安东尼·高迪的“势力范围” 表 4-4

D—01：莫雷拉之家 建筑师：路易斯·蒙达内尔 纬度：41.391250°，经度：2.165478° 如果说“加泰罗尼亚音乐厅”是蒙达内尔的油画，那么“莫雷拉之家”则是蒙达内尔的素描。栏杆和柱头的浮雕接近圆雕，形成了强烈的光影效果。	
D—02：阿马特耶之家 建筑师：卡达法尔契 纬度：41.391531°，经度：2.165006° 建筑立面上不断阵列的花纹，体现了伊斯兰教建筑的细腻，窗楣上的人物雕塑则体现了欧洲古典建筑的风格，两种文化在一面墙上融合。	
D—03：巴特罗公寓 建筑师：安东尼·高迪 纬度：41.391725°，经度：2.164956° 外立面阳台和窗口动感十足，而内部天井和空间的设计则更胜一筹。（围绕电梯设置的三跑楼梯，在中国是不被规范允许的。这种流动空间只能跨海越洋去欣赏了……）	
D—04：巴塞罗那 BOSS 旗舰店 建筑师：伊东丰雄 纬度：41.394222°，经度：2.161666° 飘逸的金属板表皮设计，似乎在向隔街相望的米拉公寓的阳台栏杆致敬。	
D—05：米拉公寓 建筑师：安东尼·高迪 纬度：41.395183°，经度：2.161803° 感叹在没有计算机的年代，能设计出如此动感的建筑，不知是否算是“参数化设计”的鼻祖。	
D—06：圣家族大教堂 建筑师：安东尼·高迪 纬度：41.403853°，经度：2.174422° 巴塞罗那的象征，每个细节都是故事，一个世纪过去了，教堂依然没有建完，故事仍在续写……	
D—07：圣保罗医院 建筑师：路易斯·蒙达内尔 纬度：41.413004°，经度：2.174346° 能把一座医院，设计成一个收费参观的景点，在世界上也算是绝无仅有的了。	

续表

D—08：古埃尔公园 * 建筑师：安东尼·高迪 纬度：41.413533°，经度：2.153047° 圣保罗医院虽然后来成了旅游景点，但医院的最初功能依旧存在。而古埃尔公园最初的住宅区建设设想，则完全不存在了，只剩下旅游景点的功能。	
D—09：Jaume Fuster 图书馆 * 建筑师：何塞·伊纳斯 纬度：41.407468°，经度：2.149245° 动态的建筑空间，塑造了静态的读书氛围。	
D—10：文森之家 * 建筑师：安东尼·高迪 纬度：41.403489°，经度：2.150667° 高迪的处女之作，因私人居住而被禁止入内参观 132 年。陶瓷商人私宅，外立面被贴满各色瓷砖。（据说 2017 年 11 月，终于对游客开放。）	
D—11：对角线大厦 * 建筑师：拉斐尔·莫尼欧 纬度：41.389317°，经度：2.133905° 如何把数百米长的沿街建筑立面处理得不呆板？此作品可以找到答案。	

E区（图4-127）位于对角线大街的东端，对角线大街是塞尔达城市规划体系中为解决方格网布局缺乏便捷直达路径而设置的一条贯穿城市东西的快速通道。2004年的国际论坛对于该区域的建设起到了推动作用。

F区（图4-128）的椭圆形荣耀广场是塞尔达规划中的新城中心广场，但是实际上一百多年来属于主城区的边缘地带，一直到1992年巴塞罗那奥运会举办，荣耀广场及周边地区才在城市更新中得到强化。

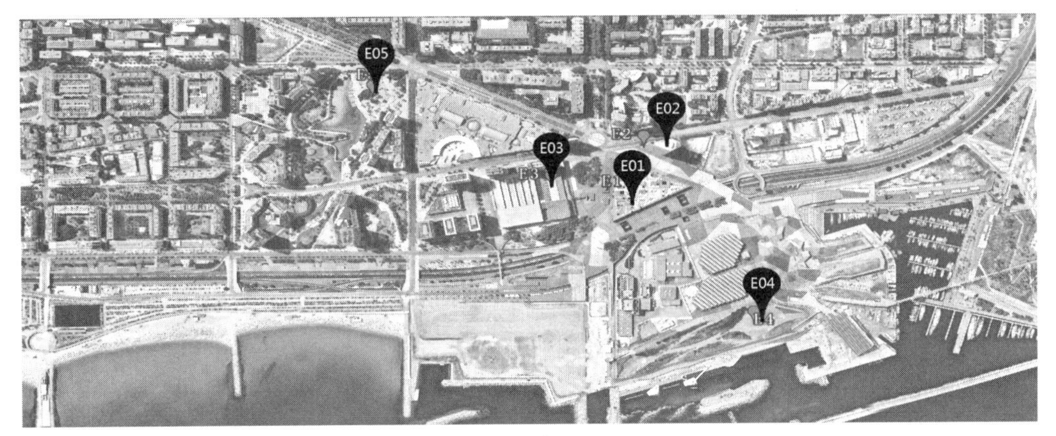

图 4-127　E 区建筑位置示意图（对角线大街东端建筑群）*

对角线大街东端建筑群 表 4-5

E—01：2004 年国际论坛主会场 建筑师：赫尔佐格和德梅隆 纬度：41.411103° ，经度：2.220926° 巨大的深蓝色三角形建筑，仿佛悬浮在空中。似乎也没有摆脱大部分会展建筑，会展后运营的难题。	
E—02：Telefonica 公司大厦 建筑师：EMBT 建筑事务所（恩里克·米拉莱斯） 纬度：41.412044° ，经度：2.220700° 白色、纯净、高雅、淡定、孤傲……	
E—03：AC 酒店及国际会议中心 建筑师：何塞·路易斯·马特奥 纬度：41.409938° ，经度：2.219454° 大胆拼贴的设计手法，是丰富还是凌乱？如果在国内，一定会被否决的！！！	
E—04：论坛公园和礼堂 * 建筑师：FOA 建筑事务所 纬度：41.410386° ，经度：2.226241° 巨大的地形起伏将建筑融入景观之中。	
E—05：对角线公园 建筑师：恩里克·米拉莱斯 纬度：41.409039° ，经度：2.214103° 景观设计专业必去的、教科书般的经典案例。	

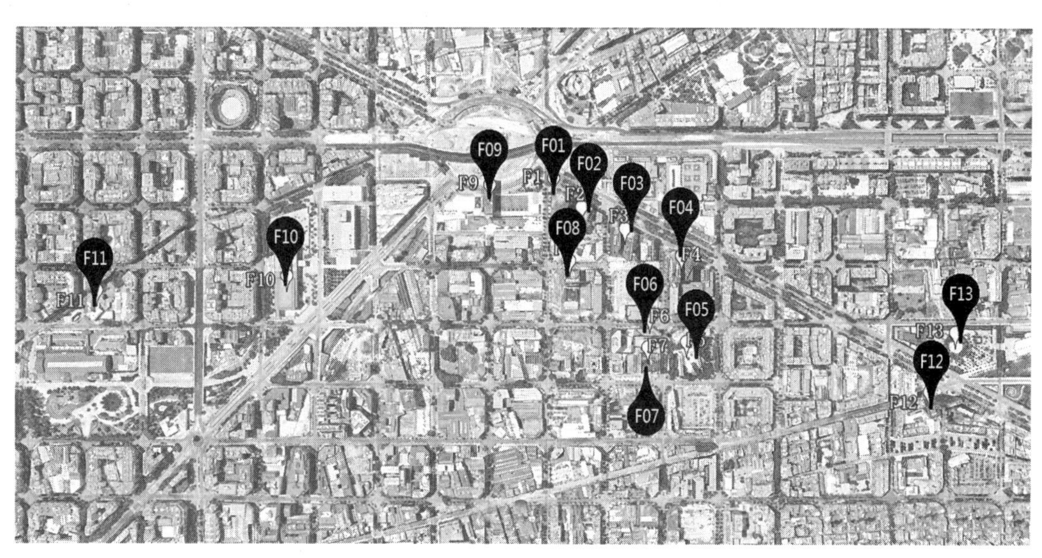

图 4-128 F 区建筑位置示意图（荣耀广场周边建筑群）*

荣耀广场周边建筑群 表 4-6

F—01：阿格巴塔 建筑师：让·努维尔 纬度：41.403444° ，经度：2.189475° 努维尔用“玻璃马赛克”向高迪的“陶瓷马赛克”城市标识致敬？巴塞罗那处处是“点彩”。	
F—02：希尔肯迪莱葛奈尔酒店 建筑师：卡佩拉·加西亚 纬度：41.403569° ，经度：2.190322° 白色的体块悬挑于黑色主体之外，犹如跳动的音符，既不相同，又暗含韵律。	
F—03：对角线大道 197 号大楼 建筑师：大卫·奇普菲尔德 纬度：41.403894° ，经度：2.191603° 竖向长条窗几乎成为大卫·奇普菲尔德的建筑符号，百用不厌，且又各不相同。	
F—04：MediaPro 大楼 建筑师：帕特里克·盖纳德 纬度：41.404328° ，经度：2.193233° 密斯的“好学生”！	
F—05：Can Framis 博物馆 建筑师：BAAS 建筑事务所 纬度：41.403153° ，经度：2.194981° 两个老厂房改造的小博物馆，安静、舒展、自然……	
F—06：因陀罗总部大楼 建筑师：B720 建筑事务所 纬度：41.402969° ，经度：2.193803° 三层幕墙、高科技、环保、生态、节能……内凹或外凸的半球形金属网板，增添了建筑形象的可识别性，可谓“四两拨千斤”的太极手法。	
F—07：TIC 媒体中心 建筑师：Cloud 9 纬度：41.402511° ，经度：2.194333° 使用 ETFE 光线过滤膜和绿色金属丝网覆盖建筑立面，不仅是绿色（节能）建筑，而且是真正的绿色（颜色）建筑。	

续表

F—08：电信市场委员会总办事处大厦 建筑师：Batlle+Roig 事务所 纬度：41.402617°，经度：2.191117° 被木色遮阳百叶缠绕的异形体，裙房与工业老厂房在色彩上自然衔接。	
F—09：巴塞罗那设计博物馆 建筑师：MBM 建筑师事务所 纬度：41.402536°，经度：2.188092° 位于巴塞罗那对角线大道的重要节点，但是不管从任意角度审视，都实在喜欢不起来……	
F—10：巴塞罗那 L'Auditori 音乐厅 建筑师：拉斐尔・莫尼欧 纬度：41.398235°，经度：2.185808° 立面金属板的锈蚀使得建筑颜色随时间变化而变化……笛洋美术馆也是如此，RCR 的作品也是如此……	
F—11：Fort Pient 图书馆和市民中心 * 建筑师：何塞・伊纳斯 纬度：41.395244°，经度：2.182328° 与地形紧密结合，每个边都能找到城市的平行线，又形成独立空间序列。	
F—12：巴塞罗那 ME 酒店 建筑师：多米尼克・佩罗 纬度：41.406061°，经度：2.200850° 极简的建筑体块和语言，却表达出鲜明的个性特征。	
F—13：波布雷诺中心公园 建筑师：让・努维尔 纬度：41.407321°，经度：2.200246° 建筑设计大师的景观设计作品，将光与植物作为“建筑材料”使用，充分体现光影变幻的丰富多彩。	

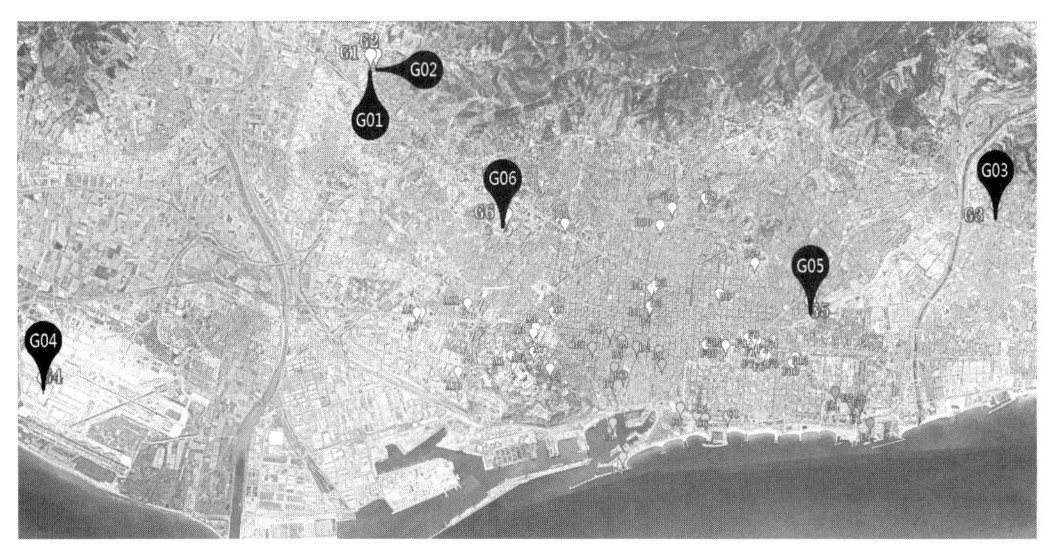

图 4-129　G 区建筑位置示意图（“郊区”）*

G区（图4-129）同很多城市一样，巴塞罗那随着人口的增长，城市向外扩展的步伐并没有停止下来。很多区域已经超出了百年前塞尔达的规划蓝图，在城市周边散落着许许多多的经典建筑作品，特别是一些补充城市功能的建筑。随着未来的发展，将会有更多的精品值得期待……

巴塞罗那城市周边的经典建筑　　表 4-7

G—01：Walden 7 集合住宅 建筑师：里卡多・波菲尔 纬度：41.380261°，经度：2.067800° 犹如一个红色的城堡，是“建筑鬼才”波菲尔的成名之作。	
G—02：旧工厂改造办公楼 * 建筑师：里卡多・波菲尔 纬度：41.381106°，经度：2.068646° 由旧厂房和筒型仓库改造的波菲尔个人事务所，巨大的内部空间，为改造的多样性提供了可能性。在国内想买挑高的大面积办公室，难……	
G—03：La Pallaresa 住宅楼 + 酒店 * 建筑师：艾德瓦尔多・苏托・德・莫拉 纬度：41.456602°，经度：2.205721° 2011 普利兹克奖得主的作品，编织状极简的外立面，及底层悬挑形成的城市导向空间，将新旧城市区域自然过渡。	

续表

G—04：巴塞罗那机场新航站楼 * 建筑师：里卡多・波菲尔 纬度：41.288744°，经度：2.074280° 仿佛一架待飞的超大型空中客车。	
G—05：巴克・德・罗达大桥 * 建筑师：圣地亚哥・卡拉特拉瓦 纬度：41.416211°，经度：2.192436° 卡拉特拉瓦的每一座桥，似乎都是通过 不同形式把"力"的方向和"受力" 状态表现出来。	 
G—06：诺坎普体育场 * 建筑师：何塞・路易斯・马特奥 纬度：41.380878°，经度：2.122800° 一座历史上众多球星表演的舞台：克鲁伊夫、 马拉多纳、罗纳尔多、罗纳尔迪尼奥…… 现在最红的，非"梅西"莫属。	

【题外】

当然，对于旅行者来说，除了圣家族教堂、米拉公寓、圣保罗医院等经典必去之地外，来一次巴塞罗那，最不容错过的是拥抱一下地中海，与温柔的海浪来一次亲密的接触，体会一下西班牙的"浪漫"感受（图4-130）。

图 4-130　巴塞罗那地中海海滩

（2017年09月25日星期一）

跨海追星

——沿着柯布指引的道路前进进

勒·柯布西耶——现代主义建筑巨匠，当代建筑师无人不知、无人不晓的“航标灯”，不论是设计思想还是设计作品，其影响力的广度和深度恐怕都将“后无来者”。半个多世纪过去了，不管是普通建筑师还是明星建筑师，仍然永不休止地研学柯布西耶的作品，并期望从中获取灵感。似乎其作品中总有取之不尽、用之不竭的设计源泉。

多次游学国外经典建筑，必然少不了对柯布西耶建筑作品的慕名观摩。建成的作品大多已过六十年，但总感觉其设计永不过时，甚至与当代作品相比仍然位于时尚和先锋的前沿，这不得不令人叹为观止。由于分析和评论柯布西耶建筑和思想的文章多如牛毛，几乎成为建筑设计界的一门“红学”。因而，本文主要以亲临其几个建筑后的切身感受为主，且尽量以旅行者的角度而非建筑师的角度去体会其建筑的灵魂所在。

东京国立西洋美术馆（日本；1957–1959；2005）

第一次参加建筑之旅前往日本，由于没有提前做功课的经验，加上没有随团学术指导做讲解，使得对很多经典建筑的参观更像是一个普通旅行者的走马观花。

从东京上野公园地铁站出来后，映入眼帘的是东京文化会馆（图4-131），毛糙的清水混凝土立面瞬间将思维引向柯布西耶“粗野主义”的建筑倾向。后经查阅，方知是柯布西耶的“门生”——前川国男的作品。

日本国立西洋美术馆位于东京文化会馆北侧，方形建筑物门前的人群络绎不绝。参观前并不知道是柯布西耶在东亚的唯一作品，随大流前往这座远观即与众不同的美术馆，墙面上用水泥粘贴了浅绿色鹅卵石，巨大的实体墙面使之与底层架空的巨大阴影形成了强烈的对比（图1-32）。

参观自开始就伴随着异乎寻常，整个美术馆不见“标示性”主入口，只有通过架空层进入建筑底层后，才能从偏门进入位于整个美术馆正中心的、两层通高的中央大厅，而大厅内“之”字形坡道则似乎宣示着游客已经进入柯布西耶的地盘（图4-132）。围绕封闭中庭，除了屋顶采光天窗外，不同方向的墙面开洞为中庭带来丰富多变的光源，从挑台的虚实细节中仿佛找到了理查德·迈耶“白色派”的创作原型（图4-133）。

美术馆并不大，所有展厅均围绕着中央大厅布置。回国后翻阅大量资料才了解到，展厅围绕中央大厅设置是为了美术馆未来的扩展而提前做好了螺旋形延伸的准备，延伸的开口在外立面上表现为大大窗洞（图1-134）。美术馆和博物馆也正是柯布西耶关于城市设计理论的中心，所有功能型建筑均在城市规划中围绕展馆布置。

勒·柯布西耶一生中只有三个艺术展馆落成（前两个已在【印度印象】中简述），而三个

图 4-131 东京文化会馆

图 4-132 日本国立西洋美术馆入口大厅

图 4-133 日本国立西洋美术馆中央大厅

图 4-134 日本国立西洋美术馆正立面

展馆的平面布局和立面形象却极其相似。（“大”师已经“大”到“方案随意复制”、不用考虑周边环境、设计唯吾独尊的境界……）

哈佛大学卡朋特视觉艺术中心（美国；1961-1964；2009）

卡朋特视觉艺术中属于勒·柯布西耶晚期的作品，是他在美国的唯一一座建筑。与东京国立西洋美术馆一样，是其落成以后而柯布西耶生前却没能“回访”的作品之一。这不得不感叹当代人的幸福，因为通信和交通的发展使地球变得如此渺小，建筑师可以随时去现场“回访”自己的项目。

不到六十年的时间，人类的生活方式却仿佛跨越了几个世纪。虽然柯布西耶已经故去半个多世纪，但是他的卡朋特视觉艺术中心的设计魅力却似一把利剑，刺穿了时间的厚度，继续引领当代建筑设计前进的方向。

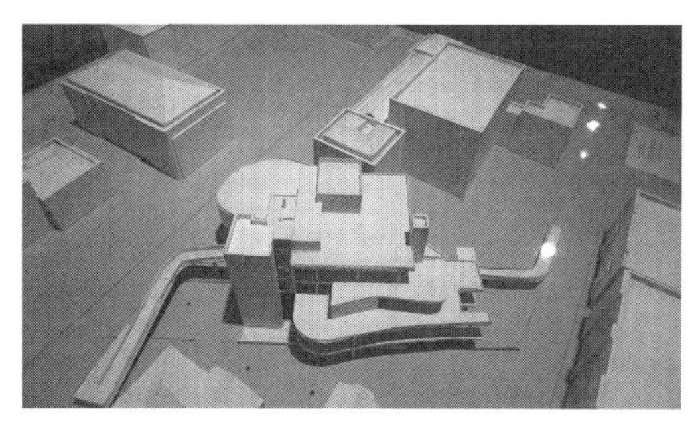

图 4-135　卡朋特视觉艺术中心模型

图 4-136　视觉艺术中心东立面

图 4-137　艺术教室的自然采光

图 4-138　竖条外窗开启扇

艺术中心位于哈佛大学校园内两条平行的街道之间，一条坡道穿过建筑的三层后，将两条街道联系起来（图4-135）。围绕建筑转了多圈，也找不到最主要的立面，特别是沿着坡道观察建筑，步移景异的中国园林设计方法体现得淋漓尽致。既是“景观渗透入建筑里”，又是“建筑融化于环境中”的经典，设计的自由度与功力犹如顶级武功高手，不见亮掌已经毙敌于无形之中。

由于建筑外墙锯齿形的实体墙面和玻璃墙面的交错互换（图4-136），使得位于坡道两侧艺术教室的光线变化无穷（图4-137），此种处理手法是通过其在印度昌迪加尔市政广场上光影之塔的实验而得出的结果（图4-45）。由此看来，柯布西耶的建筑不但有理论基础，而且有实验性的依据。（没有人能随随便便成功……）

巨大的玻璃墙上不设置开启扇，使得虚实对比在一种纯净的环境下进行，而窗户的开启扇则采用“顶天立地”的竖向线条来实现，中轴旋转的开窗方式最大限度地节省了空间（图4-138），也许柯布西耶的这个处理方法正是当代幕墙体系中“通风器”的设计源泉。

当“左三圈、右三圈”地看完整栋建筑，深深被打动的是建筑材料已经随着科技发生了翻天覆地的变化，而很多的设计方法却依然沿用着柯布西耶留下来的财富。

萨伏伊别墅（法国；1929；2014）

在见到萨伏伊别墅的“庐山真面目”之前，由于其平面图、立面图、剖面图已然烂熟于胸，而且建造萨伏伊别墅的历史背景犹如雕刻一样印于大脑之中，所以当别墅进入视野之中后，并没有受到强烈的震撼，反而有一种看到了1：1模型的感受。

熟悉的柯布西耶“新建筑五点”（底层架空、屋顶花园、自由平面、横向长窗、自由立面），在一栋建筑中全部展现出来（图4-139）。建筑的立面没有任何装饰性的线脚和符号，外形极其简洁，以至于常常使一些非专业的旅行者感到奇怪，如此其貌不扬的建筑竟然在世界建筑的历史上拥有极其重要的地位。与其说萨伏伊是一栋别墅，不如说它是柯布西耶“机器美学建筑理论”向传统保守建筑派宣战的一座纪念碑。

萨伏伊别墅属于“外表冷漠、内心狂热”的建筑，虽然外表形象极其简洁，但是内部空间却异常丰富。不管建筑的大与小，“坡道”是柯布西耶“御用”的建筑元素（图4-140）。而且，从室内到室外，再到屋顶，坡道将不同形式的空间衔接起来形成连续性，使人在坡道的行进过程中能够得到空间转折和光线变化的感受（图4-141）。建筑的屋顶花园与二层的半围合内部庭院形成叠落的空间层次，围绕此丰富空间布置了最重要的起居厅、主卧室，并且运用“有顶无墙”和“有墙无顶”的多种“灰空间”进行组合，使空间变化在整个别墅中达到高潮（图4-142）。这也许是所有机器（如飞机、汽车等）的一种特征：外表简单，内部复杂。柯

图 4-139　萨沃伊别墅西北角

图 4-140　通向屋顶花园的坡道

图 4-141　室内外坡道的交接

图 4-142　空中庭院

布西耶的“住宅是居住的机器”学说，贯穿了萨伏伊别墅内外。

萨伏伊别墅之所以名扬天下，是因为它是对柯布西耶现代主义功能性建筑的完美诠释。柯布西耶早期理性主义建筑的特点是将建筑关注的重点放在人的生活习惯方面，而对于周边环境、历史文脉等因素不去作过多考虑。因而，萨伏伊别墅可以建在世界的任何一个地方，拥有“放之四海而皆准”的普适性。

朗香教堂（法国；1950–1955；2014）

朗香教堂之于笔者是一个特殊的符号，而非一座特殊的建筑。入行前已经粗略知晓这座建筑的来龙去脉，入行三十余年后，喜爱的建筑不计其数，然而谈到“最”喜爱的建筑，依旧是朗香教堂，没有“之一”。

2014之夏，怀着期盼已久的心情远赴万里之外观摩朗香教堂。沿着坡度缓缓的山间小路上行，熟悉的教堂大屋顶首先呈现眼前，随后整个南侧设置多个不规则窗洞的弧形墙面从上而下依次显露出来（图4-143）。原本以为会呈现非常激动的心情却不知为何变得异常平静，可能当喜悦来临之前，平静会使喜悦之情持续得更久远一些。

当同行的建筑师伙伴们冲向早已熟知的、梦幻般的教堂内时，自己却怎么也不舍得立刻进去，而是远远地围绕教堂转了三圈，从不同角度和距离去审视这个所有建筑师都耳熟能详的建筑学“图腾”。爬上由被炸毁老教堂的碎石垒成的金字塔高台，俯瞰朗香教堂东侧室外祭台（图4-144），忽然间感到“立体主义”的画作被柯布西耶“立体化”了（不信的话，可以与毕加索的一些绘画作品进行比对）。教堂北侧立面被两个小“偏祭台”的采光塔所统领（图4-145），两塔之间教堂的狭窄次入口作为平时使用，并对外开放供游客进出。入口东侧和西侧则形成强烈对比，东侧“滔滔不绝”，而西侧则“一字不赞”。绕到教堂的最后一个立面——西立面（图4-146），作为传统教堂的主立面需要设置主入口及钟塔，而朗香教堂却将之变为“后花园”。当大雨过后，硕大的“猪拱型”泄水口将巨型屋面的雨水疏导至地面的水池，形成天然喷泉景观池。

终于可以进入教堂了，心情却突然有些激动。当瞳孔还没有来得及放大时，来自室内各种

图 4–143　朗香教堂南立面

图 4–144　朗香教堂东侧室外祭台

图 4-145　朗香教堂北立面

图 4-146　朗香教堂西立面

图 4-147　朗香教堂室内 180° 全景

方向和各种色彩的光线已经让人目不给视（图4-147）。尽管对教堂内部梦幻般的空间早已有所心理准备，然而当真正面对时，仍然“不知所措”——不知从哪里开始看起，才能做到毫发无遗。非常幸运的是当刚刚坐下来的时候，修女们鱼贯而入位列唱诗台，伴随着悠扬的歌声在教堂内响起，心中感觉又发生了变化，一种空旷、豁达、静逸的内心感受使人终生难忘。柯布西耶居然可以左右人们内心世界的情绪变化。

内心与视觉被洗涤了三个半小时，可谓时间不短，但仍感意犹未尽。一步一回头地渐行渐远，不虚此行和期待再会的思绪，一直伴随在离开的路途之中……

拉图雷特修道院（法国；1957–1960；2014）

由于道路维修，所以旅行车无法靠近修道院，只得冒着淅淅沥沥的小雨沿着法国的乡间小路徒步前行。路边的乡村美景也许正是当年启发柯布西耶设计灵感的一部分因素（图4-148）。当看到修道院礼拜堂的标志性钟塔时（图4-149），内心的激动开始有些按捺不住，因为拉土雷特修道院是柯布西耶在事业达到巅峰时接手的项目，也是能够任其随心所欲、自由发挥的项目。

图 4-148　拉图雷特修道院附近的小镇

图 4-149　修道院入口钟塔

图 4-150　修道院宿舍

图 4-151　修道院内庭院连廊

修道院包括了教堂、小圣堂、图书室、餐厅、宿舍等多种私密性和开放性不同的功能性房间，可谓一个小型的综合体。建筑建在一个东高西低的高差变化很大的地形上，主入口位于东侧的高点，即主入口位于建筑的3层。4层、5层为修士居住的宿舍（图4-150），房间的三维全部遵循柯布西耶的模数分隔，以当代的角度看，1.83米的宿舍开间有些过窄，也许这种尺度更适合作为修士的冥想空间。

公共性功能空间位于1~3层，并通过内部庭院的连廊相互连接，外廊窗框采用蒙德里安构图和音乐乐谱律动竖线条两种形式，赋予安静的环境以微微动感（图4-151）。柯布西耶后期作品一反早期作品的理性主义思维方式，机器美学建筑在其一些作品中消失得无影无踪，而建筑空间塑造、自然光线运用成为其设计中的首要关注点。整栋建筑的高潮部分位于北侧的教堂、小圣堂和圣器室，不同的空间采用不同的采光形式。天然采光与人工采光最大的不同在于，天然采光因太阳照射高度角的不同而在室内产生不同的光影变化（图4-152）。

底层架空仍然是柯布西耶坚持使用的方法，修道院由于地形高差原因使底层架空更具使用依据。而架空的柱廊和异形的片墙使建筑底层空间若隐若现，整个底层部分犹如一个雕塑的森林与周边茂密的树木融为一体（图4-153）。

图 4-153　修道院底层架空后的丰富空间

图 4-152　小圣堂室内与室外

图 4-154　拉图雷特修道院

天空阴阴沉沉，细雨断断续续，游客三三两两……不知上帝是否为我们参观修道院特意营造一个清净、肃穆的氛围。上帝的天空和光线与柯布西耶的建筑和空间合而为一，天上人间的距离被柯布西耶拉近了（图4-154）。

中央消费合作社总部（俄；1929–1930；2015）

中央消费合作社总部大厦是柯布西耶在俄罗斯唯一的一件实现的建筑作品，位于莫斯科市中点大街。

初见时有种“相见不如怀念”的失望之感，大厦“冰冷、呆板、单调”的形象使“期待之情”荡然无存（图4-155）。唯有自我安慰的是：有可能很多建筑的设计灵感取自该项目，并在此之上优化设计，因为它是许多建筑的创作源泉，故而略显简陋（图4-156）。唯有底层架空和坡道形成的巨型混凝土竖桶等符号的运用，代表着柯布西耶灵魂的存在（图4-157），然而，底层架空的精神支柱又被“偷容积率”的做法所毁坏，不知柯布西耶在天之灵有何感想（图4-158）。

然而，表面的感知在随团学术指导的讲解中悄悄发生了转变。大厦是柯布西耶整个设计人生中的一个重要拐点。柯布西耶的“机器美学建筑”和“光辉城市规划”理论在20世纪初期的西欧虽然属于先进的思想，但是由于受到保守派的抵触而无法在大型建筑中实现，特别是在日内瓦国际联盟总部的竞赛中惨遭失败后而心灰意冷。而他的《新精神》杂志通过“拼流量”

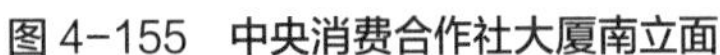

图 4-155　中央消费合作社大厦南立面

图 4-156　中央消费合作社大厦北立面

图 4-157　圆柱形坡道成为柯布西耶典型符号

图 4-158　底层架空被填充新的功能

却在遥远的东欧苏联赢得了一大批建筑师的认可，从而使其接到中央消费合作社大厦的竞赛邀请，并在多轮比拼后赢得最终胜利。当大厦设计的成功使柯布西耶误以为苏联将成为其梦想实现之地，并准备投入全部的满腔热情时，却在苏维埃宫设计竞赛中受到保守派的阻击，再一次遭遇“滑铁卢”，无奈之下离开苏联另辟蹊径继续寻梦，并最终在印度的昌迪加尔圆梦成真。

由此可见，中央消费合作社大厦不愧为柯布西耶大喜大悲的转折点。当了解到这些知识背景时，才能重新感知在那个年代，柯布西耶要将“机器美学建筑”在“大”建筑中实现所做出的不懈努力。“机器美学”在那个年代属于新生事物，如果将建筑放到设计它的时代而非当代的语境中来考察，“冰冷、呆板、单调”必然被“前卫、时尚、先锋”的感知所取代。

柏林公寓United’Habitation（德国；1956–1958；2016）

作为第二次世界大战以后为百姓提供的经济性居住单元，并可以大量迅速复制建设的居住模式，柏林公寓（图4-159）是柯布西耶设计并建成的5栋系列单元公寓里面的第3栋，是比马赛公寓晚了5年的简化版。

由于柏林公寓需要满足德国的建筑设计规范，因而在马赛公寓的基础上对建筑模数做了调整，据说这引起了柯布西耶的不满。柏林公寓区别于马赛公寓的特征表现为架空层的结构简化为片状的剪力墙结构（图4-160），而非马赛公寓的雕塑感极强的流线型鸡腿柱。另外，每一座公寓都有独有的、以柯布西耶模数为特征的立面雕刻装饰墙（图4-161），犹如它的身份证以区别于其他公寓。

图 4-159　柏林公寓西立面

图 4-160　柏林公寓底层架空采用片墙

图 4-161　柏林公寓特有的柯布西耶模数浮雕

图 4-162　平层、跃层、配套直接通过立面反映

柏林公寓的户型分为平层、跃层、跨跃三种户型，其跨跃式户型至今引领当代前沿的公寓建筑设计，例如【北欧街拍】中所述BIG设计的VM住宅就深受其影响。此类公寓作为柯布西耶光辉城市规划理论的一部分内容，主要解决因城市快速扩张，人口急剧增多而带来生活环境变差的问题。柏林公寓内设有超市、理发店、邮局、餐馆、幼儿园等附属设施，宛如一座“城中城”（图4-162）。然而，这些附属设施并没有能够按照柯布西耶的最初设想运营下去，由此看来，建筑设计可以改变人的生活方式，但有些生活习惯并非是建筑师能够预料到的。

公寓，作为一种建筑类型，在国外已经发展了几十年，而在我国却没有真正合法意义上的公寓建筑概念。这是因为我国至今没有设计规范和标准指导公寓建筑设计，而市场却恰恰需要这种建筑类型，于是便有了许多开发商将办公改为公寓、酒店改为公寓，甚至商业改为公寓等政府严厉禁止的“商改住”行为。其实，政府应该根据市场需求制定相应标准，引导市场供需方向，保障公寓建筑的良性发展。公寓作为住宅建筑的一种补充类型，可以在缓解城市交通压力、节省人们通勤时间等诸多方面起到重要的积极作用。笔者有幸作为主要起草人之一参与编制的《公寓建筑设计标准》（国家行业标准）即将颁布实施，希望在这部标准的指导下，我国的公寓建筑能得到蓬勃发展。

除了上述参观的几个项目外，印度（特别是昌迪加尔）是柯布西耶设计思想的践行之地，也是梦想变为现实之地，【印度印象】一文中已经简述，本文不再赘述。

勒·柯布西耶——时代的领先者，从一生作品的变化可以看出他对时代的洞察力和感知力。早期作品偏重理性，是因为战后需要快速建设大量房屋以供人们使用，所以号召建筑师向机器学习，因此那个时代的建筑作品代表着一种划时代的产品和示范，具有通用性。后期作品偏重感性，是因为人们的物质生活水平得到提高，精神生活开始发生变化，房屋的建设速度放慢，所以后期建筑作品更加注重建筑的使用品质。

很多评论家高度赞扬勒·柯布西耶能够勇敢否定自己，这种观点本身就是一种误区。因为建筑作品需要生存的土壤，而柯布西耶能够提前感知时代的变迁，所以总是走在设计的最前沿，并指引后来者"前进进"的方向……

（2020年12月20日星期日）

十年游记：

精简了十年来游学欧美大师作品时所做过的笔记，

由于个人能力悟性有限，

权当在精品面前以管窥天吧！

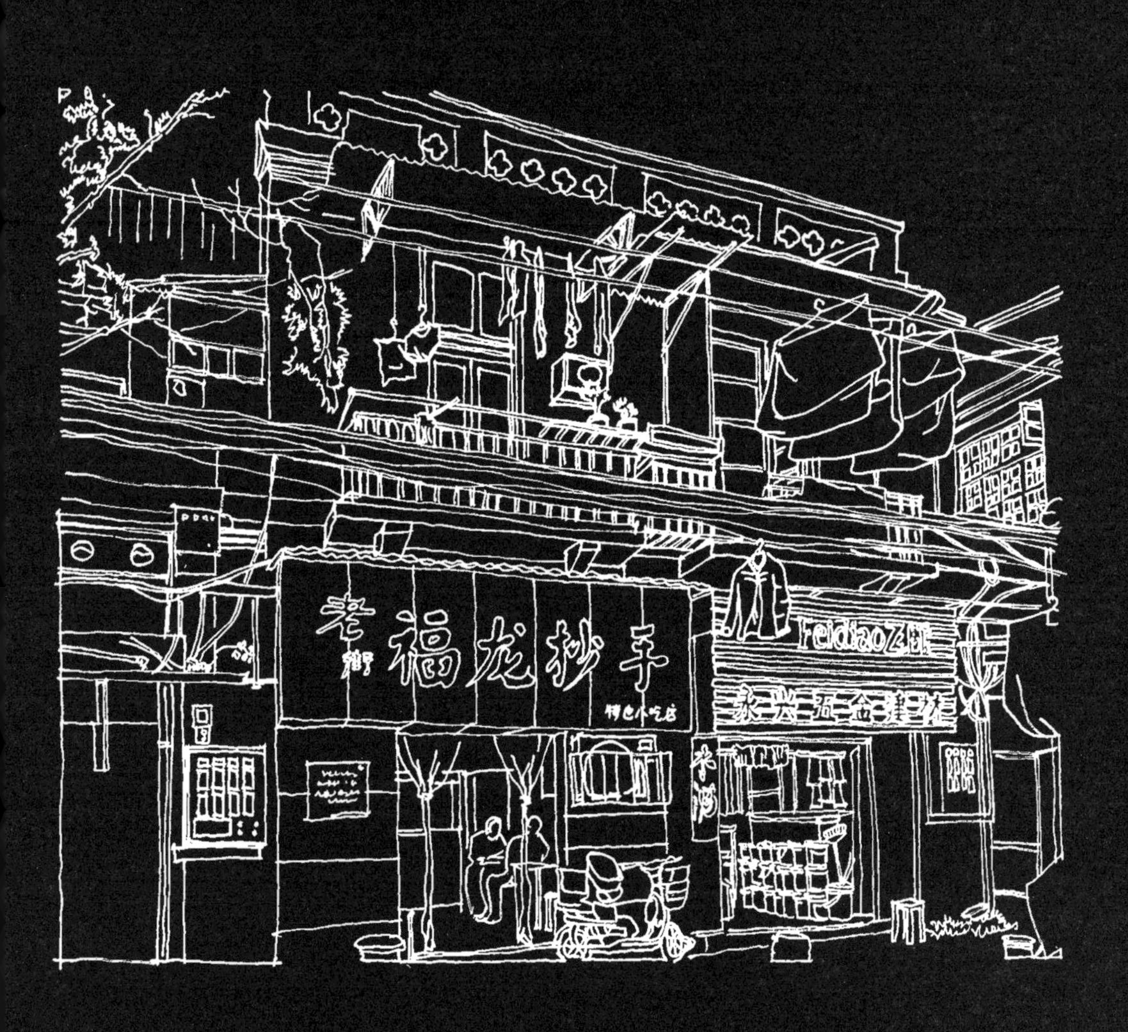

感　谢

感谢我的父亲母亲。由于成长于医生之家，救死扶伤的严谨工作态度影响了我的人生，“总结经验”的自律教诲使我终身受益，父亲母亲著书立说的执着、惯性和激情，始终激励着自己在职业道路中不断前行。

感谢肖从真大师、王军院长、王泉兄长百忙之中为本书作序，也感谢三位领导及兄长多年来在专业上给予的大力帮助。

感谢《建筑技艺》杂志社魏星社长、吴春花主编。两位朋友给予多年的鼓励和帮助，才使实战中的设计经验能够与大家分享。

感谢王祎、倪海、诸火生、孙邵蕾诸位领导。一个团结包容的领导团队，是设计团队走得更远的重要保证，也是设计原创得到实现的坚强后盾。

感谢卢建、范皓洁、王嘉慧、皮天祥、任宝其、任捷、陆向东、金海升、宋兵、张利军、杨正军、乔兵、石伟民、蔡善毅、严伟、高建海、赵振云、刘杉、高乃明、张洪涛、李丽、马娟、李秀丽、马洪文、李常敏、周永建、张琳琳、高丽娜、权旭、孙久强、陈思琢、胡倞、王强、朱博、余秀秀、王振、韩超、闫晨、张大可、杜秉汶、崔星、衣伟、马丽、陈彬彬、刘洋、潘思熠、宋昕、庞海涛、温志翔、张阅文、杨鸣、管静、王虹、石邵磊、王雪松、曹伟理、马佳、陈芳芳、郝丽娜、赵宇、牛晓童、喻晓、陈怡、吴白超、冯凯强、刘裕盈、吕永兰、李丽晖、宋锦明、区婷婷、任丹丹、张国际、刘畅等正在和曾经一起战斗过的小伙伴。不管是回忆过去的设计过程，还是现在进行的设计项目，总能与这些设计强人为伴，并一起进行激烈的设计争论和融洽的设计研讨，的确如“前言”中所述，大大提高了“生活”的品质。

感谢我的夫人田颖女士。结婚二十余年，她几乎承担了全部家务和孩子教育工作，从而使我拥有大量业余时间，能够从事自己喜爱的设计工作以及对设计成果的总结。给予我时间如同延长我的职业生涯，如果没有她的辛勤付出，也就不会有这两本书的面世。从医的夫人曾多次要求在我的建筑书中不要提及她的名字，最终没有征得她的同意，仍然在此提到她，因此对于她先致歉、后致谢。最后向我的夫人致以最深深的谢意！

2021年2月11日